公共管理硕士（MPA）教材系列

电 子 政 务

樊 博 编著

上 海 交 通 大 学 出 版 社

内 容 提 要

本书内容主要包括电子政务的基本概念,电子政务的管理模式,电子政务的应用信息系统,电子政务的技术基础,电子政务的流程再造,电子政务的绩效评估,电子政务的安全策略以及中国电子政务建设实践及案例。

本书从公共管理视角来审视与总结电子政务的理论与实践,具有较强的针对性和实用性,既可作为 MPA 及各种电子政务培训的教材,也可供公务员在从事电子政务建设实践的过程中参考和借鉴。

图书在版编目(CIP)数据

电子政务／樊博编著. 一上海：上海交通大学出版社，2006

（公共管理硕士(MPA)教材系列）

ISBN 7-313-04377-5

Ⅰ.电... Ⅱ.樊... Ⅲ.电子政务－研究生－教材 Ⅳ.D035.1-39

中国版本图书馆CIP数据核字（2006）第029874号

电子政务

樊 博 编著

上海交通大学出版社出版发行

（上海市番禺路 877 号　邮政编码 200030）

电话：64071208　　出版人：张天蔚

常熟市文化印刷有限公司印刷　全国新华书店经销

开本：787mm×960mm　1/16　印张：18.25　字数：340千字

2006 年 6 月第 1 版　2006 年 6 月第 1 次印刷

印数：1－3 050

ISBN 7-313-04377-5/F·624　定价：28.00元

丛书编委会名单

总　　序

呈现在读者面前的,是以上海交通大学国际与公共事务学院的师资力量为基础组织编写的公共管理硕士(MPA)教材系列,也是本学院为我国的公共管理教育的发展和人才培养所尽的一份绵薄之力。

公共管理硕士(MPA)教育在中国还是一个新生事物,但在西方国家已经有大半个世纪的历史。1924年,美国锡拉丘兹大学马克斯韦尔公民与公共事务学院首开MPA教育之先河,公共管理研究生教育在欧美一些发达国家中逐渐扩展开来,后又在世界范围得到发展。我国于1998年开始论证举办MPA专业学位的问题,1999年5月经国务院学位委员会第17次会议批准设立MPA学位并于2001年进行了首届招生。时至今日,我国的MPA与MBA(工商管理硕士)并驾齐驱,成为我国政府管理和经济管理实际部门中高级人才培养的两大支柱。

上海交通大学是全国首批举办MPA学位教育的单位之一。从2003年起,上海交通大学的MPA项目由新建的国际与公共事务学院承办。国际与公共事务学院的建立,为MPA项目建构了一个宽广的体制平台和学术平台,使上海交通大学MPA的发展进入到了一个新的阶段。依托交大百年积累的学术底蕴和上海得天独厚的区位优势,学院以"学术立院、学生为本"为宗旨,以雄厚的研究人员和师资队伍为基础,以国际化办学为导向,开展与国际名牌大学的实质性战略合作关系,旨在MPA相关教学和研究领域形成国内强大的人才高地。

上海交通大学的公共管理学科虽然总体上十分年轻,但由于公共管理学科在我国是一个崭新的领域,各校无论研究的基础和历史如何,应该说基本上都处在同一个起跑线上。尽管一些实力雄厚的综合性大学具有较强的社会科学的基础和底蕴,但从目前我国综合性大学相关专业(如行政管理)和MPA教育的情况看,教学和研究都还比较薄弱,特别是与美国等发达国家相比还有很大的差距。以哈佛大学肯尼迪政治学院为例,公共管理和公共政策的主要教学和研究领域包括商业与政府、犯罪与司法、环境与自然资源、医疗保险政策、人力资源与劳动及教育、住房与城市发展和交通、国际安全与政治经济和机构、国际贸易与金融、非营利部门、政治与经济发展、新闻出版与政治和公共政策、科学技术与公共政策等,能够开出的MPA相关课程多达二、三百门,这是国内任何一个名牌大学所望尘莫及的。从这个意义上说,目前我国发展公共管理学科以及MPA教育,基本上都是从零开始。而像上海交通大学这样的传统以理工为导向的院校则较少背上我国传统文科教育和发展模式的包袱,且具有文理渗透的优势,较容易直接瞄准国际一流水平进行赶超和创新。因此,本公共管理创新团队完全可以发挥"后发优势",做到后来居上。

有鉴于此,上海交通大学 MPA 教育和公共管理学科建设的基本战略是采取超常规、跨越式的发展模式,充分利用"后发优势",在一个全新的起点上实现本学科的创新和发展。我们发展 MPA 教育的理念是:零基设计、文理交融、国际接轨、面向实际。具体说,我们将面向我国经济和社会发展的实际需要,按照"零基"(zero-base)的理念制定全新的 MPA 课程体系和学科布局,依靠上海交通大学雄厚的工科优势进行公共管理学科的文理渗透,同时实施国际化战略带动 MPA 的教育水平。

由于中国的 MPA 教育历史很短,国情不同,各院校办学的背景差别也很大,目前的 MPA 教育还处在尝试的阶段,应当鼓励各种不同模式的选择和竞争。另一方面,MPA 教育也有其内在的本质和逻辑,需要遵循一些共同的规律。基于中国 MPA 教育的背景,结合国际上的经验,我认为 MPA 教育(包括学科建设、课程体系、学术研究、教材编写等)应当处理好以下五大关系:

第一,职业性(professional)教育与学术性(academic)研究的关系。MPA 作为一种专业学位(professional degree),具有职业化教育的性质,不同于一般的学院式教育,与各类学术性研究生学位(academic degree,包括公共管理类专业)的教学方法有较大的不同,它比较注重案例分析、研讨、模拟训练及社会调查等,旨在培养和训练学员的公共管理实际能力。但是良好的职业性教育需要坚实的学术底蕴。为什么国内外的有影响的 MPA 通常都是由一流的大学来办的,为什么一般的职业学校无力举办 MPA,其原因就在于只有好的大学才具有好的学术氛围,才能打造好的 MPA。从国际经验看,公共管理以及 MPA 的学科基础是政治学和经济学。以哈佛大学为例,MPA 项目由肯尼迪政治学院承办,其政治学和经济学都很强。我国的 MPA 教育,也离不开政治学和经济学的学理支撑。

第二,"公共"(public)与"管理"(administration)的关系。以西方国家为代表的国际公共管理的主流,是强调效率、工具理性、专业化和管理型领导,这种"管理"导向的公共行政,相对忽视了公共管理当中"公共"的一面,是一种缺乏"公共"的"管理"。而公共管理之所以成为公共管理,其重要的一点就在于其"公共性"(publicness)。因此,公共管理理论建构的核心,就是要克服"公共"与"管理"的"二元化"(dualism)倾向,在"公共"与"管理"之间寻求一种平衡。中国目前面临的是"公共"与"管理"同时匮乏的状况。因此既需要加强对"管理"问题的教学和研究,也需要加强对"公共"问题的教学和研究,并使两者有机统一。因此,我们的MPA 教育也必须兼顾"公共"与"管理"两个方面,不可厚此薄彼,把 MPA 办成了 MBA。

第三，公共行政(public administration)与公共管理(public management)的关系。近年来诸如"治理"、"管理主义"、"后官僚(科层)范式"、"以企业家精神再造政府"、"公共行政的仿企业化"等理念在世界范围内纷纷兴起，公共管理理论也出现了"范式转型"，即由"公共行政"向"公共管理"的转变。这个问题就涉及到了如何处理好我国传统的"公共行政"(或行政管理)与新兴的"公共管理"的关系。诚然，公共管理不能脱离公共行政核心价值。但另一方面，我国传统的行政学的领域和方法都比较狭窄，没有涉及到诸如公共经济、社会保障、环境政策、非政府部门等广泛的问题，也缺少定量分析的方法。因此，我们 MPA 教育在防止有"公共"无"管理"和有"管理"无"公共"两种倾向的前提下，必须走出我国传统行政学的藩篱，按照"零基设计"形成更为全面也更为专业化的公共管理教育体系。

第四，国际化与本土化的关系。MPA 教育乃至整个公共管理学科在我国十分年轻，学习和借鉴国外先进的经验必不可少。国际化战略是我们实现 MPA 教育超常规、跨越式的发展和迅速提升公共管理研究水平的一个重要杠杆。目前我国公共管理的理论和 MPA 的教育模式，基本都是由海外特别是西方引进的，国际学术界的确也形成了相对比较成熟的理论、方法、概念和范式，值得我们予以借鉴。同时，西方有些理论不是很适合中国的国情，必须在吸收借鉴国外公共管理之精华的同时结合中国的实际进行研究和创新，在国际化的基础上实现本土化。因此，国际与公共事务学院积极推进国际化办学，在 MPA 教育上尽可能与国际接轨，同时也注重形成自己的特色，打造交大自己的 MPA 品牌。

第五，理论与实际的关系。公共管理是一门实践性、应用性很强的学科，切忌理论脱离实际，闭门造车，隔靴搔痒。当前我国 MPA 教育的兴起正是反映了新的历史条件下政府和社会管理的现代化、科学化、专业化的趋势和方向。同时，MPA教育以及对现实问题的研究必须有坚实的学理基础，必须遵循科学的研究方法和严格的学术规范，必须以公共管理的基本原理、基本方法、基本理论为导向。只有把规范性与经验性、学术性与应用性、科学性与实践性有机统一起来，才能优化公共管理领域的研究和教学，也才能从根本上提升 MPA 的教育质量，从而为公共管理的实践者提供科学、可靠和有用的知识。

按照上述战略、理念和思路，上海交通大学的 MPA 逐步形成了自己的特色。其一是与政府部门达成密切合作关系，特别是着重于对各级政府部门优秀青年后备干部的培养，取得了良好的效果；其二是开展社会化办学，充分利用社会资源特别是政府资源来办 MPA，邀请高层次的政府官员和专家学者前来授课；其三是实施国际化战略，与国际名牌大学达成战略伙伴关系，有效利用国际教育资源举办MPA；其四是初步形成了比较合理和完备的专业化的课程体系。目前，我们围绕

MPA 的学科建设又推出了这套系列教材,这是我们为发展和完善上海交通大学 MPA 教育所作的进一步努力。

借此机会,我要感谢参加这套系列教材编写工作的全体专家学者,同时还要特别感谢上海交通大学出版社的领导和编辑,正是他们特有的职业敏感和敬业精神,才促成了这套教材的面世。这套教材涉及面比较广,不仅涵盖了 MPA 的一些核心课程,而且还反映了上海交通大学 MPA 教育的一些特色和优势。严格地讲,这一系列教材并不是传统意义上的"编写教材",而是饱含了学者们的智慧与创作,既有理论性的研究,也有实践性的研究;既有规范性的研究,也有实证性的研究,文风也各有千秋,相得益彰。在教材的整体安排上我们力求把握 MPA 教育的需求,把 MPA 领域中最具价值的理论和经验介绍给读者。所有教材既反映了国际上的前沿理论,又面向中国的公共管理实践,积极探讨中国运用新公共管理的理论与实证方法,对中国公共管理中的相关问题作出了比较系统、深入、细致的剖析,并且提出了适合国情的建议。但愿这些教材能够受到读者的欢迎,并为我国 MPA 教育的发展特别是教材建设作出我们应有的贡献。同时,MPA 的教材建设也是一个长期的艰苦的过程,目前这些教材只是一些初步的尝试,其中必然存在这样或那样的不成熟之处,真诚欢迎广大师生提出批评和建议,以使我们能够不断对这些教材加以完善,并使之真正形成交大的品牌、中国的品牌。

21 世纪,一个新型的群体——MPA 群体正在中国崛起,他们既是 MPA 专业学位的学习者,也是未来中国的管理精英和中流砥柱。让我们共同努力,为中国的 MPA 教育事业添砖加瓦,为实现中华民族的伟大复兴培养更多高素质的公共管理人才。这是中国 MPA 教育的神圣使命,也是上海交通大学国际与公共事务学院不懈追求的目标。

胡　伟
2004 年夏于上海交通大学国际与公共事务学院

前　　言

世界各国在提倡和推进信息化战略中都把电子政务列在电子商务、远程教育、远程医疗、电子娱乐等五大战略的首位。从世界范围来看,推进政府部门办公自动化、网络化、电子化已是大势所趋。我国政府自"三金"工程和"政府上网"工程实施以来,也不断加大电子政务系统的推进力度,一些重要政务信息系统越来越在各级政府的管理中扮演重要作用。电子政务的实施和推进是一项艰巨而复杂的系统工程和任务,首先应该从认识电子政务建设对于提高国民经济总体素质、提高现代化管理水平、加强政府监管、提高行政效率重要性的角度,深入理解和掌握电子政务的基本概念、模式和方法。为此目的,国内很多高校开始设置电子政务专业,开设有关电子政务的课程,加大对各级人员的教育和培养。上海交通大学国际与公共事务学院作为全国公共管理硕士(MPA)指导委员会信息类课程建设的牵头单位,从1999年就开始各类课程的设计和规划,并陆续开设了多门有关课程。本书的有关内容就是在这些课程的教学积累中,不断提高、凝练而成的。

本书内容主要包括电子政务基础概念、电子政务的治理理念、电子政务的应用信息系统、电子政务的技术基础、电子政务的绩效评估、电子政务的流程再造、电子政务的安全策略以及中国电子政务建设实践及案例等几方面内容。通过系统的学习,能够深刻理解认识电子政务是各国政府创新和公共管理实践的发展方向,提高各级公务员电子政务水平、掌握基本的工作方法,并在实际应用能力和工作效率方面有较大的提高。本教材是站在政府和公众立场上,从公共管理视角来审视与总结电子政务的理论与实践,因此具有很强的针对性和实用性,既可作为MPA及各种电子政务课程班的培训教材,又可供公务员在从事电子政务建设实践的过程中参考和借鉴。

在本书的编写过程中,得到了很多老师和同学的帮助,在这里,要特别感谢上海交通大学国际与公共事务学院胡伟老师、胡近老师、俞正梁老师、顾建光老师、章晓懿老师的帮助;感谢陈永国老师以及MPA办公室的李振全老师、徐放老师、陆洁敏老师、郁敏老师对电子政务课程的帮助和支持;感谢清华大学孟庆国老师、陈容、林志刚对本书写作的帮助;感谢北京市信息化办公室、上海市信息化委员会、扬州市信息化办公室、江都市信息中心的相关同志给予的资料支持和案例支持。

目　　录

第1章 电子政务的概念和发展

1.1 电子政务的基本概念

信息化以世界为舞台,导致了信息、技术、资本、人才等生产要素更为激烈的国际竞争。一个信息化的政府已经成为一个国家或地区在全球竞争中的一个关键要素。推进政府信息化,积极发展电子政务,构建电子政府已经成为一个不可逆转的世界潮流。电子政务是一场伟大的革命,它的实质就是将工业化模型的大政府转变为新型的管理体系,以适应虚拟的、全球性的、以知识为基础的数字经济。

1.1.1 电子政务的概念

1. 政府信息化的背景

政府是社会信息资源的最大拥有者、生产者、使用者和传送者,政府所拥有的信息资源占整个社会信息资源的80%,对社会信息资源的开发与利用起着主导作用。

随着技术进步的加快,互联网的出现和迅速发展,一个全球性的信息社会正在逐步形成,推进政府部门政务工作的自动化、网络化、电子化,已是大势所趋。信息网络技术的发展使得政府机构拥有、生产、使用与传送信息的方式都发生了深刻的变化。电子政务是信息社会政府治理的核心模式,以信息技术应用为基础的电子政务已被国际社会公认为一种提升公共管理的最有效方式。

2. 电子政务的概念

电子政务是近几年伴随互联网、电子商务等新生事务而出现的新概念,它是由英文 E-Government 翻译而来的,但 E-Government 的字面意思应为"电子政府",但后来可能主要是为了与"电子商务"相对应,大家习惯用"电子政务"来代替"电子政府"这一原意了。国内外关于"电子政务"的定义有很多,但总结起来主要是从五个角度来对其进行定义。

(1)电子政务是现代电子信息技术与政府改革相结合的产物。就是应用现代化的电子信息技术和管理理论,对传统政务进行持续不断地革新和改善,以实现高效率的政府管理和服务。

（2）电子政务是一个综合的信息系统，它既不同于传统的办公自动化，也不同于简单的"政府上网"，电子政务应是基于互联网络、符合互联网经济的特征、并且面向社会公众的政府办公自动化系统。

（3）电子政务是政府机构应用现代信息和通信技术，将管理和服务通过网络技术进行集成，在互联网上实现政府组织结构和工作流程的优化重组，超越时间、空间与部门分隔的限制，全方位地向社会提供优质、规范、透明、符合国际水准的管理和服务。

（4）电子政务是利用信息技术以一种更好、更方便、更低成本、更直接面向服务对象的方式提供公共服务，它不但会影响政府机构同公众、企业和其他政府机构的业务方式，而且还会影响到政府内部的业务流程和工作人员。

（5）电子政务并不是将传统的政府管理和运作简单地搬上互联网，而是要对现有的政府组织结构、运行方式、行政流程进行重组和再造，使其在信息技术的支持下，加强对政府业务运作的监管，使其更加高效地运行，并实现政府为公众提供更加优质服务的目的。

综上所述，电子政务是指政府机构运用现代网络通信技术与计算机技术，将政府管理和服务职能通过精简、优化、整合、重组后在互联网络上实现，以打破时间、空间以及条块分割的制约，从而加强对政府业务运作的有效监管，提高政府的科学决策能力，为社会公众提供高效、优质、廉洁的一体化管理和服务。

1.1.2　电子政务与传统政务

按照现代行政学理论，政务是指各级政府的业务、事务、会务等具体政府工作，通过这些具体政务，政府得以履行其对社会、公众所承担的各项公共行政管理和服务职能。

电子政务的基本内涵是运用信息及通信技术打破行政机关的组织界限，构建一个电子化的虚拟机关，使得人们可以从不同的渠道获取政府的信息及服务，而不是传统的经过层层关卡书面审核的作业方式；而政府机关之间及政府与社会各界之间的信息互通也是经由各种电子化渠道进行。具体地说，电子政务与传统政务的区别有以下四点：

（1）办公手段不同。信息资源的数字化和信息交换的网络化是电子政务与传统政务最显著的区别。传统政务办公模式依赖于纸质文件作为信息传递的介质，办公手段落后，效率低。人们到政府部门办事，要到各管辖部门的所在地，如果涉及到不同的部门，更是费时费力。信息时代因特网在发挥政府职能和实施政府管理方面均能起到非常积极的作用。政府通过计算机存储介质或网络发布的信息，远比以往通过纸质介质发布的信息容量大、速度快、形式灵活。

（2）行政业务流程不同。实现行政业务流程的集约化、标准化和高效化是电子政务的核心，是与传统政务的重要区别。传统政务的机构设置是金字塔型的垂直机构，决策与执行层之间信息沟通的速度较慢，费用较多，信息失真率较高，往往使行政意志在执行与贯彻的过程中发生不同程度的偏离，从而影响了政府行政职能的有效发挥，也造成了机构臃肿膨胀、行政流程复杂、办事效能降低等不良后果。电子政务的构建是以社会服务为驱动力，在互联网上实现跨组织部门的流程重组，形成扁平的网络结构，如图1-1所示。

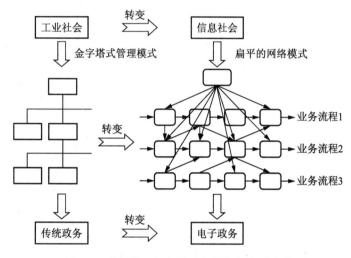

图 1-1 传统政务与电子政务的业务流程比较

（3）与公众沟通方式不同。直接与公众沟通是实施电子政务的目的之一，也是与传统政务的又一重要区别。传统政务容易疏远政府与公众的关系，也容易使中间环节缺乏有力的民主监督，以致发生腐败现象。而电子政务的根本意义和最终目标是政府对公众的需求反应更快捷，更直接地为公众服务。

（4）政府决策方式不同。传统政务与电子政务决策方式的比较可以概括成见表1-1。

表 1-1 传统政务与电子政务决策方式比较表

对比项目	传统政务	电子政务
政府机构的存在形式	物理实体存在	网络虚拟化
政务办理方式	面对面	跨越地理限制
政务办理时间	指定的工作时间	7 天×24 小时

（续表）

对比项目	传统政务	电子政务
政府组织结构	金字塔型垂直机构	网络型扁平辐射结构
政府管理方式	集中管理	分权管理
政务生效标志	公章等	数字签名等
政务处理程序	前后串行作业	协同并行作业
政府工作重心	以管理、审批为中心	以服务、指导为中心
政府主要议事方式	会议等	网络会议等
政府决策参与范围	主要集中在政府内部	政府内部与外部相统一
政府决策方式	决策依靠经验判断	信息化决策支持工具

1.1.3 电子政务的特点

1. 电子政务是信息技术在政务中的全面应用，是社会发展对政府的基本要求

信息技术的发展尤其是网络技术的高速快捷打破时空的限制，使政府在信息的产生和传播、管理的模式和手段等方面发生深刻的变化。一方面，政府在某些领域具有更强的信息获取与控制能力，从而拓展了政府职能的作用域，提升其对社会和国民经济的控制力。另一方面，政府在信息获取和控制方面的垄断优势也将被打破，而要面临来自各个层面的竞争，导致某些职能受到压缩甚至流失。这两个方面的作用将给政府的管理方式和行政手段带来革命性的变化。

2. 电子政务是一种全新的政府行政管理理念

电子政务不是传统政务与信息技术的简单叠加，不是用先进的信息技术去适应落后的传统政务模式，而是借助信息技术对传统政务进行革命性的改造。在过去几十年里，企业从信息化建设中获得的巨大经济效益和社会效益不胜枚举。但政府部门的信息化与赢利组织的目的是不同的，企业把追求利润作为一切活动的根本目标，而政府是公共行政管理组织，政府信息化的目的是更好地为公民服务。然而，政府的信息化建设需要借鉴企业信息化经验。因为企业的活力、企业的创新、企业的凝聚力都是政府缺少的，如果政府能够借鉴企业信息化成功的经验，将会使自身更加有效率、充满活力。从这个角度讲，电子政务应该"以企业精神改造政府"。

3. 电子政务是一个不断发展整合的动态过程

电子政务不是一个一蹴而就的结果,而是一个持续不断建设和发展的动态过程,是一个运用技术手段改革政府管理模式的不断探索、积累和发展,而又螺旋式上升的实践过程。一方面,信息技术在不断发展,这决定着电子政务建设具有很强的阶段性、时效性和动态性;另一方面,随着管理改革不断深入,组织建设的不断加强,管理改革的不断深入,业务体系不断优化,决定电子政务的建设与行政管理需求间具有一定的适应性差异。

4. 电子政务核心是在信息资源支撑下的科学管理

信息化建设的主体是管理本身,利用信息技术提供的实时性、共享性和公正性,明确和优化政府的各项管理流程,达到降低业务成本、提高工作效率、改善公共管理及其服务质量的目标。电子政务的核心是管理创新,信息化是强化管理的必由之路。因此,在电子政务建设中管理平台的建设十分重要:完善管理制度,规范管理方法,改进管理手段,提升管理质量,提高管理效率,实现管理方法对信息技术发展的适应性。同时,保证各类资源的合理使用,合理利用物质资源的潜在效用,深入挖掘信息资源的内在价值,充分发挥人力资源的真实能量,实现资源调配有效,逐步建立起科学的管理体系。

5. 电子政务是国家信息化的龙头

信息化建设事关国家的核心竞争力,我国在失去工业化先机的前提下,能否抓住信息化的后发优势,是举国关注的焦点。进入 21 世纪,信息化特别是政府部门的信息化已越来越显示出对国民经济发展的倍增器作用。政府部门掌握的信息量占全社会信息总量的80%以上,是信息化进程的先导,所以必然要求电子政务先行:

一方面,电子政务是科技创新的核心内容,其技术渗透作用对生产力要素、生产方式创新影响最为深刻。它为企业、行业或领域信息化提供良好地配套环境,提高社会公众对信息化的认知程度,实现信息增值效应。

另一方面,作为国家和地区的管理主体,政府在完成企业、行业相关的运作和服务方面必然要实现数据交换和服务模式对接,社会公众能从电子政务中体会办事的便利,从而进一步体现政府服务的宗旨。

1.1.4　电子政务的概念辨析

电子政务的概念自出现至今已有数年的历史,但到目前为止,人们对它的理解和认识还不是很全面,下面列出容易与之混淆的一些相关概念。

1. 电子政务与办公自动化

办公自动化是指利用现代化的办公设备、计算机技术和通信技术来代替办公人员的手工作业,从而大幅度地提高办公效率。

电子政务与办公自动化的区别:

(1) 应用定位不同:电子政务侧重于政府部门内部以及跨部门、系统和地区的应用,而办公自动化系统的应用重点一般是在部门内部,并且集中于办公人员的个人层面。

(2) 应用主体不同:办公自动化系统广泛地应用于几乎所有的党政机关和企事业单位,而电子政务的应用主体主要是各级政府机关部门。

(3) 系统用户不同:办公自动化的用户多为办公人员,而电子政务一般是互动进行的,其系统用户范围要广得多,除了政府工作人员外,还包括与这些部门相关的企业和公众。

电子政务与办公自动化的联系:办公自动化是电子政务的重要基础条件和重要组成部分。电子政务可以实现打破部门界限的联网办公和互动式应用,因此,也可以把电子政务看作办公自动化系统在范围和功能上的对外延伸。

到目前为止,全国各地大部分政府机关都已实现了不同程度的办公自动化应用,但办公自动化的总体应用水平并不高,基本还停留在利用电脑代替人工这一层次,没有摆脱信息封闭、缺乏实时交互等局限性,只是在政府办公方面发挥其应有的作用。

2. 电子政务与政府上网

政府上网是指政府及其相关部门利用互联网,建立自己的门户网站,向公众发布信息,实现与企业、公众的信息沟通、交流,并实现部分公共服务事项的网上办理和查询等功能。目前,全国绝大多数县、市级以上政府都设有站点,并通过网站向社会发布信息。但多数还停留在信息发布、信息交流的水平。

联系:电子政务与政府上网都是政府信息化的重要内容,对外部公众的服务项目,最终都必须通过政府建立的对外服务网站进行,政府网站是政府向社会提供服务的窗口,电子政务离不开政府上网,政府上网是电子政务建设中的一个重要内容。

区别:电子政务的含义要比政府上网宽泛得多,除了政府向社会提供的公共服务事项外,政府与政府之间、政府部门与部门之间的交流、信息传递等,也都属于电子政务的范畴。

3. 电子政务与电子商务

电子商务就是以电子方式进行交易。换句话说,电子商务就是应用"电子"手段为"商务"服务,使商务活动的运作方式和实现结果产生根本性的变化。电子商务的主要模式有 B2C(企业与消费者)、B2B(企业与企业)和 B2G(企业与政府),其核心内容是建立以客户为中心的交流和服务体系。

电子政务和电子商务的区别:

(1) 实施主体不同:这是电子商务和电子政务的最根本区别。电子政务的实施主体是以服务为宗旨的政府部门;而电子商务的实施主体是以赢利为目的的经济实体。尽管两者都是以客户为中心的主要特征,但实质上,前者是以最大限度满足用户的需求为目标,后者则是以最大限度吸引用户为目标。

(2) 主导思想不同:电子政务的重点是寻求信息技术与管理变革的有机互动,意在借助信息技术实现管理机制和服务模式的优化和变革;电子商务重点在于寻求信息技术和企业经营模式之间的有机结合,旨在借助信息技术增强企业与商务环境的作用方式,拓展企业与客户间的交互通道。

(3) 应用定位不同:电子政务的应用要点在于政府部门内部、跨部门和社会公众的管理和服务一体化,主要目标是提高政府内部的管理效率,并提高针对社会公众的服务水平。因此,没有政府部门的全面信息化很难实现真正的电子政务;而电子商务的应用重点是企业的外部环境,主要目标是追求市场利润的最大化,因此电子商务与企业内部环境的相关性和依赖性相对较弱。

(4) 系统用户不同:电子政务的应用群体是国家工作人员和所有社会公众,而电子商务的用户是对企业商务感兴趣的用户。两者的用户需求和本质目标不同。

电子政务和电子商务的联系:

电子商务和电子政务具有一定的相似性,政府部门内部、政府部门之间以及政府部门与社会公众之间可以借鉴电子商务的 B2B、B2C 和 B2G 模式。电子政务可以借鉴电子商务的某些思想、方法和部分支撑技术,如安全技术、发布技术。电子政务建设是国家信息化的龙头,可以为企业提供信息配套环境,带动电子商务的发展。

4. 电子政务与电子治理

电子治理的英文表述是 E-Governance,是指利用信息通信技术来实现更好的政府治理。这一看似简单的概念实际上超越了"电子政务"的范畴,根据世界银行正式报告的描述,电子治理是借助于信息通信技术的应用,要致力于改变公民与政府发生联系的方式、公民与公民之间相互的关系以及政府与公民之间的关系。

世界银行认为,电子治理应该包括三个方面的内涵:

(1) 电子化行政(E-Administration)。通过降低行政成本、约束政府行为、制定与政府相关的战略、创造政府的授权等方式来改进政府的流程。

(2) 电子化公民和电子化服务(E-Citizens and E-Services)。通过与公民对话加强公民与政府的联系;通过倾听公众意见来履行政府的责任;通过改进政府公共服务来促进政府民主。

(3) 电子化社会(E-Society)。通过为企业更好地工作、发展社区、建立政府的合作伙伴以及建设文明社会等举措,来构筑超越政府壁垒的电子化社会。

电子政务强调的是政府服务和管理的信息通过电子化的方式传递,而电子治理则侧重在普通公众通过电子化的方式有平等的权利参与对其有直接或间接影响的政府决策,允许公众直接通过电子化的途径参与到政府的相关活动中去。电子治理是通过电子化技术的应用形成了一种新的民主决策机制,或者说是建立在电子化技术基础上的一种新型的政府与公民的关系。因此,电子治理有时又被理解成为电子化民主(E-Democracy)的近义词,是电子政务发展的高级阶段。

1.2　电子政务的管理创新

1.2.1　提高政府的工作效率

电子政务的实施对改变传统机构存在的缺陷,显著提高政府机构的工作效率具有重要的作用。具体表现在以下几个方面:

第一,政府职能通过网络的整合做到"一站式服务",公众面对的将是一个虚拟化的、一体化政府。政府机构通过网站向社会提供7×24的服务,可以使公众随时随地与政府机构发生各种联系。

第二,由于政府相关部门共享政府信息数据库,在统一的电子政务平台下协同办公。使得不同的政府部门在收集信息、处理信息、传递信息、沟通信息等方面将以更快捷、更经济的方式进行,使政府工作效率有效提高。

第三,网络远程会议、决策支持系统的应用将使得传统的政府议事程序、决策方法产生根本性改观,管理效率必将得到本质提高。

第四,由于电子政府的网络化和扁平化,越来越多的政府事务将在较低的层级直接得到解决,中间管理层将大大精简,因信息传递不及时或错误所造成的内部消耗可以大大减少,行政程序也将大大简化,行政效率必将显著提高。

因此,传统政务向电子政务转型首要的意义是使得传统的政府机构工作效率产生革命性的变化,为社会提供更好的管理与服务。

1.2.2 提高政府的决策品质

政府决策最初多是经验决策,随着工业经济时代的到来,社会化大生产迅速发展,社会各生产部门之间的分工和协作日益显著,商品交换和信息流通渐趋频繁,人类社会进入了市场经济。这时候的社会生产表现出了规模庞大、结构复杂、功能综合、因素众多、变化多端、影响巨大等特点。生产、消费、流通三大领域的关系越来越错综复杂。牵一发而动全身。在这种情况下,一个决策的失误势必会引起连锁反应,造成整个社会生产的混乱。这样,依靠个人的素养和经验进行过程简单、信息量很小的经验决策已无法适应工业经济社会的要求。

实施电子政务对提高政府决策的水平具有重要作用。表现在几个方面:

第一,网络为政府与社会公众之间的交流提供了直接、畅通的渠道,电子政务可以使政府及时了解社情民意,有效集中群众的智慧,促进决策的民主化和科学化。

第二,电子政务有助于政府决策部门获取全面、准确的与决策相关的信息,减少决策的盲目性。

第三,电子政务将会有效缩短决策需要的时间,提高决策时效性。

第四,电子政务为人民群众了解与监督政府的决策执行过程提供了帮助,一些本身错误的决策以及对一些正确的决策没有得到及时贯彻执行的情况可以通过网络得到反映。

第五,电子政务系统为政府管理者提供支持决策分析的信息工具,例如查询分析、模型方案优选、人工智能系统等,这些工具可以帮助政府管理者实现以往难以实现的科学性和时效性。

所以说,实施电子政务将会提升政府的决策品质,从而使政府在经济发展和社会进步中发挥更为重要的作用。

1.2.3 降低政府的运作成本

电子政务降低政府管理成本主要表现在以下三个方面。

第一,由于网上受理、电子邮件以及办公自动化的应用将在一定程度上取代传统的会议和公文,必然会节省会务组织、纸面处理等费用。

第二,利用电子政务内建立的网络、信息系统,能够为社会公众提供更快捷、更优质的多元化服务,这必将进一步精简政府机构,使"小政府、大服务"的目标得到进一步的体现。

第三,由于网络突破了时空的限制,使得跨地区、跨部门甚至跨国的政府间合作变得极为便利,费用也将大大降低。

在降低社会服务成本方面同样可从三个方面去理解：

第一，由于政务活动处理方式的改变，使得社会公众可以直接通过网络办理政府事务，在节省时间的同时，相应的费用必然会大幅度下降。

第二，由于政府职能的调整和政务处理的简化，人员和岗位的数量极大减少。

第三，由于政府通过网络系统和公共数据库系统向社会提供了多种形式的信息资源服务，降低了个人和组织获取信息服务的成本，减轻了社会为此需要付出的经济和时间负担。

例如：美国在1992～1996年间，由于电子政务系统的广泛应用，联邦政府员工减少了24万人，关闭了2000多个办公室，撤销了近200个联邦项目和执行机构，联邦政府的开支减少了1180亿美元。在对居民和企业的服务方面：作废了16000多项过时的行政规章，简化了31000多项的各种规定。

1.2.4　促进政府的廉政建设

信息公开是民主政治的基础，也是开放政府的根本要求。政府是社会最大的信息源，掌握着几乎全部的公共信息资源。电子政务信息系统的开放性和服务性，可以打开政府与社会之间的信息壁垒，减少信息不对称性导致的政府寻租行为。互联网的运用，政府可以向公众公开办事程序，提高政府工作效率，促进廉政建设。

电子政务对推动政府的廉政建设将起到不可低估的作用。主要表现在以下几个方面：

第一，电子政务将会有力地推动政府工作的透明度，促进政务公开，因为电子政务使普通百姓能更清楚地了解政府工作的基本流程和议事规则，人民群众有了更多的知情权、参与权和监督权，迫使政府行为更加规范、公正，也使得政府工作人员不敢轻易"为短期利益而出卖未来"。

第二，在网上可以设立友好的访问界面及丰富的站点，接受社会各界的意见，自觉接受公众的监督，做到政务公开。

第三，电子政务在一些容易滋生腐败的环节，比如政府采购、政府大型工程的招投标等领域的运用，使这些敏感的政府行为通过网络成为了"阳光下的交易"，使得滋生腐败的土壤开始消失。

第四，互联网为查处腐败行为起到一定作用，比如网上举报、网上追逃等已有力地遏制了腐败行为的产生。

所以说，电子政务的实施将会有力地推动我国政府廉政建设和民主政治的步伐。在进入信息化社会的高级发展阶段后，随着社会资源的无缝隙整合程度的不断加强，滋生腐败的土壤会越来越少，这是电子政务追求的重要目标之一。

1.3　电子政务的工作模式

1.3.1　电子政务的行为主体

与电子政务活动有关的行为主体有四个：政府、政府雇员、企事业单位和社会公众。

政府的行政业务活动主要围绕这四个行为主体展开，即包括政府与政府之间的互动、政府与政府雇员之间的互动、政府与企事业单位的互动以及政府与社会公众之间的互动。在信息化社会中，这四个行为主体在数字世界的映射，就构成信息化战略的全部内容——即电子政务、电子商务和电子社区。

政府与政府、政府与政府雇员、政府与企事业单位以及政府与社会公众之间的互动构成了四个不同的，但又相互关联的领域（G to G、G to E、G to B、G to C），四个主体之间的行为模式如图 1-2 所示。

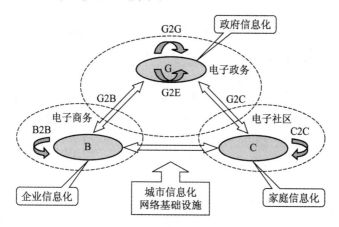

图 1-2　电子政务的互动模式

1.3.2　电子政务的互动模式

1. G to G 模式

G to G 即政府（Government）与政府（Government）之间的电子政务，又称为G2G。它是上下级政府、不同地方政府、不同政府部门之间的电子政务。G2G 的主要目的是打破机关组织部门的垄断与封锁，加速政府内部信息的流转与处理，克服政府各部门相互推诿、扯皮现象，提高政府内部的行政效率。G to G 模式的具体实现方式分为以下几种：

（1）政府内部网络办公系统。政府内部网络办公系统是电子政务的基础，它是指政府部门内部利用 OA 系统和 Internet/ Intranet 技术完成机关工作人员的许多事务性的工作，实现政府内部办公的自动化和网络化。通过政府内部的 OA 办公自动化系统，帮助政府日常的协同办公运作，使得各政府机构在同一网络平台上传递信息、开展业务、实现协同政务、资源共享、科学决策、提高政府的作业效率和业务水平。

政府内部网络办公系统可分为领导决策服务子系统、内部网站子系统、内部财务管理子系统等。

（2）电子法规、政策系统。政策法规的特点式牵涉面广、信息量大、时效性强，因此，制定、发布、执行各种政策法规历来是政务活动的重要内容。

G to G 的电子化方式可以传递不同政府部门的各项法律、法规、规章、行政命令和政策规范，使所有政府机关和工作人员真正做到有法可依，有法必依，具有十分明显的速度和管理成本优势，既可做到政务公开，又可实现政府公务人员和老百姓之间"信息对称"。

（3）电子公文系统。公文处理是政府部门的基本职能，传统的公文处理方式是依靠纸张作为载体，借助盖章、签字等形式实现公文的传递与处理。这种公文处理方式不但浪费资源，而且周期长、效率低。

电子公文系统借助网络技术实现公文的流转，公文流转的载体工作流引擎。通过电子公文流转和审批系统，传统的政府间公文的收文处理（一般包括文件的传递、签收、登记、分发、拟办、批办、承办、催办、查办、立卷、归档）和发文处理（一般包括拟稿、审核、审批、签发、会签、校对、登记、立卷、归档）就可以在保证信息安全的前提下通过数字化的方式在不同的政府部门间实现瞬时传递，大大提高了公文处理的效率，彻底改变"公文长途旅行"现象。

（4）电子司法档案系统。公安机关破案难、司法机关执法难的问题一直没有很好的解决方案，一个原因是由于我国目前还没有建立起全国统一、完整的档案管理系统；另一个原因是全国不同地区、不同政府机构之间还缺乏实时而有效的信息沟通。

电子司法档案系统，在政府司法机关之间共享司法信息，如公安机关的刑事犯罪记录、审判机关的审判案例、检察机关检察案例等，通过共享信息改善司法工作效率和提高司法人员综合能力。

（5）电子财政管理系统。分配和使用财政资金、实现政府不同部门之间的资金流转以及对财政资金使用的监控是政府管理的重要内容，也是政府财政、审计等部门的基本工作。传统的财务管理系统因为财务信息的封闭和独立给政府的财务管理带来了一定的难度,也为滋生腐败提供了条件。

电子财务管理系统可以通过网络向政府主管部门、审计部门和相关机构提供分级、分部门、分时段的政府财政预算及其执行情况报告,包括从明细到汇总的财政收入、开支、拨付款数据以及相关的文字说明和图表,便于相关部门和领导及时掌握和监控财政状况。

(6) 电子培训系统。提高政府管理水平和服务水平的关键在于政府公务员从业素质的提高,而提高公务员素质的根本途径是学习培训。长期以来,我国的各级政府管理部门对公务员培训的重视程度明显不足,一方面是因为经费有限,另一方面是因为传统的培训必需要求员工在同一时间、集中在同一地点进行,对日常工作的影响大,组织培训有较大的困难。

电子培训(e-learning)克服了传统培训的缺点,既降低了培训的成本,又提高了培训的针对性和灵活性。电子化培训可以借助网络随时随地注册参加各类培训课程、接受培训、参加考试等,为打造知识型政府、学习型政府奠定良好的基础。

(7) 纵向层次网络管理系统。纵向层次网络管理系统主要适合于一些垂直管理的政府机构,如国家税务系统、海关、国土资源等部门通过组建本系统的内部网络,形成垂直型的网络化管理系统,以实现统一决策,分层控制和实施、信息实时共享,提高系统的整体决策水平和反应速度。

(8) 横向网络管理系统。横向网络管理系统是通过网络在政府不同部门、不同地区政府部门之间进行横向业务协调来实现政府的有效管理。它的目的主要是通过网络的应用,使原分散在不同部门、不同地区的决策信息做到有机集成,为不同决策者所共享,减少部门间、地区间的相互扯皮现象,提高决策准确性和作业效率。

如我国已经实施的“中国电子口岸执法系统”,该系统主要是由海关总署牵头,通过 Internet 将涉及进出口管理和服务的海关、商检、外贸、外汇、工商、税务、银行等单位联结起来,把这些部门分别管理的进出口业务信息流、资金流、货物流等数据的电子底账集中在统一、安全、高效的公共数据中心物理平台上,建立电子底账,实行联网核查,实现数据共享和数据交换。这不仅使企业可在网上进行进出口贸易,而且还加强了政府对口岸的监管,提升了打击走私,打击骗税、骗汇活动的力度。

(9) 网络业绩评价系统。在我国,政府部门的业绩考核长期来也一直不被重视,一方面是因为缺乏量化的指标,业绩考核很难实施,另一方面,因为我国的政府管理部门一贯以来没有形成合理的激励和约束机制,业绩高低对员工的影响并不显著。入世后,政府工作人员的业绩要求将明显提高,业绩评价指标也将逐步与国际接轨,所以完善业绩考评体系也已成为提高政府管理水平的重要措施。

利用网络技术构筑业绩考评体系,既可以对业绩考评的各项指标进行量化考核,又可通过网络实现远程考评,与此同时还可实现员工之间的横向比较以及不同时期的纵向比较,使得考评方式更加科学、公平与公正。网络业绩考评系统可按照设定的任务目标、工作标准和完成情况对政府各部门以及每一员工的业绩进行科学的测量和公正的评估,已达到良好的激励与约束的效果。

(10) 城市网络管理系统。G to G 电子政务还包括城市网络管理系统,主要的应用有以下几个方面:

- 城市供水、供电、供气、供暖等城市要害部门实行网络化控制与监管;
- 对城市交通、公安、消防、环保等部门实行网络统一化调度与监管,提高管理的效率与水平;
- 对各种突发事件和灾难实施网络一体化管理与跟踪,提高城市的应变能力。

从以上这些 G to G 的应用领域来看,政府与政府间的大部分业务都可以通过网络技术的应用高速度、高效率、低成本地实现。

2. G to E 电子政务

G to E 电子政务是指政府(Government)与政府公务员(Employee)之间的电子政务,又称作 G2E。G to E 电子政务是政府机构通过网络技术实现内部电子化管理的重要形式,也是 G to G、G to B 和 G to C 电子政务模式的基础。G to E 电子政务主要是利用 Intranet 建立起有效的行政办公和员工管理体系,为提高政府工作效率和公务员管理水平服务。具体的应用主要有以下几种:

(1) 公务员日常管理。政府公务员日常管理的电子化对降低管理成本,提高管理效率具有重要意义。例如利用网络进行日常考勤、出差审批、差旅费异地报销等,既可以为公务员带来很多便利,又可节省领导的时间和精力,还可有效降低行政成本。

(2) 电子人事管理。政府公务员的人事管理是政府机构自身管理的重要内容。应用网络技术实现电子化人事管理已成为一种新趋势。电子化人事管理包括电子化的招聘、电子化的学习、电子化的沟通等内容。电子化人事管理的发展将对传统的、以纸面档案管理为中心的人事管理方式形成一场新的革命,对提高政府人事管理的效率,降低管理成本起到非常重要的作用。

G to E 电子政务的形式不一,要针对不同政府部门的具体实际出发,探索可行的电子化管理方式。

3. G to B 电子政务

G to B 电子政务是指政府(Government)与企业(Business)之间的电子政务,又称作 G2B。政府可以通过 G to B 的电子网络系统高效快捷地对企业提供各种管理、服务和政府采购。G to B 覆盖了从企业产生、执照办理、工商管理、纳税、企业停业破产等整个企业生命周期的信息服务和信息配套。对政府来说,G to B 电子政务的内容主要包括电子采购与招标、电子税务、电子证照办理、信息咨询服务、中小企业电子服务等。

(1) 政府电子化采购。政府采购是一项牵涉面十分广泛的系统工程,利用电子化采购和电子招投标系统,对提高政府采购的效率和透明度,树立政府公开、公正、公平的形象,促进国民经济的发展起着十分重要的作用。

政府电子化采购主要是通过网络面向全球范围发布政府采购商品和服务的各种信息,为国内外企业提供平等的机会,特别是广大中小企业可以借此参与政府的采购,可赢得更多的发展机会。电子化招投标系统在一些政府大型工程的建设方面已有了很多的应用,它对减少徇私舞弊和暗箱操作有重要意义,同时还可减少政府和企业的招投标成本,缩短招投标的时间。

(2) 电子税务系统。税收是国家财政收入的主要来源,降低征税成本、杜绝税源流失、方便企业纳税一直是税务部门工作的重要目标。电子税务系统可使企业直接通过网络足不出户地完成税务登记、税务申报、税款划拨等业务,并可查询税收公报、税收政策法规等事宜。

电子税务,使企业通过政府税务网络系统,在家里或企业办公室就能完成税务登记、税务申报、税款划拨、查询税收公报、了解税收政策等业务,既方便了企业,也减少了政府的开支。

(3) 电子工商行政管理系统。工商行政管理部门的主要职能是对市场和企业行为的管理,传统的管理方式由于工作量大、程序复杂,效率低下,常常导致企业的不满。如将证照管理通过网络来实现,即可大大缩短证照办理时间,还可减轻企业人力和经济的负担。

电子证照系统可使企业营业执照的申请、受理、审核、发放、年检、登记项目变更、核销以及其他相关证件如统计证、土地和房产证、建筑许可证、环境评估报告等的申请和变更均可通过网络实现,电子工商行政管理的实施将使传统的工商行政管理工作产生质的飞跃。

(4) 电子外经贸管理。进出口业务在一国的国民经济发展中占有重要的比重,我国在加入世界贸易组织后,进出口业务的发展将进入高速成长期。对我国政府来说,一方面要通过各项符合世界贸易组织要求的政策鼓励国内企业开展进出口业务;另一方面,我国的外经贸管理必须有一个新的突破,既要符合国际惯例,又要为广大国内外企业创造一个公平、高效、宽松的进出口环境。

电子化外经贸管理已成为一种新的趋势,如进出口配额的许可证的网上发放、海关报关手续的网上办理以及网上结汇等已在我国外经贸管理中开始应用。

(5) 中小企业电子化服务。中小企业在促进就业、活跃市场、增强出口等许多方面发挥着极为重要的作用。据有关部门的统计,我国中小企业占到企业总数的99%,数量超过1 000万家。入世以后,广大中小企业在得到了更为广阔的市场空间的同时,自身的生存发展也因为技术、人才、市场等资源的局限受到了严峻的挑战。

帮助和促进中小企业的发展是各级政府义不容辞的责任,利用电子化手段是政府为中小企业开展服务的重要形式。政府可利用宏观管理优势,借助网络为提高中小企业国际竞争力和知名度提供各种帮助,如组建专门为中小企业进出口服务专业网站,为中小企业设立网上求助中心,为中小企业提供软、硬件服务等。

(6) 综合信息服务系统。政府各部门应高度重视利用网络手段为企业提供各种快捷、高效、低成本的信息服务,比如,商标注册管理机构可以提供已注册商标的数据库,供企业查询;科技成果主管部门可以把有待转让的科技成果在网上公开发布;质量监督检查部门可以把假冒伪劣的产品和企业名录在网上公布,以保护有关厂家的利益;政策、法规管理部门可向企业开放法律、法规、规章、政策数据库以及政府经济白皮书等各种重要信息。

4. G to C 电子政务

G to C 电子政务是指政府(Government)与公民(Citizen)之间的电子政务,又称作 G2C,是政府通过电子网络系统为公民提供从出生、入学、就业、社会保障、死亡等整个生命周期中的各种信息服务和信息配套。G to C 电子政务的主要内容包括教育培训服务、就业服务、电子医疗服务、社会保险网络服务、交通管理服务、电子证件服务等。

(1) 电子身份认证。电子身份认证可以记录个人的基本信息,包括姓名、性别、出生时间、出生地、血型、身高、体重及指纹等属于自然状况的信息,也可记录个人的信用、工作经历、收入及纳税状况、养老保险等信息,使公民的身份能得到随时随地的认证,既有利于人员的流动,又可以方便公安部门的管理。

公民电子身份认证还可允许公民个人通过电子报税系统申报个人所得税、财产税等个人税务,政府不但可以加强对公民个人的税收管理,而且可方便个人纳税申报。此外,电子身份认证系统还可使公民通过网络办理结婚证、离婚证、出生证、学历和财产公证等手续。

（2）电子社会保障服务。电子社会保障服务主要是通过网络建立起覆盖本地区乃至全国统一的社会保障网络，使公民能通过网络及时、全面地了解自己的养老、失业、工伤、医疗等社会保险账户的明细情况。政府也能通过网络把各种社会福利，比如困难家庭补助、烈军属抚恤和社会捐助等，运用电子资料交换、磁卡、智能卡等技术，直接支付给受益人。电子社会保障体系，一方面可以增加社保工作的透明度，另一方面还可以加快社会保障体系普及的进度。

（3）电子民主管理。电子民主管理也是 G to C 电子政务的重要应用。公民可以通过网络发表对政府有关部门和相关工作的看法，参与相关政策、法规的制定，而且还可直接向政府有关部门的领导发送电子邮件，对某一具体问题提出意见和建议。

电子民主管理可以提高选举工作的透明度和效率，政府可以把候选人的背景资料在网上公布，方便选举人查阅，选举人可以直接在网上投票，既可大大提高选举工作的效率，又可有效保证选举工作的公正和公平。

（4）电子医疗服务。网络技术在改善政府的医疗服务方面也能发挥重要作用。政府医疗主管部门可以通过网络向当地居民提供医疗资源的分布情况，提供医疗保险政策信息、医药信息、执业医生信息，为公民提供全面的医疗服务。

公民可通过网络查询自己的医疗保险个人账户余额和当地公共医疗账户的情况；查询国家新审批的药品的成分、功效、试验数据、使用方法及其他详细数据，提高自我保健的能力；查询当地医院的级别和执业医师的资格情况，选择合适的医生和医院等。

（5）电子就业服务。政府利用网络在求职者和用人单位之间架起服务的桥梁，搭建电子就业服务系统，使以往在特定时间和特定地点举行的人才和劳动力的交流突破时间和空间的限制，做到随时随地都可使用人单位发布用人信息、调用相关资料，应聘者可以通过网络发送个人资料、接收用人单位的相关信息，并可直接通过网络办妥相关手续。政府网上人才市场还可在就业管理和劳动部门所在地或其他公共场所建立网站入口，为没有计算机的公民提供接入互联网寻找工作职位的机会，帮助他们进行就业形势分析，指导就业方向等。

（6）电子教育，培训服务。社会主义市场经济的发展以及科学技术的迅猛发展使得社会公众对教学、培训的需求不断上升，越来越多的人认识到"终身学习"的重要性。但由于受到各种条件的限制，满足人民学习、培训的需求难度很大。电子教育和培训是指利用网络手段为社会公众提供灵活、方便、低成本的教育培训服务，这不仅是增强公民素质的有效途径，也是改善政府服务的重要内容。在提供电子教育与服务方面，政府可从以下几方面入手：

· 出资建立全国性的教育平台，资助相应的教学、科研机构、图书馆接入互联

网和政府教育平台;

　　· 出资开发高水平的教育资源向社会开放;

　　· 资助边远贫困地区信息技术的应用,逐步消除落后地区与发达地区之间业已存在的"数字鸿沟"。

　　总之,G2C能通过电子网络系统为公民提供各种服务,它可以提高政务信息的公开性,政府活动的透明性,有利于公民的民主参与和有效监督,促使公务员廉洁自律。

1.4　国外电子政务的发展实践

1.4.1　国外电子政务的发展现状

　　从全球范围看,推进电子政务已是大势所趋。据联合国教科文组织2000年对62个国家(其中39个发展中国家,23个发达国家)的调查,有89%的国家都不同程度地开展着电子政务建设,并将其列为国家级政治日程与战略部署。特别是近几年,世界各国掀起了电子政务建设高潮。从美国的"第一政府"(www.firstgov.gov),到日本政府的"电子日本"(E-Japan)宏伟蓝图,电子政务系统的技术复杂程度越来越高,功能越来越强大,整合信息的能力也越来越强。建设电子政务的初衷已从最初的促进公共服务的提供,发展到整合社会的信息资源,提高整个社会的信息化水平,促进政府自身的变革。

　　国际著名的Accenture咨询公司,就近几年电子政务在22个国家和地区发展的成熟度将他们依次分成四个类别,见表1-2。

表1-2　电子政务成熟度分类

类　　别	国家和地区
创新领先	加拿大、新加坡、美国
积极发展	挪威、澳大利亚、芬兰、英国
稳步发展	新西兰、香港、法国、西班牙、爱尔兰、葡萄牙、德国、比利时
正在打基础	日本、巴西、马来西亚、南非、意大利、墨西哥、中国

1.4.2　典型国家的发展实践

1. 美国

　　美国电子政务在很大程度上正在成为全球电子政务的模板。作为电子政务的领导者,从1993～2001年,美国联邦政府已经发布了1 300多项电子政务相关的实施项目,取得了举世瞩目的成就。美国政府在信息技术方面的花费在2002年达到48亿美元,到2003年达到52亿美元,其中将有很大一部分用于电子政务推广。到目前为止,已有超过60%的互联网用户通过政府网站进行事务处理。现在美国政府的网站能够提供包括办公室电话、办公地址、在线报刊、在线数据库以及外部网站链接、外语翻译、个人隐私政策、广告、安全特性、免费电话、技术服务等在内的27种功能。根据美国已出台的《政府纸张消除法案》,美国已在2004年实现了政府办公的无纸化作业,以使美国公民与其政府的互动关系实现电子化,在线提供所有政府服务。美国政府网站的成熟性在全球是最高的,联邦政府一级机构已经全部上网,所有的州一级政府也全部上网,而且几乎所有的县市已经建立有自己的站点。

美国的信息化工作是由联邦政府统一发起和组织的,为了加强对政府信息化工作的领导,联邦政府成立了一个专门的组织结构——政府技术推动小组。该小组的成员包括:①政府信息化促进协会联盟;②信息技术产业顾问协会;③政府信息服务小组;④州级信息主管联盟;⑤国家电信信息管理办公室;⑥国家政府官员协会;⑦政府评估组及首席信息化小组等。该小组的主要职能负责全国的信息化管理指导工作,包括:①技术推进;②法规政策建议;③管理投资;④改善服务;⑤业绩评估等。美国政府还建立了信息主管制度,在联邦政府各部门及州政府都设立了首席信息官(CIO)。另外,国会也设立了一个信息委员会,监督政府信息化执行情况。

美国"电子政务"的基础架构为:

(1) 建立一套共同的整合性政府运作程序,提供民众前台便捷申请服务,所有跨部门的申请事项,将会由系统自动处理,民众无需介入。

(2) 提供一套共同的统一信息技术工具、获取信息方法以及服务措施,增强标准化和交互性,使政府各部门可以共享信息,减少某一部门对信息技术独特性或个别性的需求。

(3) 使政府服务面对民众,渠道多元化、窗口单一化。即民众可以利用各种渠道,通过各部门交互串通的"单一窗口",便可"一站到底"获取政府的信息和服务。

美国电子政务的应用重点主要体现在以下几个方面:

(1) 建立全国性的、整合性的电子福利支付系统。

(2) 发展整合性的电子化取用信息服务。

(3) 发展全国性的执法及公共安全信息网络。

(4) 提供跨越各级政府的纳税申报及缴税处理系统。

(5) 建立国际贸易资料系统。

（6）推动政府部门电子邮递系统。

2. 新加坡

十几年来，在政府的推动下，新加坡以发展信息产业为重点，积极建设信息基础设施，使这个国土面积狭小的国度成为亚太地区的电子商务中心和信息化强国，创造了信息化的奇迹。据新华网 2005 年 3 月 9 日报道，世界经济论坛 9 日发布的2004～2005 年度《全球信息技术报告》显示，新加坡已成为信息化程度最高的经济体，美国则由 2004 年的排名第一降至第五。该报告说，新加坡在数学及科学教育质量、电话费承受能力以及政府优先发展信息通信技术等方面居世界首位。新加坡的信息化建设始于 20 世纪 80 年代早期，到目前为止，国家信息化建设的蓝图已经随着科技和时代的发展更新了 5 个版本。

（1）国家计算机化计划（The National Computerisation Plan，1980～1985）。"国家计算机化计划"的一个关键目标就是着眼于"国民服务计算机化项目（Civil Service Computerisation Programme，CSCP）"，使每个政府部门的主要功能都计算机化。为了通过有效使用信息技术来提高公共管理职能，新加坡在传统工作职能自动化、消减纸张使用、在公共服务中逐步加大信息技术设施的配置等方面进行了大量努力。这种"从小处着手，迅速增加"的模式成为信息技术得到广泛接受的催化剂。"国家计算机化计划"的其他目标还包括推进本地 IT 企业的发展和增长，为未来 IT 企业发展的需要而大力培养 IT 人才。

（2）全国信息计划（The National IT Plan，1986～1991）。随着新加坡 IT 战略的成熟，其关注点转移到通过跨部门的联系来提供"一站式"服务（one-stop services）。机构内部通信能力的提高导致了三个数据中心的诞生——土地、人口和设施。随着越来越多的公共服务朝着"一站式、无停式（One-Stop，Non-Stop）"方向发展，新加坡使用 IT 技术来使传统手工流程自动化、集成化取得了突破性的成绩。

（3）智能岛计划（IT2000，1992～1999）。1992 年，新加坡再次提出 IT2000 计划，即"智能岛"计划，将新加坡定位于成为一个全球 IT 中心。以 ATM 交换技术为核心、光纤同轴混合网（HFC）和 ADSL 并举的新加坡综合网担当"智能岛"主干神经的重要角色，它经由局域网接入所有的办公室、公共场所和家庭，向社会各领域提供信息技术应用和服务，将社区联接全球化，改善人们的生活质量，提供新加坡人的潜能。

有计划、分阶段的信息化工程卓有成效。在过去的 10 年中，新加坡 IT 领域保持着高达38％的年平均增长率，目前已有50％的家庭拥有 PC，25％的家庭使用互联网，95％以上的行业应用信息技术，"新加坡一号计划"已成为新一代宽带多媒体通信基础设施。

（4）21 世纪信息通信技术蓝图（InfoComm 21，2000～2003）。2000 年 4 月，新加坡资讯通信发展局制定了"21 世纪信息通信技术蓝图"，力图使新加坡发展成为一个拥有欣欣向荣的信息经济和信息社会的全球性信息通信之都。第一阶段的电子政府行动计划就是"Infocomm 21"蓝图中的一个重要部分。新加坡政府意识到，数字经济已经不是一个自动化的问题，而是一个社会经济问题。因此，在该计划的实施过程中，新加坡全面开放电信市场，落实了电子政府行动计划，并加大对电子商务的推动力。

（5）"连城"计划（Connected Singapore）。在成功建设"智能岛"之后，2003 年，新加坡再次制定了"Connected Singapore（连城）"计划，目的是将新加坡与世界上大的国家、大的城市连接起来，成为四通八达的"连城"，进而发展成为亚太地区的电子商务枢纽，使这个城市国家的传统行业从电子商务中得到新生，成为世界信息通信的强国。

现阶段的新加坡电子政务建设规划主要包括：

（1）第一阶段电子政府行动计划（e-Government Action Plan，2000～2003）。在 20 世纪 90 年代后期，信息技术与电信技术的融合改变了提供服务的概念，这需要政府服务做出转变，2000 年第一阶段电子政府行动计划（e-Government Action Plan）启动。

电子政府行动计划的目标是打造一个领先的电子政府来更好地为新的知识经济中的新加坡和新加坡人服务。

电子政府的战略框架主要集中在三个重要的关联方面：

• 政府对公民，Government to Citizens（G2C）；
• 政府对商业，Government to Businesses（G2B）；
• 政府对雇员，Government to Employees（G2E）。

为了把这三个方面向电子政府的愿景推进，电子政府行动计划在信息通信技术部署方面制定了五大战略突破口（strategic thrust）。

五大战略突破口为：

• 再造政府（Reinventing Government）；
• 提供一体化的电子服务（Delivering Integrated Electronic Services）；
• 主动和负责的政府（Being proactive and responsive）；
• 通过信息通信技术来打造执行能力和接受能力（Using ICT to build capabilities & capacities）；
• 通过信息通信技术来创新（Innovating with ICT）。

（2）电子政府行动计划Ⅱ（e-Government Action Plan Ⅱ，2003～2006）。新

加坡在公共服务的提供中逐步采纳了以顾客为中心的思想,在此基础上,形成了目前的电子政府行动计划Ⅱ,(e-Government Action Plan Ⅱ,简写为 eGAP Ⅱ)。

电子政府的核心一直是为我们的人民更好地服务。第二阶段计划预计到2006 年,一种电子式的生活方式将在新加坡普及:个人和企业都喜欢与政府在线处理事务;公民们已经准备好通过电子咨询和虚拟社区的方式来为政策评估过程提供反馈意见和建议;生机勃勃的信息通信产业与政府紧密合作,通过信息通信技术来转变政府的工作流程和服务传递。这就是新加坡电子政府的远景,在数字经济时代成为一个领先的电子政府来更好地为国家服务。

第二阶段的行动计划重点在于把公共服务转变为一个网络化政府,为我们的客户提供可及的、一体化的、有附加值的电子服务,帮助公民更紧密地生活在一起。

3. 英国

据《英国在线 2001 年度报告》公布的数据显示,截止到 2001 年 9 月,英国已经具有覆盖 60%家庭的宽带接入能力;有 38%的英国家庭和 51%的成年人使用互联网;有 190 万个中小企业接入了互联网,超过了英国信息化建设的预定目标。据德勤公司的调查显示,2002 年英国已经有 60%的政府机构的互联网服务网站已经开通或正在建设。在电子政务建设方面,英国政府先后制定了《政府现代化白皮书》、《信息时代公共服务战略框架》和《21 世纪政府电子服务》等一系列规划。为了加快电子政务的发展,让尽可能多的英国家庭能够通过互联网与政府打交道,2000 年英国政府制定了"在五年内使每个英国家庭都能上网"的宏伟计划。如今,英国已经有 50%的政府服务实现电子化,英国的目标是到 2008 年,100%的政府服务实现电子化。

英国电子政务发展的主要指导思想是:建立"以公众为中心"的政府;在电子政务建设过程中,应加强跨部门的合作,以更好地满足公众需求;在制定有关政策和方案时,应照顾到少数民族及残疾人的需求;通过实施电子政务,极大地提高政府的工作效率和改进服务方式。其基本特点是:①建立强有力的领导机构;②缩小数字鸿沟,实现全民上网;③建立和开发知识管理系统;④"政府入口";⑤发展电子民主。

4. 加拿大

加拿大是拥有世界最先进广播系统的国家。于 1999 年正式颁布了国家的电子政务战略计划"政府在线"(Government On-line),提出政府要做使用信息技术和互联网的模范,2004 年实现了政府所有的信息和服务全部上网。为保持电子政务在全球的领先地位,加拿大政府发挥了强大的领导力作用,推进了"统一的政府"(A Whole of Government)实施策略,以加强各级政府和各部门的电子政务协同发展,力争满足公众的需求,向他们提供一体化的电子服务。

2001 年 1 月,加拿大对政府门户网站进行了意义重大的改进和重新设计,目的是全面推行"以客户为中心"的网上服务。加拿大政府不仅实现了教育、就业、医疗、电子采购、社会保险、企业服务、税务等领域的政府电子服务,而且根据企业和公民的要求不断开发和继承政府入口网站,如建立加拿大政务入口网站、加拿大青年网站、加拿大出口资源网站等。

1.4.3 国外电子政务的发展经验

1. "以民众服务为中心"的理念

电子政务的建设应以公众为中心。借鉴私营部门的经验教训,电子政务必须是由客户驱动的,面向服务的。这就意味着,电子政务发展的蓝图要使公众和商界尽可能地得到更多的信息,并为公众和商界提供更好、更平等的服务和办事程序。电子政务流程的优化和再造,其最终目标也是使政府更好地为公众服务。将民众需求作为导向,把未来的政府建设成以民众为中心的"电子政务"。以客户为中心是 21 世纪政府管理创新的基本理念。

电子政务的目标主要是为了更好地给公众和社会提供政府服务。世界各国政府正积极应用互联网为民众提供在线服务,政府也将广为运用"公共信息站"及自动柜员机等自动化服务设施,为民众提供获取政府服务的多元化渠道。

信息技术的发展使得民众对未来政府的期望值不断提高,不仅仅是要求服务质量得到提高,而且要求获得服务的方式和程序也要不断改善。民众期望在任何时间、任何地点,以多种渠道获取自己所期望的服务形式和服务内容。为满足民众需求,世界各国政府将不断自我创新和调整,整合传统公共服务,建立"单一窗口",给民众提供"一站到底"的公共服务。

2. 标准化是电子政务建设的重要保障

国外信息化的实践经验证明,信息化建设必须有标准化的支持,尤其要发挥标准化的导向作用,以确保其技术上的协调一致和整体效能的实现。标准化是电子政务建设的基础性工作,是电子政务系统实现互联互通、信息共享、业务协同、安全可靠的前提。它将各个业务环节有机地连接起来,并为彼此间的协同工作提供技术准则。通过标准化的协调和优化功能,保证电子政务建设少走弯路,提高效率,确保系统的安全可靠。统一标准是互联互通、信息共享、业务协同的基础。

3. 消除"数字鸿沟",促进社会信息平等

在未来电子政务建设过程中,各国政府将会积极致力于消除"数字鸿沟"问题,努力缩小"信息富人"和"信息穷人"之间的差距,使得每一个人都具有获得政府电子服务的权利,尤其是那些非常关键的服务,避免新的信息技术给人们带来新障碍。因此各国在电子政务的开展过程中将注重普及城乡宽带网络建设与信息教育,使信息应用普及社会每个阶层和每个地理区域,照顾信息弱势群体,缩小信息差距。

4. 增强公众参与意识,发展电子民主

电子民主是未来世界各国"电子政务"建设中的一个焦点。所谓电子民主,就是指通过信息技术实现民主过程中价值理念、政治观点或其他个人意见等的交流和反映。电子民主的内容涉及范围很广,包括在线选举、民意调查、选举人与被选举人的电子交流、在线政务公开、在线立法、公众参与等等。

信息技术和互联网的发展为公众参与政府决策提供了良好的契机,同时也对传统政府理念和制度产生巨大的冲击。电子民主的发展不仅仅能使民众有效监督政府决策,促进政府勤政廉政,提高民众对政府的信任度,而且也能反映"电子政务"的公众需求导向。当然,要把这种"民主"控制在秩序的范围之内。

第 2 章 电子政务的治理理念

2.1 新公共管理理论

自 20 世纪 70 年代末,伴随着全球化、信息化、市场化以及知识经济时代的来临,西方各国掀起了汹涌澎湃的行政改革潮流,既是对数十年来行政管理实践的检讨和反思过程,同时也是对新时代、新环境的自觉适应过程。

当代西方以"新公共管理"为方向的政府改革通常被称为一场追求"经济、效率和效益"(economy,efficiency and effectiveness,3E)目标的政府管理改革运动。它起源于英国、美国、澳大利亚和新西兰,并逐步拓展到其他西方国家乃至全世界,是 20 世纪 70 年代中期以后公共管理领域出现的一种显著的国际性趋势。从理论上看,新公共管理无疑是当代行政改革的主流理论。

新公共管理是以现代经济学和私营企业的管理理论与方法为理论基础,不强调利用集权、监督以及加强责任制的方法来改善行政绩效,而是主张在政府管理中采纳企业化的管理方法来提高管理效率,在公共管理中引入竞争机制来提高服务的质量和水平,强调公共管理以市场或顾客为导向来改善行政绩效。

英国学者费利耶(Ewan Felie)等人在《行动中的新公共管理》一书中认为,在当代西方政府的改革运动中,至少有过四种不同于传统的公共行政模式的新公共管理模式,它们都包含着重要的差别和明确的特征,代表了建立新公共管理理想类型的几种初步尝试。

1. 效率驱动模式

这种模式代表了将私人管理部门的方法和技术引入公共部门管理的尝试,强调公共部门与私人部门一样要以提高效率为核心。这种模式的基本内容包括:强烈关注财政控制、成本核算、钱有所值和效率问题,关心信息系统的完善;建立更强有力的一般管理中心,采用层级管理和"命令与控制"的方式,要求明确的目标定向和绩效管理,权利向资深管理者转移;发展正式的绩效评估方法;强调对顾客负责,让非公共部门参与公共物品的提供,以市场为基础和客户导向,以及在边际上进行类似于市场的实验;解除劳动力市场的规制,加快工作步伐,采用绩效工作制;雇员自我调节权力的减少,权力向管理者转移,吸收部分雇员参与管理过程,采用更透明的管理形式;增加更具有企业管理色彩而较少官僚色彩的授权,但更强调责任制;采用公司治理的新形式,权力向组织战略顶层转移。

2. 小型化与分权模式

这种模式的影响力不断增强,地位日益重要,这与 20 世纪以来组织结构的变迁密切相关。20 世纪前组织结构呈现的是大型化、垂直等级制(科层制)的特征。目前这一组织特征已经出现新的发展趋势,包括组织的分散化和分权、对组织灵活性的追求、脱离僵化的组织体制、日益加强的战略和预算责任的非中心化、日益增加的合同承包、小的战略核心与大的操作边缘的分离等。这种模式既出现在私人部门,同样也出现公共部门。

这种模式的重要特征如下:从计划到准市场的转变成为公共部门配置资源的机制;从层级管理向合同管理的转变;较松散的合同管理形式的出现;小战略核心与大操作边缘的分离,市场检验和非战略职能的合同承包;分权和小型化——公共部门领取薪金者的大量减少,向扁平型的组织结构的转变,组织高层领导与低层职员的减少;公共资助与独立部门供应相对分离,购买者和提供者相分离以及作为一种新组织形式的购买型组织的出现;从"命令与控制"管理方式向诸如影响式管理。组织网络形式相互作用一类的新风格的转变,对组织间的战略的日益重视;从僵硬化的服务向灵活多样的服务系统的转变等。

3. 追求卓越模式

这种模式与 20 世纪 80 年代兴起的企业文化的管理新潮相关——特别是受《公司文化》和《追求卓越》两本畅销书的影响,也部分反映了那种强调组织文化重要性的人际关系管理学派对公共部门管理的影响。该模式拒绝了理性化的小型化与分权模式,强调价值、文化、习俗和符号等在形成人们行为中的重要性,它对组织及管理的变迁与革新具有强烈的兴趣。这种模式可以分为从下而上和从上而下两种途径。前者强调组织发展和组织学习(20 世纪 80 年代末兴起的创建"学习型组织"风潮是其新近的表现);后者强调将已经出现的东西看作可塑造的、可变化的公司文化,引导一种公司文化的发展,强调魅力的影响或示范作用。追求卓越模式的要点是:在由下而上的形式中,强调组织发展和组织学习,将组织文化看作一种组织发展的黏合剂;强调由结果判断绩效,主张分权和非中心化。在由上而下的形式中,努力促进组织文化的变迁,管理组织变迁项目;重视领导魅力的影响和示范作用(在新型的公共部门中,应用魅力型的私人部门角色模式,要求更强有力的培训项目);公司口号、使命、声明和团结的加强,一种明确的交往战略,一种更具战略性的人力资源管理职能等。

4. 公共服务取向模式

这是目前最不成熟的模式,但仍展现出无穷的潜力。公共服务取向模式代表了一种将私人部门管理观念和公共部门管理观念的新融合,强调公共部门的公共服务使命,但又采用私人部门的"良好的实践"中的质量管理思想。这种模式的基本内容和特征是:主要关心提高服务质量,强调产出价值,但必须以实现公共服务使命为基础;在管理过程中反映使用者的愿望、要求和利益,以使用者的声音而非顾客的退出作为反馈回路,强调公民权理念;怀疑市场机制在公共服务中的作用,主张将权力由指派者转移到民选的地方委员会;强调对日常服务提供的全社会学习过程(如鼓励社区发展、进行社会需要评估);要求一系列连续不断的公共服务的使命与价值,强调公民参与和公共责任制等。

新公共管理从产生到现在,一直没能形成统一的、成熟的理论框架,但其核心的理念是市场导向的政府管理和服务。新公共管理倡导建立企业化政府,将现代企业的精神、现代企业管理和企业信息化的先进理念引入到电子政务的核心价值观。强调以客户(企业和公民)导向和绩效驱动是新公共管理的核心内容。例如,引入一些现代企业概念,由企业客户关系管理引申为政府用户关系管理与公民关系管理,由现代企业的管理绩效评估机制引申为以绩效驱动的政府管理模式,由生产流程重组引申为政务流程重组等等,推动新兴政府模式的产生。

我国目前正处于计划向市场的转轨时期,市场经济的发展要求转变政府职能,建立一个灵活、高效、廉洁的政府,形成新的政府管理模式。当代西方国家的"新公共管理"取向及模式对于我国政府行政改革的深化建设,对于提高政府行政效率具有一定的参考价值。

2.2 客户导向的电子政务

2.2.1 客户导向的服务型政府

服务型政府是指在公民本位、社会本位和权利本位的指导之下,通过法定程序,按照公民的意志组建起来,承担服务责任,履行服务职能的政府。它是对传统管制型政府模式的一种根本性变革。

客户导向战略来源于企业管理中的 CRM(Customer Relationship Management,客户关系管理)战略,行政学者把这一战略引入到政府管理中来。他们把公众比喻成顾客,把政府看成公共产品和公共服务的提供者,认为客户导向就是以客户的需求为出发点,并以客户的满意程度作为衡量公共服务标准的战略。遵循的是公民本位和社会本位的理念。

综观学者们对客户导向战略的阐述,可以把其内涵大体归为这样几点:

· 从客户方面,强调客户对公共服务和公共产品的选择权、知情权。公众是公共服务的消费者,是政府机构的客户,他们通过对服务方式和内容的选择来影响政府机构的行为。

· 从公共服务的提供者方面,强调其对顾客需求的快速回应性,对客户的负责任,以公众的满意度作为政府服务质量的标准。

· 在公共服务的提供者和客户的关系上,强调加强政府与公众的直接联系与沟通,使政府能及时了解公众的需求和对公共服务的满意度。

CRM 在政府机构中实施是现代信息技术发展的必然,随着因特网的发展、网络经济范围的不断扩大,政府职能与新的社会模式和运转方式越来越不相适应,难以发挥其原有效益和作用。毫无疑问,当企业和民众对企业快捷的、无缝的客户服务习以为常的时候,将对政府所提供的缓慢服务变得更加挑剔,他们将无法容忍任何拖沓和傲慢。

2.2.2　客户关系管理理论

著名的咨询公司 Gartner Group 于 20 世纪 90 年代初最早提出客户关系管理的概念,随后在世界范围内引起了广泛的关注。客户关系管理是为企业提供全方位的客户视角,赋予企业完善的客户交流能力和最大化客户收益所采取的方法。这一概念包含了企业为赢得竞争优势,同客户及销售伙伴通过多种渠道建立良好关系的全部内容。

Gartner Group 公司认为 CRM 是迄今为止规模最大的 IT 概念,它并非等同于单纯的信息技术或管理技术。CRM 是为了提高企业的效益,将原来的以产品为中心,转变为以客户为中心的经营理念。

IBM 认为客户关系管理是支持客户识别、客户选择、客户获得、客户提高以及客户保持等商务过程的企业信息系统。

世界著名的分析软件公司美国 SAS 公司认为,客户关系管理是一个尽可能自动化和不断持续的过程,最大化地利用客户的各种信息,有效地提高客户对公司产品的忠实度和满意度,并且能够同所选择的客户全体保持长期和有效益的业务关系,从而实现把合适的产品和服务,通过合适的渠道,在适当的时候,提供给适当的客户。

可以从以下三个层面来理解 CRM 的内涵:

(1) CRM 是一种管理理念。就是把客户视为企业最重要的资产,在企业文化同业务流程结合的同时,形成以客户为中心的经营理念,通过完善的客户服务和深入的客户分析来满足客户的个性化需求,实现客户的终身价值。

（2）CRM 是一种管理机制。旨在改善企业与客户之间关系的新型管理机制，它主要实施于企业的市场营销、销售、服务、技术支持等与客户相关的领域。CRM 的实施，要求以客户为中心来构架企业的业务流程，完善对客户的快速反应机制以及管理者的决策组织形式，要求整合以客户驱动的产品、服务设计，在企业内部实现信息和资源的共享，通过提供快速、周到的优质服务来提高客户的满意度和忠诚度，不断争取新客户和新商机，最终为企业带来持续的利润增长。

（3）CRM 是一种管理软件和技术。一方面，它将最佳的商业实践与数据仓库、数据挖掘、销售自动化以及呼叫中心（Call Centre）等信息网络技术紧密结合起来，为企业提供一个基于电子商务的现代企业模式和一个业务自动化的解决方案。另一方面，客户关系管理系统的实施，使企业有了一个以电子商务为基础的电子客户中心，从而成功的实现从传统企业模式到以电子商务为基础的现代企业模式的转化。

CRM 是一种以"客户关系一对一理论"为基础，旨在改善企业与客户之间关系的新型管理机制，同时也是包括一个组织机构判断、选择、争取、发展和保持客户所要实施的全部商业过程。"客户关系一对一理论"认为，每个客户的需求是不同的，只有尽可能地满足每个客户的特殊需求，进行"一对一"个性化服务，企业才能提高竞争力。每个客户对企业的价值也是不同的，通过满足每个客户的特殊需求，特别是满足重要客户的特殊需求，企业可与每个客户建立起长期稳定的关系，客户同企业之间的每一次交易都使得这种关系更加稳固，从而使企业在同客户的长期交往中获得更多的利润。

可以说，作为管理理念的客户关系管理是指导思想，作为管理模式的客户关系管理是制度保障，作为信息系统的客户关系管理是技术基础。其关系如图2-1所示。

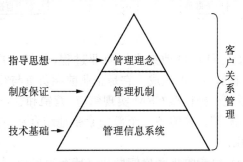

图 2-1　客户关系管理的内容

CRM 的核心思想就是倡导从"以产品为中心"转向"以客户为中心"的企业经营理念和运作模式，宗旨是改善企业与客户之间的关系，目标是通过提供更快速、更周到和更准确的优质服务来吸引和保持更多的客户。在实现个性化服务的同时，通过对业务流程的全面管理来降低企业的成本，最终实现企业赢利最大化的目标。

2.2.3　客户关系管理系统

　　CRM专注于销售、营销、客户服务和支持等方面,通过管理与客户间的互动,降低营销成本,发现新市场和渠道,提高客户价值、客户满意度、客户利润贡献度以及客户忠诚度,实现最终效益的提高。CRM整合了企业的资源体系,优化了市场的增值链条,是电子商务环境下企业制胜的关键所在。从体系结构角度来看,CRM架构主要分为以下两个部分,如图2-2所示。

　　其中,ERP(Enterprise Resource Planning)是企业资源计划系统,SCM(Supply Chain Management)是指供应链管理系统,OA(Office Automatization)是办公自动化系统。

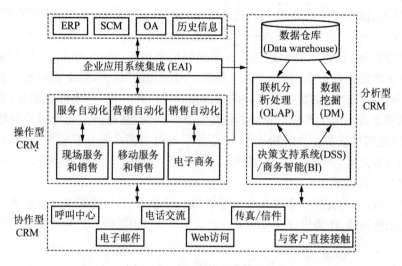

图2-2　CRM系统的总体结构

　　(1)操作型CRM:负责自动集成的商业过程,包括客户接触点(Customer contact point)、渠道和前后台的集成。它是企业前端负责与客户进行信息交互的客户关系管理信息系统。操作型CRM实现销售、营销和客户服务三部分业务流程的自动化;它将市场、销售和服务三个部门紧密地结合在一起,从而使CRM为企业发挥更大的作用。

　　(2)协作型CRM:负责收集客户信息和保持客户接触,为客户提供360度的接触交流渠道,如Call Center,面对面交流,Internet/Web,Email/Fax等集成起来,使各种渠道融会贯通,以保证企业和客户都能得到完整、准确和一致的信息。

　　(3)分析型CRM:用于分析操作型CRM所产生的数据。它位于CRM系统的后端,是实现客户信息分析的核心,主要是面向客户数据分析的决策支持系统。分析型CRM强调对各种数据的分析,并从中获得有价值的信息。在CRM的发展初期着重的是操作型 CRM 和协作型 CRM,主要解决的是围绕客户信息进行的各个部门的协同工作。这也是对企业前端管理的业务流程进行重新规划和调整,以最佳的工作方法来获得最好的效果。但是,在大量的客户数据积累起来之后,对客户数据的分析将成为重中之重。

　　总之,CRM 是一种经营哲学,是运用多种信息科技收集、分析、获取知识,持续改善服务的过程,其核心理念是"以客户为中心"。CRM 的理念、方法和技术都值得电子政务借鉴。

2.2.4　CRM 在电子政务中的应用

1. 基于 CRM 理念的门户网站建设

现阶段的政府门户网站建设存在着下列问题:

(1) 信息发布的效率低下和发布过时信息的情况时有发生,造成了公民和企业用户获取政府信息的路径困难,严重影响公共信息资源的共享和利用。

(2) 各级地方政府的网站形式混乱,不能与中央政府网站统一,许多地方政府在引入电子政府之前没有做好充分的前期准备工作,造成政府网站游离于政府机构之外。

(3) 出现了中央与地方、地方与地方之间以及部门与部门之间相互孤立缺乏合作的现象。各个同级部门之间也缺乏统筹安排,在自己的站点上设置的内容缺乏部门间的配合,使市民不得不逐个部门进行登陆和访问。

　　在建设政府门户网站时,要考虑到以政府为中心转变为以公民为中心的政府治理。以用户为中心、从用户的需求出发构建基于 CRM 的政府网站是解决这个问题的关键,表2-1为门户网站与一般网站的区别。

表2-1　门户网站与一般网站

一般网站	门户网站
基本的网页	根据顾客全体的需求组织的网站
罗列各个机构	罗列各项服务
主要是静态的信息	提供信息,允许交流和沟通
具备一些政务处理的能力	具备丰富的政务处理能力
根据机构组织网页	根据顾客的需求组织网页
经常无法与部门整体的信息技术配套	与部门的信息技术系统充分配套
为顾客提供服务的能力很差	为顾客提供服务的能力很强

　　基于 CRM 理念的门户网站设计有六个关键步骤：①识别并区分顾客群体；②识别顾客群体的需求；③罗列顾客所需的信息和服务；④根据顾客的需求而非机构的设置组建网站；⑤协调跨部门的运作；⑥合理区分部门的界限。

2. 基于 CRM 理念的电子政务工作模式

　　电子政务的工作模式重要分为 G2G，G2B，G2C 三类，在基于 CRM 的政府治理业务模式中，不论是政府的对外服务还是政府部门之间的业务，都应看作是服务与顾客的关系，其基本工作模式是顾客与服务提供方的接触、业务受理、业务办理以及处理后的反馈，以及数据分析和决策支持。

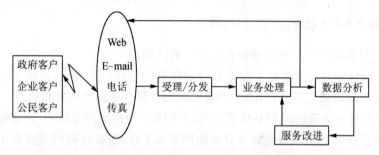

图 2-3　基于 CRM 的电子政务工作模式
（来源：曲楠　基于客户关系管理的政府治理及绩效研究）

　　（1）接触。接触是为用户提供服务的第一步，系统必须提供多种接触方式，并保证能实现有效的双向沟通。用户通过提供的多种方式提交各种服务申请，申请系统能有效的管理这些服务请求。

　　（2）受理。通过接触环节，系统提供判别准则，通过交互和自动的方式，受理顾客的申请并将办理事宜分发到各自的业务管理（办理，处理）部门，同时将受理接受反馈给客户。

　　（3）处理。业务管理是政务系统中各种管理信息系统的集成应用，它接受业务受理环节分发的任务，按照指定办事流程处理各种业务如行政审批业务对外信息服务、内部办公业务、内部事务管理等等，并对业务处理过程进行记录对处理后的业务及时进行反馈。

　　（4）分析。分析是系统对各类数据的分类、聚集、分析、处理和辅助决策支持的业务过程，通过业务分析为领导决策提供支持和反馈。

　　（5）改进。根据分析结果提出改进措施，用以改进服务过程，提高服务质量。

3. 基于 CRM 理念的个性化服务

　　例如，政府能够记录下公众从出生到死亡之间所有事情的档案，包括工作地点、收入状况、存款、债务、住址、伴侣、旅行、健康状况、医疗记录、犯罪记录等,但这些并不是存在于一个政府部门中,现在可以将公众的各种数据集中到数据仓库中,采用数据采掘技术从大量数据中提取一些内在模式,把数据转化为对公众的"知识",增进政府对公众的了解,根据公众不同情况提供定制服务,培养政府与公众之间个性化的关系,从而提供一对一的"一站式"政府服务。

2.3 GRP 理念的电子政务

自 1993 年美国 Gartner Group 公司首次提出企业资源计划(ERP)概念至今,ERP 不仅覆盖了整个供需链的信息集成,而且体现了精益生产、敏捷制造、同步工程、全面质量、准时生产、约束理论等诸多内容。2000 年,用友政务公司结合企业 ERP 相关理论和实践,在政府信息化领域,首次提出政府资源计划(GRP)理念。

2.3.1 MRP Ⅱ

20 世纪 60 年代产生了物料需求计划(Material Require Plan,MRP),特点是利用计算机解决生产中物料的缺件和库存积压问题。其基本原理是:根据销售预测和订货情况制定出生产计划,利用计算机将未来各个时段内的产品需求按产品结构分解为零部件需求计划,以作业指令推动采购部门购买所需的材料/通过管理控制来保证生产所需的原材料数量,并有效地降低物料的库存,从而降低生产成本,加快资金周转。

MRP Ⅱ是 20 世纪 70 年代在发达国家制造业中开始采用的先进管理技术,是由国际商用计算机公司(IBM)最早提出的概念。是一种在对一个企业所有资源进行有效的计划安排的基础上,达到最大的客户服务、最小的库存投资和高效率的工厂作业为目的的先进管理思想。MRP Ⅱ适应对象是"小批量,多品种"制造企业。它可以有效地在解决制造企业物料供应与生产计划的矛盾、计划相对稳定与用户需求多变的矛盾、库存增加与流动资金减少的矛盾、产品品种多样化与生产活动条理化之间的矛盾等。

从 MRP 到 MRP Ⅱ的发展过程中可以看出,MRP Ⅱ系统的资源概念更大,企业计划的闭环已经形成,应用由离散制造业逐步转入流程工业。

2.3.2 ERP

20 世纪 90 年代以来,随着信息技术尤其是计算机网络技术的迅猛发展,统一的世界市场正在形成,MRP Ⅱ管理系统经过扩充与进一步完善而发展为企业资源计划(Enterprise Resource Planning,ERP)。ERP 与 MRP Ⅱ相比更加面向全球市场,功能更为强大,所管理的企业资源更多,支持混合式生产方式、管理覆盖面更宽。ERP是站在全球市场环境下,从企业全局角度对经营与生产进行计划的方式;是制造企业综合的集成经营系统。ERP管理系统的扩充点与主要特点如下:

(1) ERP更加面向市场、面向经营、面向销售,能够对市场快速响应;它将供应链管理功能包含了进来,强调了供应商、制造商与分销商间的新的伙伴关系;并且支持企业后勤管理。

(2) ERP更强调企业流程与工作流,通过工作流实现企业的人员、财务、制造与分销间的集成,支持企业过程重组。

(3) ERP纳入了产品数据管理PDM功能,增加了对设计数据与过程的管理,并进一步加强了生产管理系统与CAD、CAM系统的集成。

(4) ERP更多地强调财务,具有较完善的企业财务管理体系,这使价值管理概念得以实施,资金流与物流、信息流更加有机地结合。

(5) ERP较多地考虑人的因素作为资源在生产经营规划中的作用,也考虑了人的培训成本等。

(6) 在生产制造计划中,ERP支持MRP与JIT混合管理模式,也支持多种生产方式(离散制造、连续流程制造等)的管理模式。

(7) ERP采用了最新的计算机技术,如客户/服务器分布式结构、面向对象技术、基于WEB技术的电子数据交换EDI、多数据库集成、数据仓库、图形用户界面、第四代语言及辅助工具等等。

一般而言,除了MRPⅡ的主要功能外,ERP系统还包括以下主要功能:供应链管理、销售与市场、分销、客户服务、财务管理、制造管理、库存管理、工厂与设备维护、人力资源、报表、制造执行系统(Manufacturing Executive System, MES)、工作流服务和企业信息系统等方面。此外,还包括金融投资管理、质量管理、运输管理、项目管理、法规与标准和过程控制等补充功能。

ERP是信息时代的现代企业向国际化发展的更高层管理模式,它能更好地支持企业各方面的集成,并将给企业带来更广泛、更长远的经济效益与社会效益。

2.3.3　GRP

政府资源规划(Government Resource Planning, GRP)的概念是指在特定的行政环境下,根据现代行政管理的特点和规律,利用现代信息技术,整合政府环境、优化政府结构以及规范政府行为的行政管理系统工程,GRP是建立在信息技术基础之上,以优化管理、合理配置政府资源为目标的管理系统。

作为行政管理的系统工程,GRP的主要内容体现在下述三个方面:

1. 行政管理和公众服务

狭义的政府行为是指各级政府机关的施政行为,包括行政管理、公众服务和对外交流三个方面。GRP 的基础任务就是在政府资源明确的基础上,整合政府行政业务流程,精兵简政,在现有机构设置的基础上不断地优化,形成新的业务流程。GRP 不是简单地通过 IT 技术描述政府行为,而是在经过优化、整合政府资源的基础上,以信息技术为手段来规范政府行为,优化政府结构,提升服务质量。GRP 是一种全新的政府治理理念。

广义的政府行为还应包括党务、军务、人大、政协、纪检等部门的业务分析以及相互管理的协调、协同政务的处理等。GRP 作为政府资源规划的系统工程,还要统筹分析现有制度下与政府行政密切相关的有关机构之间的业务关系和运作机制。只有系统、全面地分析和规划,才能最终实现 GRP 的目标。

2. 政府资源的管理规划

政府资源是 GRP 分析、规划、研究和管理的对象。政府资源包括物质资源(如土地资源、空间资源、海洋资源、矿产资源、淡水资源等等)、人力资源(包括民族宗教、教育与培训、就业与失业、福利与社保、医疗卫生、文化娱乐、体育健身等涉及人的社会事务)、金融资源(包括财政税收、期货证券、储蓄国债等)、公共安全(包括国家安全、社会治安、行为规范)、信息资源(包括法律法规、政策制度、公众舆论、外事新闻)等等。

政府机构划分主要的客观依据就是对不同政府资源规划和管理的需要。政府行政机构改革、优化必须以政府资源规划和管理为前提。此外,为提高行政效率,规范行政行为,GRP 还要分析和整合业务流程,解决好行政事务在空间上的相关关系和在时间上的相对顺序。

3. 信息技术的支持和保障

GRP 系统是以集成功能的信息系统为标志的,GRP 软件是以 GRP 管理思想为灵魂,综合使用 C/S 或 B/S 架构、数据库技术、图形用户界面、网络通信技术、决策支持技术等。面向电子政务领域提供的采集、管理、交换、整理、管理、交换、查询、统计、汇总、分析、报表等应用的软件工具。

GRP 不是单纯地从个别业务的需要提出技术要求,而是全面考虑广义的政府行为而提出的整体解决方案。GRP 使得过去电子政务建设中的"头痛医头,脚痛医脚"的解决模式,转变为"全面诊断,综合医治"的系统工程方法。

2.3.4 GRP 与 ERP

政府资源规划(GRP)的概念来源于 ERP,参照 ERP 定义的方法。从"企业精神改造政府"的新公共管理理念出发,GRP 必须要借鉴 ERP 在企业信息化建设方面的经验。下面从几个方面来比较分析 GRP 与 ERP 之间的关系。

1. 概念及管理思想

ERP 包含两个重要思想:供应链管理和信息集成。ERP 从供应链的概念出发,着眼于供应链上物料的增值过程,保持信息、物料和资金的快速流动,处理各个环节的供需矛盾,以企业有限的资源来应对市场竞争和机遇,要求以最少的消耗、最低的成本、最短的生命周期产生最大的市场价值和利润;信息集成体现为管理信息的高度集成,就是要集成供应链上的所有流程、各个环节的信息,实现信息共享,为各级管理人员提供可靠的决策依据。信息集成并不仅仅局限于企业内部,还要集成上下游的供应商和客户的信息,这也是精益生产和敏捷制造的主要精神。信息集成也有利于供应链的动态变化以及企业信息实时响应的需求。

GRP 也包含两个重要思想:政务流程管理和信息集成。政务流程管理不但需要涵盖政府机构内部的政务工作流程,还需要包括本单位的上下级政府管理机构的相关流程,横向协作部门的相关业务流程等。这点与 ERP 的供应链的全过程管理思想是非常类似的;信息集成包括应用集成、数据共享、资源整合;首先,GRP 需要集成政府部门已经存在的应用系统,消除应用碎片和信息孤岛。其次,GRP 也要求在整个政务流程中实现数据共享,减少政务工作复杂度,同时实现政府信息资源的市场价值和信息增值。最后,资源整合是指要打破各级政府和部门对资源的垄断与封锁,强调资源的不断开发、更新和维护,使政府资源真正服务于社会,创造社会效益和经济效益。两者概念比较见表2-2:

表 2-2 ERP 与 GRP 的概念比较

	ERP	GRP
应用领域	企业信息化	政府信息化
建设目标	优化企业供应链,整合企业资源	优化政府管理和服务,合理配置政府资源
管理对象	供应链	政府工作流程
覆盖范围	整个供应链(包括供应商与客户)	整个政务管理链,包括上下级和同级政府
实现手段	信息集成	信息集成
表现形式	管理信息系统	管理信息系统

2. 系统需求

系统需求可分为两个方面：功能需求和非功能需求；其中，功能性需求是与业务紧密结合的，主要目的是满足实际业务功能的需求，例如财务管理、资产管理、仓储管理、物料管理等；非功能需求则主要是为系统所需要具备的一系列特性而设计的，比如系统应具有的安全性、易用性、完整性、扩展性等。

ERP 系统和 GRP 系统在功能性需求方面是基本相同的，都需要满足跨平台运行、应用集成、数据集中、系统模块化、分布式业务应用、个性化、流程管理、业务分析和决策支持、多方位接入等。

从非功能性需求角度看，ERP 系统和 GRP 系统则存在较大的差异。如从性能、安全性、扩展性和标准化、可用性、易用性、可维护性方面，ERP 与 GRP 都有较高的要求，这是两者的相同点。在安全性方面，GRP 与 ERP 具有更高的安全性要求，因为 GRP 系统涉及到的数据大部分为政务、经济和金融等关键数据。在扩展性和标准化方面，GRP 系统比 ERP 系统要求更高，主要原因在于系统的用户信息化水平。与 ERP 系统相比，GRP 系统主要应用于政府及行政事业单位，系统用户普遍信息化水平较低，这种情况对于 GRP 系统提供商也提出更高的要求。两者在系统需求方面的区别见表2-3。

表 2-3　ERP 与 GRP 在系统方面的区别

		ERP	GRP
功能性需求	功能性需求	ERP 系统和 GRP 系统在功能性需求方面是基本相同的，都需要满足跨平台运行、应用集成、数据集中、系统模块化、分布式业务应用、个性化、流程管理、业务分析和决策支持、多方位接入等	
非功能性需求	性能、效率	要求较高	要求较高
	安全性	较高	很高
	扩展性、标准化	一般	较高
	易用性	较高	很高
	维护性	要求较高	要求较高

3. 支撑体系

ERP 和 GRP 在支撑体系上具有"同构"关系，具体表现在：

（1）政务流程再造（GPR）与商务流程再造（BPR）。企业为了在信息社会和市场经济条件下更好地运作，要求对以前的业务流程进行重新组合和更新改造，这就是商务流程再造。同样，政府为了利用信息技术提高办事效率和社会服务水平,也要对传统政府行政管理和服务业务流程进行重新组合和更新改造,这就是政务流程再造。

(2)企业信息门户(EIP)与政府信息门户(GIP)。企业为了方便与外界的互动式信息交流,以便快速获取外界信息以及提高企业的工作效率,需要建立企业信息的门户网站,这就是企业信息门户。同样,政府为了方便与外界的互动式信息交流,以便快速收集外界信息以及提高政府的工作效率,要建立政府信息门户网站,这就是政府信息门户。

(3)协同商务(CC)与协同政务(CG)。为了在市场竞争中实现双赢甚至多赢,相关企业就要利用信息技术进行互动交流,共同开展电子商务,这就是协同商务。由于企业或个人要办理的许多申请与需要政府的多个部门打交道,传统政务方式是让企业或个人到每个部门都要进行申请。如果政府部门采用统一网络入口、统一门户网站,统一表格,实现"一站式"的并联审批。提高政府部门的工作效率和行政成本,这就是协同政务。

GRP 在优化政府资源配置、规范政府工作业务流程、提升政府行政管理效率、提高公众服务质量等多方面具有重要意义。同时,GRP 也能够促进和配合政府行政体制改革,帮助和完善政府职能的转变。在电子政务建设过程中,GRP 是最完整、科学的系统工程运作模式和实施方法。理想的 GRP 内涵是:整合资源、统筹规划;统一标准,保障安全;全面建设,完善重点;规格一致,防止重复;共享资源,统一门户。

2.4　绩效驱动的电子政务

2.4.1　政府绩效与政府绩效评估

对政府绩效的理解主要体现在"绩"和"效"的理解上,"绩"即"业绩","效"即"效果"、"效率",政府绩效是指政府在社会管理活动中的结果、效益及其管理工作效率、效能,是政府在行使其功能、实现其意志过程中体现出的管理能力。

政府绩效评估是对政府的"业绩"、"效果"和"效率"的评价,是一种以结果为导向的评估。政府绩效评估是指"根据管理的效率、能力、服务质量、公共责任和社会公众满意程度等方面的判断,对政府公共管理部门管理过程中投入、产出、中期成果和最终成果所反映的绩效进行评定和划分等级。

政府的绩效评估即是指运用数理统计、运筹学原理和特定指标体系,对照统一的标准,按照一定的程序,通过定量定性对比分析,对政府行政过程中的某一具体项目,一定期间的效益和结果,做出客观、公正和准确的综合评判。绩效评估通过不断地反馈和校正,实现理想的政府治理理念,如图2-4所示。

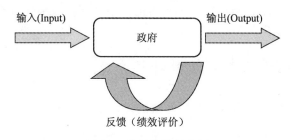

图 2-4　绩效评估的作用

2.4.2　政府信息化与绩效评估

政府信息化不仅使政府行政效率得到极大的提高,同时也使政府绩效的评价变得更加客观和容易,从而便于政府通过绩效评价及时调整行政管理的内容与手段。电子政务的过程实际上就是各类政府信息数字化并被公开传递和被社会广泛使用的过程。从信息论角度看,政府绩效评估是一个信息筛选、输入、加工、输出和反馈的动态循环的系统工程,评估的信度和效度在很大程度上受制于信息的准确性、及时性、价值性和有效性。因此,政府信息化为完善政府绩效评价方法提供了途径。

显而易见,政府信息化将使得除了涉及到国家安全、商业机密和个人隐私等法律上要求保密的信息以外的所有政府信息变得透明公开,绩效评价所需要的各种信息因而可以方便地获得;定量信息可以在政府信息网络上方便地传递,定性信息也必然在政府信息网络上传递,即便这类信息本身难以量化,但信息传递和使用的过程客观上就可以提供数量化的指标,例如可以通过对定性信息传递、使用的频度进行统计和处理而获得数量化信息,从而解决部分政府信息无法量化的问题,使政府绩效评价变得既方便可行,又客观合理;而反映政府的公共性、公平性和信誉度等等的各种社会评价,在信息化社会中更会变得十分简单易行,任何时候都可以通过网络在任何社会层次、任何给定的地域或者行政区域范围内进行诸如民意调查、社会投票、政绩公示等活动,从而为政府行政行为设置一些"约束",保障政府行政权力的合法合规使用。

由于政府信息化使政府信息透明化、数量化,从而使数字政府的绩效评价比起传统政府来讲变得简单容易;同时信息化社会中信息网络的广泛利用,使社会对于政府的各种社会评价变得经常化,政府可以从中体察民情、了解民意。这样,借鉴企业绩效评价方法得到的数字化的政府绩效评价结论,形成了对于政府绩效的"硬评价",而通过信息网络和各种传媒表示出的对于政府行政效果的认同和评议,则形成了对于政府绩效的"软评价"。这种"硬评价"和"软评价"的有机结合,就构成了政府绩效的评价体系,从而有可能使绩效评价成为衡量现代政府行政效率的制度化工具。

2.4.3　电子政务与绩效评估系统

1. 电子政务使得政府绩效目标系统的设计更加科学

现代政府绩效目标的设定是多元的,并且政府绩效体系的建构是采用目标树模型,由目标总系统和目标子系统组成开放式的总系统,是一种巨系统结构。政府绩效目标系统的设计从总体上而言是注重其整体效应的发挥,传统的金字塔政府模式达到这种最大化和整体化的效能是困难的。

电子政务使得政府部门之间平行联系成为现实,计算机技术和信息交流技术的发展、政府内部的信息传递方式由阶梯型成为水平型,集成性为跨政府部门的业务流整合提供了一种新形式的管理资源。由于网络信息的开放性、离散性打破了科层制的分层次、分等级的纵向信息传递模式。信息网络带来了全新公共空间的全方位信息传递模式。这样政府绩效目标在设定过程中能减少信息传递层次,增加信息传导途径,使得政府绩效目标设计更加科学和准确。

2. 电子政务使得政府绩效测定系统的运作效率更高

政府绩效测定是政府绩效评估的实际操作和工作流程,从工具层面而言,政府绩效测定系统由采集、整理、储存评估信息等环节链接而成,电子政务形态在这方面有超乎寻常的优势。一方面,扁平化的电子政务网络使得行政信息的传递更为迅速及时,反馈渠道更为畅通。另一方面,电子政务为公共部门绩效评估朝科学化、标准化、制度化的方向发展提供了多方面的支持。这些政府绩效测定系统的运作存在于电子政务的形态会使得电子政务与绩效评估之间功能互补,电子政务可以通过网络技术和电子技术建构绩效测定的电子信息库和电子评估信息传递系统,避免信息收集、传递、储存过程中的低效、失真、流失,提高政府绩效测定系统的运作系统的效率。

3. 电子政务使得政府绩效评估系统的判断更准确

由于网络技术的交互性,绩效评估的主体和客体可以实现双向或多向的信息交流和互动。电子政务的治理范式使得政府及其部门直接面对社会以及公众,从机械化、程式化、过程化的政务活动解脱出来,把注重绩效的企业精神注入政府组织、政府过程、政府行为。

经济、效率、效益是测量和评估的三大变量,政府绩效评估分析系统依据三大变量及其他衡量指标、数据进行分析、计算,从而得出比较精确的政府绩效分析的判断和结论。成功的绩效评估不仅取决于评估本身,而且很大程度上取决于绩效评估相关联的整个绩效管理过程。绩效管理区别于其他纯粹管理之处在于它强调系统的整合,它包括了全方位控制、监测、评估组织所有方面的绩效。

电子政务使政府服务无缝隙成为可能,而这里的前提是绩效分析系统的严密和无缝隙,判断准确,而这是传统政府范式难以做到的,管理人员需要基础结构来支持无缝隙服务。

2.5 eMPA 模式的电子政务

电子政务实施的核心是管理体制、应用构架、技术体系和信息模式的数字化和电子化,即 eMPA,如图2-5所示。下面我们分别作介绍。

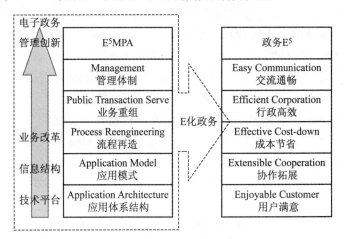

图 2-5 电子政务的实施模式

资料来源——孙正兴,戚鲁. 电子政务原理与技术. 北京:人民邮电出版社,2003

1. "e"——电子化技术使能

"e"指的是"电子化"或"数字化",是政府部门在 E 经济社会大环境下,运用信息技术对政府部门的事务、控制、管理和战略等各个层面及组织、管理、业务和文化等各个方面的全面电子化和数字化及对"MPA"的电子化转型,实现以"层次化数据组织、网络化信息传输、协同化政务、智能化决策支持"为标志,以"行政管理法制化、业务流程规范化、行政手段电子化、组织机构扁平化、信息技能素质化、监控过程化、服务方式多样化和管理科学化"为特征的政府信息化战略和现代公共行政管理模式。

2. "e-M"——网络驱动管理

传统的"M"表示政府在电子政务建设中的相关管理内容:一是指组织结构和业务流程随着电子政务的进展而进行必要的调整;二是信息系统和网络支持不同管理层次的业务,包括低层管理人员的事务处理,中层管理人员的管理控制和高层管理人员的战略决策;三是随着电子政务的不断进展和深化对公共行政管理模式的调整,使其能适应不断发展中的政务需要;四是对电子政务建设本身的管理,确立电子政务的管理体制,包括信息主管和具体的管理机构,各个分支机构的信息化管理,管理需求推动信息资源的不断完善,并采用与需求和拥有的资源相一致的信息技术。而管理效率、决策水平和服务质量的改善是电子政务中"M"的唯一评价标准。

"e-M"代表"网络驱动管理"或"数字管理"的理念,它主要有两层基本含义:一是电子政务中管理活动是基于网络的,即政府的知识资源、信息资源和财富是可以数字化;二是运用量化管理技术来解决电子政务中的管理问题,即实现管理的可计算性。"数字管理"是随 Internet 的产生而产生,Internet 彻底改变了知识和信息的创建、加工和传播方式。"e-M"中的主体是管理,而"e"技术是使能者(Enabler),管理者有了灵巧的"e"赋予的管理能量,彻底改变了管理方式。总之,"e-M"是一种管理的新思想,是运用"e"化技术构建数字化组织(e-Oranization)、整合数字化资源(e-Source)、实现数字化战略(e-Stratagem)、提供数字化服务(e-Service)。

3. "e-P"——网络驱动业务

"P"代表与政府公共管理业务相关的业务事务、流程和信息,即政务业务模式。随着 E 时代的到来,以政府业务流为主线,利用信息技术重新梳理,可以有效推进政府部门的职能转变和机构调整,而如何实现由"现有的政务模式"到"电子政务"的转变是政府面临的最大挑战。电子政务中的"e-P"有着丰富的内涵和多样的形式。

(1)现代化管理模式。表现在四个方面。一是先进技术的使用化:在公共管理中采用先进的信息技术可以做到以往不能做到的事情,如倍增的效率、高度的透明、巨大的管理幅度、充分的管理授权等;二是管理集成和系统开发的互动:按信息的应用要求对现有流程进行优化和重组,在进行管理集成时充分挖掘信息技术的应用潜力,使先进技术可以对数据的外在表现与内在本质及相互关系等进行分析和挖掘,为各层次政府工作人员的决策在经验的基础上提供科学依据。

（2）协同工作模式。各级政府的各部门内部可以在自身的局域网内实现行政办公的自动化、网络化；各部门之间通过网络互联，实现部门资源共享、协同工作。同时，有利于上级政府的宏观决策和运行控制。电子化政府是电子政务的核心和基础，但绝不是简单地将传统办公模式照搬到网上，而要在体系完整、结构合理、高速宽带、互联互通的电子政务网络系统的总体框架下进行需求优化。

（3）虚拟化模式。政府借助互联网实现面向社会的业务、审批、管理和服务等的自动化、网络化处理，可以打破物理时空的限制，实现多个部门网上联合的在线办公，实现7×24小时的网络在线政府。

（4）开放型模型。各级政府在电子政府的基础上建立自身的信息门户，建立起自身的信息资源和知识仓库，及时地向任何地点的、任何需要的人提供高质量、按要求、按兴趣的个性化信息服务。在政府内部，可以为用户提供业务帮助、信息交流、教育培训和信息咨询等服务；对于社会，可以提供政府的机构构成、职责分工、法律法规、政策咨询、政务公告和信息检索等服务。

总之，无论是现代化管理模式、协同工作模式、虚拟化模式，还是开放式模式，"e-P"的核心是借助以网络技术为代表的信息技术对政务业务及其流程进行有效重构、重组和优化，也就是"网络驱动业务"。

4. "e-A"——网络驱动应用

"A"代表着以电子政务体系结构和技术体系结构为核心的、与电子政务应用相关的各个方面。电子政务中的技术体系结构主要包括三大部分：信息技术、信息系统和信息网络。需要指出的是，电子政务的核心是"政务"，而非"电子"，但信息技术作为"使能者"，技术体系结构的合理性和有效性是电子政务成功的基础。

电子政务应用的核心是以信息资源管理为代表的信息体系结构。"及时地向任何地点的、任何需要信息的人提供高质量、个性化的信息服务"是所有信息化建设的目标，也是信息化应用的基础。信息资源管理包括信息的组织化程度、信息的数字化和网络化水平、信息加工和利用深度。

信息的组织化程度是指信息的完整性、准确性、及时性和适用性；数字化、网络化的信息比重是信息资源开发利用水平的一个重要标志；信息加工和利用深度和广度是电子政务建设的主要目标之一，联机分析、数据挖掘、模型计算、即时交流是政务智能的重要手段，也是实现"由数据产生信息，信息生成知识，知识支持决策，决策产生效益"的有效方法。

第3章 电子政务的信息系统

3.1 信息系统

3.1.1 信息及信息系统

1. 信息的概念

1948年,美国通信工程师 Shannon 创造性地推出了信息论的代表作《通信的数字理论》,书中建立信息的计量方法,发现了信息编码的三大定理。美国数学家维纳所著的《控制论与社会》中,首次给出了信息的科学定义,即"信息是人们在适应外部世界,并使这种适应反作用于外部世界的过程中,同外部世界进行交换的内容和名称"。

(1) 数据与信息。数据(Data)是对原始事实(如存货数量、销售数额、客户姓名等)记录下来的,可以鉴别的符号。这些符号不仅包括数字,而且还可以是字符、文字、图形等。信息是按特定方式组织在一起的事实的集合,数据经过处理和解释才能成为信息,信息是超出原始事实本身价值的知识。如果将数据比作原料,则信息就是产品。例如,对于某商场的管理人员来说,按月汇总的销售额度可能比每笔详细的销售数据更适合他的需要。这里详细地销售额是原始事实,而汇总的数据成为有意义、有价值的知识。数据与信息的关系如图3-1所示。

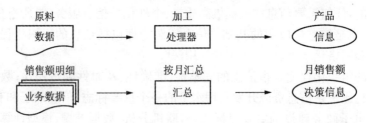

图 3-1 数据与信息

(2) 信息的度量。信息的度量即数据资料中包含信息量的多少,信息量的多少是由消除对事物认识的"不确定程度"来决定的。消除的不确定程度大,则发出的信息量就大;消除的不确定程度小,则发出的信息量就小。如果我们事先知道数据资料中的信息内容,那么它所含的信息量就为零。

信息量的单位称为比特(Bit)。一比特的信息量是指含有两个独立均等概率状态的事件所具有的不确定性能被全部消除所需要的信息。信息量的定义公式可写成:

$$H(x) = -[P(X_i)\log_2 P(X_i)] \quad i = 1, 2, \cdots, n$$

式中 X_i——第 i 个状态,n 为状态的总数;

　　　$P(X_i)$——出现第 i 个状态的概率;

　　　$H(x)$——用以消除这个系统不确定性所需的信息量。

例如硬币下落可能有两种状态,出现两种状态的概率均为 1/2,即当 $n=2$,$P(X_i)=0.5$ 时,

$$H(x) = -[P(X_1)\log_2 P(X_1) + P(X_2)\log_2 P(X_2)] = -(-0.5 - 0.5) = 1\text{Bit}$$

同理可得,投掷均匀正六面体色子的 $H(x) = 2.6\text{Bit}$。

2. 信息的分类

(1) 按层次分类。按层次分类,可以将信息分为战略信息、战术信息和作业信息。不同层次信息的属性比较见表3-1。

表 3-1　不同层次管理信息的特征

	信息来源	寿　命	处理方法	使用频率	信息精度
战略信息	外部相对多	长	灵活	低	低
战术信息	部分内部、部分外部	中	较灵活	中	中
作业信息	组织内部	短	固定	高	高

战略信息关系到本部门所要达到的战略目标以及实现目标所需资源的合理配置方案的决策依据信息。如企业兼并、产品投产、市场开拓等。企业与其环境之间的关系是战略规划的核心问题,因此战略目标往往需要充足的外部信息和内部信息相结合来进行制定,战略信息与企业的长期规划紧密相关,所以它的寿命较长,同时使用频率也很低。战略信息的处理方法很灵活,基于相同信息量的不同处理方法的结论很可能不同。同时战略信息精度也很低,如果某一预测有70%左右的精度就很了不起了。

战术信息是管理控制信息,是在战略规划所建立的目标范围内,使管理人员可以掌握资源的利用情况,并将实际结果与计划目标相比较,从而更合理地利用资源,达到预期目标的信息。如库存控制、月计划完成情况等。战术信息一般来自企业组织内部的各个部门。

作业信息是记录企业具体业务活动的信息,它与日常组织活动紧密相关,用

以保证具体业务高效率地运行。如工资单、产品数据、日产量等。由于作业信息是描述具体业务活动的信息，每笔业务的处理时间较短，所以它的寿命就很短。作业信息的处理方法很固定，即每个业务的处理规则一般都是固定的工作流程。作业信息的使用频率很高，针对大量的业务处理，作业信息反复使用同一规则指导操作，如质量检查等。作业信息必须保证是精确的，如进出库清单、往来账目等，这是科学决策的基础。

（2）按加工顺序分类。一次信息（初步加工）、二次信息（二次加工）、三次信息（三次加工）等等。例如，某商场的管理人员需要电视机的日销售总额、月销售总额、年销售总额可以经过三次加工（汇总）而得出。

（3）按处理功能的深浅分类。业务处理信息和决策处理信息。业务处理是对初步信息进行分析，概括出能产生辅助决策的信息，例如联机分析处理（OLAP）技术可以实现多侧面、多角度的数据聚集或汇总，实现浅层次的信息分析。决策处理主要通过应用数学模型、数据挖掘算法等实现信息的加工，如数学统计包、关联规则提取等，实现深层次的信息分析。

3. 信息系统

系统是一系列相互作用以完成某个目标的对象集合。对象本身及它们之间的关系决定了系统是如何工作的。系统必须在独立的环境下运行，不能孤立，系统与其环境相互交流、相互影响。系统具有输入、处理、输出和反馈机制。

例如，汽车生产线系统的输入要素为：汽车型号、零件、技术工人等；系统的处理机制为焊接、组装以及喷漆等过程；系统的输出是汽车成品；系统的反馈机制是判断汽车是否质量合格，如果汽车质量不合格，则不断地调整该系统的输入或处理机制的响应元素，直到产品质量合格为止。如果产品质量合格，则证明该系统是成功的系统。

信息系统的目的是及时地输出和传递决策所需要的信息。它是一系列可以收集（输入）、操作和存储（处理）、传播（输出）数据和信息并提供反馈机制以实现其目标的对象及其方法的集合，如图3-2所示。

其中，信息系统的输入是获取和收集源数据的活动；信息系统的处理是将数据加工成为有用的信息或知识；信息系统的输出是将经过加工处理的信息以屏幕显示、文档和报告的形式出现的过程；信息系统的反馈机制是根据系统输出与预期目标的误差来修正系统输入或处理机制的过程。

以商场的销售信息系统为例，该系统的输入为客户购买商品及单价，处理机制则利用商品计价应用程序，将每种商品的数量和单价相乘而后累加，得到客户的总消费额度。系统的输出是将客户的消费明细和消费总额打印回单。系统的反馈机制则是根据输出结果（打印单）来逐一检查，判断系统是否处理正确。

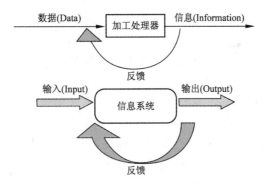

图 3-2　信息系统的基本原理

3.1.2　信息系统的类型

信息系统可分为作业信息系统、管理信息系统和决策支持系统三大类。作业信息系统的任务,是有效地处理组织的业务、控制过程和支持办公室事务,并更新有关的数据库。作业信息系统有业务处理系统、过程控制系统和办公室自动化系统三部分组成。管理信息系统主要包括信息报告系统、信息控制系统和信息分析系统。决策支持系统主要包括定量决策问题的模型计算系统、定性决策问题的知识系统等。三者的关系如图3-3所示。

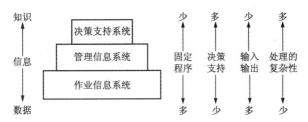

图 3-3　信息系统的分类

3.1.3　信息系统的发展历程

半个世纪以来,信息系统经历了由单机到网络、由低级到高级,由电子数据处理到管理信息系统,再到决策支持系统,由数据处理到智能处理的过程。这个发展过程大概分为以下几个阶段。

1. 数据处理阶段(Electronic Data Processing System,EDPS,20 世纪 50 年代中期至 20 世纪 70 年代)

可以分为单项数据处理阶段和综合数据处理阶段。

单项数据处理是指用计算机代替手工劳动,进行简单的单项数据处理工作,如统计产量、计算库存等。EDPS 很少涉及管理的本质,一般不做任何预测、规划、调节和控制等管理活动。

综合处理阶段是在计算机技术有了很大的发展,出现了直接存取的、大容量的外存储器。计算机可以带动若干终端,对多个业务过程的有关数据进行综合处理。并因此产生了信息报告系统——管理信息系统的雏形。信息报告系统能按事先规定的要求提供管理报告,用以支持决策的制定,它包括:

(1) 生产状态报告:如 IBM 公司生产计算机时,可由状态报告系统监视每一个元件的生产进度。这大大加快了计划调度的速度,减少了库存。

(2) 业务状态报告:如能够反映库存数量,具有报价功能的库存管理系统。

(3) 研究状态报告:如美国的国家技术信息服务系统(NTIS)能够提供技术问题的简介、有关研究人员和著作出版等情况。

信息报告系统是早期的 MIS,它还不能有效地支持决策分析和预测活动,所以它并不是完善的管理信息系统。

2. 管理信息系统(Management Information System,简称 MIS)

电子数据处理可以提供组织内部产生事务活动的详细数据,但这对于较高层次的管理需求是不够的。这些管理层需要海量组织内部的综合数据以及组织外部的相关数据,MIS 系统则提供了这样的信息。数据库技术、多级网络技术与科学管理方法的结合,不仅能把组织内部的各级管理连结起来,而且能将分散在不同地理位置的计算机网络互联。MIS 能够在数据库和网络基础上实施分布式处理,从而满足面向较高层次的管理需求。

在国内,管理信息系统的引入是在 20 世纪 70 年代末 80 年代初。针对我国的国情,《中国管理百科全书》将管理信息系统定义为"一个由人、计算机等组成的,能进行信息的收集、传递、存储、加工、维护和使用的系统。管理信息系统能实测组织的各种运行情况;利用过去的数据预测未来;从组织全局出发辅助企业进行决策;利用信息控制组织的行为;帮助组织实现其规划目标。"

管理信息系统的目标是为了帮助管理者了解日常的业务,通过各种汇总分析报表对组织进行高效的控制、组织、计划和有效的决策,从而提高组织的效益。MIS 系统是由输入、处理子系统和输出三部分组成。输入数据源包括组织的战略计划、作业信息系统数据和外部数据源(客户、合作伙伴、权威信息等)。其中,作业信息系统不断地从业务活动中收集和存储那些高度细化的业务数据,是系统最主要的数据源。MIS 系统对获取的数据加以处理,以供管理者使用。

例如,一生产部门经理可以使用 MIS 对作业数据进行操作处理,得到不同时间段、不同地区、不同产品的生产数量汇总。管理信息系统的输出一般是指协助各级管理者的大量各式报表。这些报表可以分为进度报表、需求报表、异常报表、常规报表和汇总对比报表等。

3. 决策支持系统(Decision Support System,简称 DSS)

管理信息系统可以为各级管理决策者准确、及时地提供所需的各种信息。但实际情况是,这些信息报表的大部分被丢进废纸堆,管理者很少去看。原因是 MIS 仅仅给管理者提供预定的报告,对信息加工程度不高,一般解决结构化的决策问题。而对于高层管理人员来说,他们往往面临结构化程度不高,说明不充分的问题。因此,MIS 难以提供这些半结构化、非结构化的管理问题。

针对这种情况,美国麻省理工学院的 Gorry 和 Morton 于 1971 年在《管理决策系统》一书中提出了决策支持系统的概念。决策支持系统不同于传统的管理信息系统,它是在人和计算机交互过程中帮助决策者探索可能的方案,成为管理者决策所需要的信息,并支持决策者解决半结构化和非结构化的决策问题。由于支持决策是 MIS 的一项重要内容,DSS 无疑是 MIS 的重要组成部分;同时,DSS 以 MIS 管理的信息为基础,它是 MIS 功能上的延伸。

管理信息系统和作业信息系统是为面向中、低层工作人员管理、控制和处理日常事务的,因此将它们统称为事务处理型信息系统;决策支持系统是面向高层管理者作决策分析的,因此将其称为分析型信息系统。

3.1.4　电子政务的信息系统

电子政务系统也是信息系统在政务领域中的一种应用,针对电子政务系统特点,我们将其分为电子政务的事务处理信息系统和电子政务的决策型分析系统(政务智能系统)。

案例

劳动和社会保险管理信息系统建设

劳动和社会保险管理信息系统是为劳动和社会保险各项业务工作提供信息技术支持的计算机系统。该系统由部、省、市、县四级组成。信息来源于基层单位、劳动者个人、劳动和社会保障部门工作系统及社会经济各信息机构,以网络为依托,实行系统内信息资源共享。从 1989 年开始实施。经过十多年的努力,已取得了重大的进展。

一、系统建设的总体目标和指导思想

1. 系统建设的总体目标

建立比较完备高效的与劳动和社会保障事业发展相适应、与国家经济信息系统相衔接的国家级劳动和社会保险管理信息系统;以适用、及时的数字和文字信息为基础,以客观科学的分析为手段,为劳动和社会保险工作重大决策和政策制定提供信息支持,为社会、企业和劳动者个人提供信息服务。

以就业服务与失业保险、养老保险子系统为重点,带动医疗保险等其他业务管理信息系统建设。建立符合统一标准的基层单位管理平台,努力提高业务管理信息系统和基层单位管理平台的覆盖面和整体管理水平。在中心城市建立各种模式的资源数据库,并以此为基础建立全国劳动和社会保险计算机网络系统,逐步实现"扫描"方式的信息采集。完善宏观决策系统,建立多渠道的信息采集制度,实现包括统计分析、预测分析、监测预警、政策模拟和政策评价在内的多层次的宏观决策支持。

2. 系统建设的指导思想

按照劳动和社会保障事业发展的总体目标,在确保信息系统的发展能够满足劳动和社会保障事业发展的前提下,确定劳动和社会保险管理信息系统建设的进度和各项工作目标;将"统一领导、统一规划、统一标准、分步实施、分级管理、网络互联、信息共享"作为贯穿于系统建设各环节的基本原则;坚持一体化的设计思想,积极组织系统开发,保证各开发系统为将来形成统一的整体留有良好的接口和充分的余地;坚持开发、推广一起抓的方针。从基础建设和规范基层数据入手,条件成熟一个,开发一个,推广一个,并在推广中形成完备的运行机制,保证系统的开发效益;根据劳动和社会保险业务的需求以及信息技术发展状况,按照经济实用、成熟先进、持续稳定的原则,确定系统建设的规模和软硬件档次;遵循开放性和可扩展性原则,保证系统具有广泛的扩充空间。

二、系统主要构成及相互关系

1. 系统的主要构成

劳动和社会保险管理信息系统的构成可分为宏观决策系统、业务管理系统、基层单位管理平台和部办公管理系统四部分,如图3-4所示。

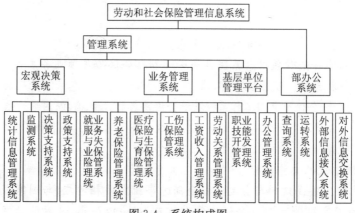

图3-4 系统构成图

图3-5是劳动和社会保障管理信息系统的总体框架图。

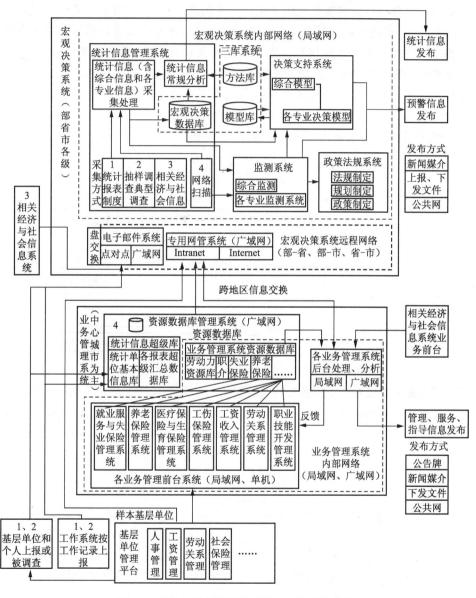

图 3-5　劳动和社会保障管理信息系统结构总图

（1）宏观决策系统。宏观决策系统是劳动和社会保险管理信息系统的核心部分，其作用主要是通过多种渠道采集和整理统计数字信息，经过汇总、交换和分析，对政策决策提供依据和支持，对政策执行状况进行监测。

宏观决策系统的数据来源主要有四种：一是常规统计报表制度采集的信息。二是抽样调查和典型调查采集的信息。三是国家统计部门、国家信息部门及其他政府部门、社会组织等发布的信息。四是通过对各业务管理系统的分布式资源数据库进行"扫描"得到统计信息。这种方式可支持高频度、高灵活度的信息采集，信息质量可靠且信息量大。随着各业务管理系统的建设，这种方式将成为宏观决策系统信息采集新的重要渠道。但该方式并不能完全取代常规统计报表和抽样调查。

图3-6是宏观决策系统数据流程图。

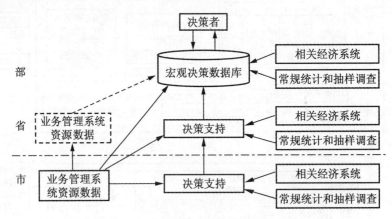

图 3-6　宏观决策系统数据流程

（2）业务管理系统。业务管理系统是劳动和社会保险管理信息系统的主干部分。管理的内容涉及劳动者个人、企业和其他劳动组织的微观信息。业务管理系统一般包括直接面向各级劳动和社会保障部门对用人单位和劳动者进行管理、服务和指导的事务处理部分（简称"前台"），及对业务管理系统中拥有的微观信息进行统计分析，为各级宏观管理提供决策支持的部分（简称"后台"）。

业务管理系统可分为以下七个专业系统：

· 就业服务和失业保险管理系统。内容包括劳动力市场供求的就业服务、劳动力就业管理和失业保险基金的征缴、发放等，为劳动力供求信息共享、劳动力市场信息的分析预测发布、失业状况分析预测、失业保险基金管理和失业保险金发放以及劳动就业、失业管理提供服务；

· 养老保险管理系统。包括在职职工基本养老保险基金的收缴和个人账户管理、离退休人员养老保险金发放以及基金运转、储备、调剂等方面的管理；

· 医疗保险和女工生育保险管理系统。管理的主要内容包括基金征缴、个人医疗账户管理、职工基本信息管理、医院和药品管理、职工看病及住院管理、育龄女职工管理及女职工生育记录等内容；

• 工伤保险管理系统。主要内容包括保险基金征缴与发放、伤亡事故管理、职工伤残评定、伤残抚恤、遗属抚恤和职业病待遇等内容；

• 工资收入管理系统。通过与工商、银行、税务等部门的联网，可有效地监控企业的工资管理，帮助企业建立自我约束机制；

• 劳动关系管理系统。包括劳动合同管理、集体协商和集体合同、劳动争议处理、突发性事件处理、劳动监察、劳动关系宏观预测等方面的内容，其数据采集可以从基层单位管理平台中提取，劳动争议处理案件在业务前台中记录；

• 职业技能开发管理系统。包括职业技能鉴定、职业技能培训、择业指导等方面的内容。该系统与就业服务系统关系密切，对宏观决策系统也可提供支持。

业务管理系统建设的资源数据库主要建在中心城市，资源数据库建设可采取三种模式：

理想的模式是多个业务管理系统共享一个资源库，信息分段管理，如图3-7所示。这种模式只适合于新建系统的地区，且需有良好的内部环境和外部环境。

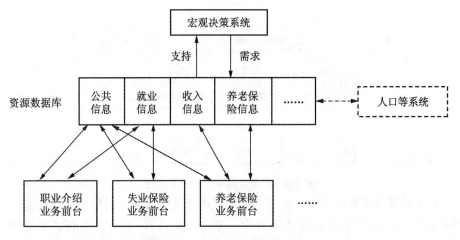

图 3-7　资源数据库建设的模式一

模式二是各业务管理系统独立运行，同时建立冗余的共享资源数据库，对宏观决策系统进行支持，并为各业务管理系统之间的信息交换提供支持，待条件成熟再向模式一过渡，如图3-8所示。模式二保护了已有的投资，并且解决了将来与人口等系统对接的问题。但信息高度冗余，增加了运行费用，且保持数据的一致性难度较大。

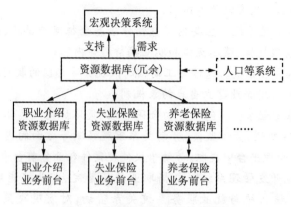

图 3-8　资源数据库建设的模式二

　　模式三是各业务管理系统独立运行,对于宏观决策系统的信息要求,通过指令分解和指令翻译,然后由各业务系统分别完成,如图3-9所示。这种模式保护了已有投资,降低了系统建设的难度,但加大了应用软件开发和中间管理的难度,且与人口等系统对接困难,对宏观决策系统的支持程度较弱。

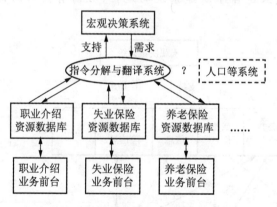

图 3-9　资源数据库建设的模式三

　　(3) 基层单位管理平台。基层单位管理平台是劳动和社会保险管理信息系统的基础部分。是企事业基层单位用于人事、工资、岗位、劳动关系和社会保险管理,并与财务管理和企业生产管理相衔接的系统软件。其指标体系要求科学完整,在满足各单位自身管理需要的同时,也要满足宏观决策系统和业务管理系统数据采集的需要。特别要保证社会保险基金统一征缴的需要。

　　(4) 部办公系统。部办公系统包括办公管理系统、查询系统、运转系统等方面的内容,如图3-10所示。这些系统就信息内容而言相对独立,各系统软件开发也相对独立。该系统开发的主要目的是为机关有关厅司事务管理提供辅助支持手段。系统开发、运行建立在部机关统一的网络上,发挥系统效用,实现信息共享。

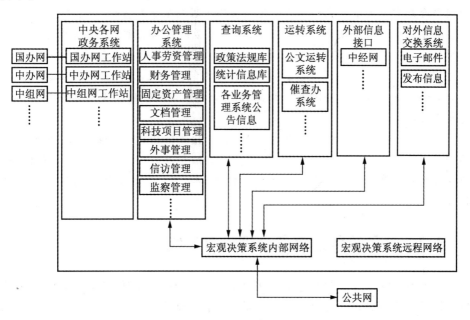

图 3-10　部办公系统的结构图

2. 系统之间的相互关系

宏观决策系统、各业务管理系统及基层单位管理平台在系统的数据采集处理过程中是一个完整的数据流,构成了一个有机的整体,如图3-11所示。

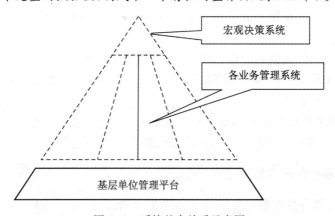

图 3-11　系统基本关系示意图

（1）系统内部的关系。宏观决策系统的直接服务对象是各项政策决策者。该系统将从各业务管理系统资源数据库"扫描"得到的信息进行加工处理,通过经济模型等分析手段,提供政策监控信息和决策建议。各业务管理系统之间的横向联系比较紧密,为宏观决策系统提供数据支持,是宏观决策系统的支柱。基层单位管理平台是宏观决策系统和业务管理系统微观数据采集的基础。

劳动和社会保险各项工作相互关联,要求宏观决策系统、业务管理系统和基层单位管理平台之间,各业务管理系统之间,以及部-省-市各级劳动和社会保障部门之间所建立的信息系统要保持顺利、良好的信息流通,为此必须建立统一的信息分类和编码体系。宏观决策系统建设一个网络并对宏观决策所需信息资源进行集中管理。

(2)与外部系统的关系。劳动和社会保险管理信息系统是国家经济信息系统的重要组成部分,与国家人口、教育、工商、银行、税务、卫生等系统关系密切。待条件成熟时与有关部门共同协商,统一标准和接口,在全社会提高信息的共享程度。

3.2　电子政务的事务处理信息系统

电子政务的事务处理信息系统可以分为外部事务处理信息系统和内部事务处理信息系统两部分。其中外部系统即是指电子政务的 G2B 和 G2C 两种模式的作业信息系统;内部系统即是指电子政务的 G2G 和 G2E 两种模式的事务处理信息系统。

3.2.1　外部事务处理信息系统

政府的外部事务处理信息系统是指各地政府部门利用 Internet 计算机通信技术,在因特网上建立正式站点,发布政府信息,受理 G2B 和 G2C 的网上申请,推动政府网上的便民服务。在网络上实现政府在政治、经济、社会、生活等诸多领域中的管理和服务职能,提高政府工作的透明度,降低办公费用,提高办事效率。

由于该类系统的特点是接受来自企业和公民的海量数据,进行大量的业务处理,因此它符合作业事务型系统的信息处理特征。

1. 外部事务处理信息系统的发展阶段

政府外部事务处理信息系统分为四个发展阶段:信息发布阶段、受理应用阶段、互动应用阶段和在线事务处理阶段。

(1)网上信息发布阶段。政府及其相关部门利用互联网,建立自己的门户网站,向公众发布信息,实现与企业、公众的信息沟通、交流。目前,全国绝大多数县、市级以上政府都设有站点，并通过网站向社会发布信息。但多数还停留在信息发布、信息交流的水平。

（2）网上受理应用阶段。电子政务受理应用主要指政府部门单向接受企业或公众的网上申报等事项，回复则延续原来的网下渠道进行。

目前，电子政务建设已经开始从传统的单向信息发布、信息公开为主，转向网上受理应用方向。主要以政府门户网站为中心，逐步将各部门注册登记、审批等政务办公项目搬到网上，采取申请、受理、办理与网下取件相结合的方式。该模式如图3-12所示。

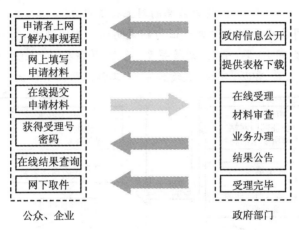

图 3-12　受理应用的过程简图

网上受理应用的典型——网上审批：

- **网上审批**　行政审批制度是国家干预市场经济行为的一种有效手段，行政审批必须公开、透明。在电子政务的实施过程中，"网上审批"是其中非常关键的建设内容，是政府对外办公的一个窗口。凡有审批权限的部门要逐项规范、优化保留的审批事项，并将每个审批事项的审批机关、依据、条件、手续、程序、投诉渠道等内容在政府网站上予以公布。按照行政行为法和行政监督法的精神，最终建立行为规范、运转协调、公正透明和廉洁高效的行政管理体制。

- **网上审批系统**　网上审批系统是指通过先进的网络平台技术和设计构架，紧密集成办公自动化系统，建立政府与企业及社会公众之间网上办事的通道，实现网上行政咨询、查询、申请、审批等业务功能，成为真正的网上办公、办事的在线服务平台。

通过网上审批系统，企业和个人能够随时随地地了解网上审批程序、审批状态和结果。项目申请人员填报、提交相关材料后，该项目申请将自动进入政府审批环节，按照预先设定的工作流程和条件，送到政府各相关部门和办事人员，由政府办事人员在线进行审批处理。政府的各级业务领导,可以在网上查询企业的申请情况、统计数据和办事效率。

　　网上审批系统的构建思路是在统一标准的前提下,将各个部门现行的工作流程简化。优化后转移到网上,然后逐步构建一个连接协调各个委、办、局的横向统一的信息平台,并在此平台上,按照方便公众的原则实现政府各部门"一网式"的流程整合、"一表式"的数据共享,提高办事的交互透明度。

案例

上海司法局的网上公证申办

　　现以上海司法局的网上申办公证为例说明网上申办流程,如图3-13所示。网上申办公证种类有10类:出生、亲属关系、死亡、居住公证、未受(已受)过刑事处分、结婚、离婚、未婚、学历/学位/成绩公布单、工作经历。具体流程如下:

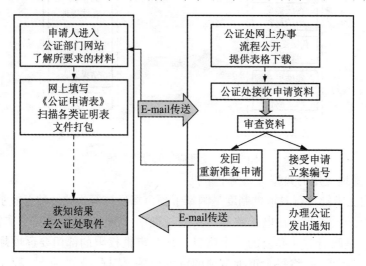

图3-13　网上公证申办过程

　　• 仔细阅读并填写有关《公证申请表》,通过电子邮件发给相应的公证处受理,并留下申请人的通讯电话和电子邮件;

　　• 提供办理该项公证所需的有关材料(户口簿、身份证等),通过传真机传送到受理公证处;

　　• 如果申请人提交的证明材料不足,受理公证处承办公证员会及时与你联系,请你补交有关材料;

　　• 公证处受理了申请人的网上申办公证后,会给申请人立案、编号、办理。7天后通知领取公证书。申请人在领取时必须提供有关材料的原件和照片;

• 经过核对原件,如果有疑问,则办证时间相应延长。

• **网上并联审批**。并联审批是指用户所申请的审批业务涉及到多个政府部门或机构的联合审批,网上并联审批可以直接在网上窗口提交申请和相关的基本信息资料。由主受理单位负责向各个相关的审批单位提交子申请,各个前置审批部门在本业务审批流程内对各自的子申请进行审批,主受理单位汇集这些审批结果后,再完成最后的审批工作。

主受理单位的工作包括通知前置审批、协调处理及自身审批工作。其基本要求是:共同受理,抄告相关部门,并联审批,限时完成,如图3-14所示。

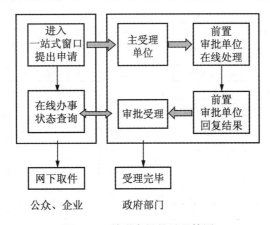

图 3-14 并联审批的过程简图

网上并联审批系统的特点:

• 申请人只需通过"一站式"、"一表式"、"一网式"提交申请资料,相关部门就可共同受理、审批,且审批结果互相通知,资源共享;

• 申请人可通过移动电话、电子邮件、互联网络、自助终端等多种手段查询审批进度;

• 根据需要,各部门可以调整审批流程,达到流程重组和优化的目的;

• 开放式系统接口提供与各级业务部门现有系统的接口;

• 网上并联审批系统还可提供统计数据和报表自动生成。

网上并联审批系统的意义:

• 对于企业和公众:缩短了冗长的办事程序,节省了办事时间,避免了企业和公众的奔波之苦;

• 对于政府:一方面可规范政府职能部门的各项工作流程,提高办事效率及服务质量,增加政府行政的透明度;另一方面可通过 ISO9000 质量管理体系中的过程监督、管理评审、人力资源等管理要素,积累相关数据,为政府职能部门绩效考核体系提供有效的评估依据。

（3）网上互动应用阶段。电子政务的互动应用是指政府与用户在网上互动完成各项事物的全过程。政府通过网络可以提供在线互动服务,使企事业单位、公民个人有可能在足不出户的情况下,获得满意的服务。

电子政务的互动应用是在受理应用前提下,将各部门注册登记、审批及处理结果发送等政务办公项目均在 Internet 上实现,采取网上申请、受理、办理、网上通知与分发处理结果一条龙的处理方式。

电子政务互动应用的一般方式如图3-15所示:

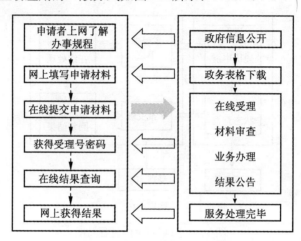

图 3-15　电子政务的互动应用方式图

案例

网上税务的纳税过程

网上税务登记　根据税务机关为企业提供的唯一纳税登记标识和口令在涉税网站进行网上税务登记注册。

网上纳税申报

· 对电子商务的纳税人可以实行自行计算税款、自行申报、自行纳税的"三自"征税方式;

· 自行计算税款并填写《电子纳税申报表》,法人对其进行"数字签名";

· 在法定的纳税期限内,以税务机关提供的唯一电子税务代码,在网上向税务机关进行纳税申报。并将《电子纳税申报表》等资料传给税务机关,办税员对其进行"数字签名";

· 税务机关根据纳税人网上纳税申报情况,利用计算机自动对其真实性、准

确性、逻辑性进行审核,并将审核意见在网上传达给纳税人;

　　• 对审核无误的,同时填开《税收电子缴纳书》,一并传送给纳税人。

　　纳税人根据税务机关的审核意见,或补充申报,或自行缴纳税款,履行纳税义务。

　　网上税款征收　　在电子商务环境下,电子货币取代了传统的银行转账支票和现金支付等方式。因此,税收征收方式和国库结算方式必须开通电子货币纳税渠道,实行网上税款征收。

　　(4) 在线事务处理阶段。网上在线事务处理是政府对外服务网络的最高目标,更加强调网上事务处理的快速性和效率性。它要求政府部门能够通过网络快速地完成用户申请,其实现的前提有三个:一是外网受理(一站式、一表式、一网式)的实现;二是内网流程,包括跨政府部门、跨层级部门流程的高度协同优化;三是政府信息资源数据库的高度共享和整合。

　　目前,我国电子政务的外部作业信息系统——外部服务网络的总体建设水平还处于网上信息发布和一些简单事务的受理应用阶段;少数的行业信息工程(如金税、金关等)实现了网上互动应用;网上在线事务处理还处于远景规划阶段。

　　案例

杭州市投资项目网上审批平台

　　杭州市投资项目审批平台的用户为杭州市投资项目集中办理中心(以下简称中心),中心是杭州市人民政府为改善投资环境、提高办事效率、加快固定资产投资项目的审批,按照改革行政审批制度的要求而设立。

　　中心于 2000 年 10 月 18 日正式开办,现中心工作人员约为 120 人,包括 15 个窗口单位、投诉监察室、中心值班主任室、各部门的业务处室和计算机管理中心行政与服务人员。

　　中心办理市级审批、审核转报范围内,包括市级属地管理审批范围内(含在杭的国家、省属单位)的固定资产投资项目(含内外资基本建设、技术改造)的审批事项。中心负责各部门审批环节中前置、并联审批的协调;受理建设单位咨询、查询、督促办理进度。

　　在运作方式上,中心实行"一门受理,统筹协调,规范审批,限时办理"的运作方式:

　　(1) "一门受理",即:凡市级审批、审核转报范围内,包括市级属地管理审批范围内(含在杭的国家、省属单位)的固定资产投资项目(含内外资基本建设、技术改造)的审批事项,一律在中心受理。

（2）"统筹协调"，即：在中心的职能部门按各自职责履行审批职能。情况较为复杂、与现行政策及我市经济社会发展实际需要有一定矛盾的项目，由中心协调处理。

（3）"规范审批"，即：各职能部门依照有关法律法规和政策，按市固定资产投资项目审批程序履行审批职能，依法规范审批。

（4）"限时办结"，即：各职能部门必须按市固定资产投资项目审批程序所要求的审批时限办理审批事项。

1. 整体战略规划

面对当前政府政务信息化的蓬勃兴起，中心的信息化建设和战略规划重点是投资项目管理信息化和平台化，总体架构是"一个平台、三个数据库、五个对象"，一个平台指各个局委办窗口单位在一个平台办理业务，三个数据库包括项目信息库、知识库和文档库，五类对象包括项目业主单位、审批中心、各审批职能部门、监督部门、市各级领导。

其中投资项目信息库是核心数据库之一，是实现信息共享、互用的基础。投资项目信息库主要包括项目分类信息、项目特性信息、项目审批信息区。

项目分类目的是建立统一的分类标准，实现项目信息的共享、共用。

项目特性信息管理的目的是在项目审批的过程中，各窗口部门对项目信息关心的侧重点不同，有的部门关心项目的规模，还有的部门关心项目的资金来源、构成，有的部门关心项目是否是风景区、是否进入绿色通道，等等。另外，还需要对项目的各方面信息进行统计。这些都要求对项目的特性信息进行管理，以提供最全面的信息支持。

项目审批信息分区的目的是按照投资项目的审批环节把投资项目在审批过程中产生的信息分区管理，这些数据分别由各个相应的窗口部门来维护。项目分区信息不仅真实地反映项目在整个生命周期中的审批信息，更便于中心与各部门、部门与部门之间的信息交换。

2. 对信息化的整体投资

中心已经建立了局域网，并已有网通光纤接入，可以通过网通 VPN 与各职能部门互联（目前有七家部门与中心互联）。中心现有一台 DELL 服务器作为应用和数据库服务器，一台高档 PC 作为防病毒服务器，各窗口均配置有 PC 机、打印机。目前中心已建立项目管理系统，初步实现项目的登记、查询等功能。现有系统采用 B/S 模式，后台数据库采用 MS-SQL Server，服务器操作系统采用 WIN2000 Server。

中心在杭州市政府信息化战略规划和部署下，对投资项目审批信息化建设网络设备、服务设备和软件等方面进行了很大地信息化投资。总信息化投资金额近

600 万元,其中软件投资额近 200 万元。

3. 建设系统之前的难题

在建设审批平台之前,中心在投资项目库管理、部门间审批信息共享、网上并联审批等方面存在如下的问题和难点:

- 建设之前的投资项目库不能较好地全面反映项目的基本要素;
- 不能及时准确地反映投资项目基本信息的变动情况;
- 各窗口职能部门对中心系统在项目信息的统一利用和双向交流需求难以满足;
- 难以通过共享部门间的审批指标结果和批文,形成部门间的联动;
- 现有系统对项目的管理还比较初级,能够反映项目审批办理的状态,但基本上没有反映审批结果,不支持项目的网上并联审批;
- 对于同一业主在中心多次申报项目,未能形成通过业主信息库和相应的企业代码库自动调出业主单位信息;
- 中心目前的系统只在分析、查询、统计方面提供了初步的功能,无法为项目管理提供有力的数据支持,制约了中心综合效能更好地发挥。

4. 选择供应商和服务商过程

"杭州市投资项目网上审批平台"是杭州市政府为全面推进政务信息化,实行网上并行审批的一个重大项目,杭州市政府在选择 IT 供应商和服务商过程中,从厂商品牌度、自主技术和政务信息建设的经验等方面考察供应商,并通过公开采购招标的形式遴选 IT 服务商,杭州信雅达系统工程股份有限公司有着"内容管理"、"表单引擎"、"影像处理技术"、"文档管理"、"Sunflow 工作流引擎"、"安全技术"等六项自主版权核心技术,凭着对政务联合审批流程优化的独特理解,丰富的系统开发、系统集成和网络集成与实施经验,在众多 IT 厂商脱颖而出,一举中得"杭州市投资项目网上审批平台"项目标,如图3-16所示。

网上审批平台通过先进的平台技术和设计构架如图 3-16 所示,主要实现了三个目的:

(1) 政务办公外网上,通过建设完善的集中行政审批信息库和集中行政审批知识库,从而构建一套充分满足集中行政审批全过程业务和管理需要的应用平台。

(2) 通过与各部门内部审批系统的联系,实现跨部门审批与各部门内部审批业务的无缝连接。

(3) 网上审批平台通过与因特网的信息交换,建立政府与企业和社会公众之间网上行政审批的通道,实现网上咨询、查询、申请、审批、投诉、监督等业务功能;成为真正的网上办公、办事的在线服务平台,拉近了企业、居民与政府部门间的距

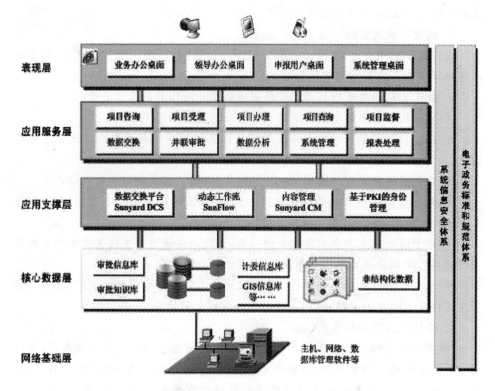

图 3-16　网上审批平台技术框架图

离,提高办事效率,强化政府形象。

　　"杭州市投资项目网上审批平台"一期系统的建设基本达到了中心的统一建设"一个平台,三个信息库,五类对象"的系统目标,另一方面系统的功能已基本满足各个窗口业务办理、中心与部门数据交换及业务衔接、网上征求意见、中心审批监督管理等方面的需求。

　　"杭州市投资项目网上审批平台"系统的实施,体现了这个系统的特色和优势,成为政务网上联合审批项目建设的一个典范:

　　(1)采用基于 XML 和 XSLT 县相结合的页面展现、业务数据存储策略,解决了项目审批事项及要素、批文的多样性及复杂性带来的业务管理和业务访问难题,满足业务表单自定义的需要。

　　(2)通过信息共享和交换充分采用计委的项目指标信息和批文,建立业主申报的项目基本信息区、分类指标信息区和特性信息区,建立了各个部门信息共享的基础性数据。

　　(3)采用网上预申报、网上信息发布、短信通知的方式大大提高了业主申报、取件项目的简便性,很大程度避免了业主为申报项目来回奔波的现象。

（4）系统提供在线的法规政策咨询,使投资者清晰地了解项目事项申报的政策、流程、材料和注意事项,提高了中心和各个部门的服务质量和形象。

（5）通过各部门网上审批指标结果和批文的共享,特别是规划、建委部门提供的网上电子图纸,推进了各个部门联合审批的联动性。

系统通过各种不同涵义的工作灯形式,起到提醒、警示、查询的作用,增强了系统与用户的交互,提高窗口人员的工作效率。

5. 建设本项目完整历程

图3-17示意了项目历程。

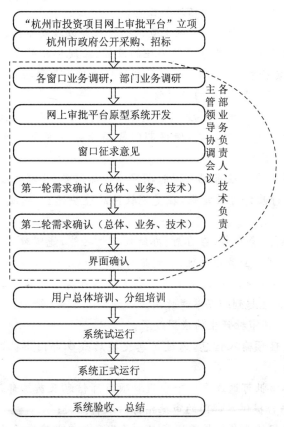

图 3-17　项目历程

6. 实施过程中的主要问题及化解

网上联合审批项目的实施是一项庞大的系统性工程,在各局委办业务流程优化,各部门资源、信息集成与共享实施均存在着方方面面的问题。主要的问题有:

各部门申报表单形式多样且无较固定格式,申报要素复杂,易变化,采用基于XML和XSLT的自定义表单要素满足部门受理业务的需要;

局委的内部审批系统与中心平台信息交换与业务衔接,通过局委数据交换平台,提供统一的交换标准和模式实现中心同各局委的异构系统衔接和数据交换;

系统实施前已经具有项目库和事项的老数据,采用数据平滑移植、分批重点转入的策略处理老系统中的规则和不规则数据;

7. 系统成功实施后的应用效果

(1)对投资者产生的应用效果。

提供网上填写表单和网上预申报的功能;

· 中心平台办结完成后短信通知投资;

· 投资业主可通过 Internet 网上查询项目业务办理发布信息;

· 投资者可实时在线查询事项办理的政策、法规和相关文件,了解办理具体事项必备的文件资料和办理过程,了解最新的投资政策导向动态。

(2)对窗口办理人员产生的应用效果。

· 在中心网上平台统一受理业务,采用事项受理、事项受理注销、事项暂停、事项恢复、事项无效等多种方式,使得部门提高业务办理规范性,更进一步推动《行政许可法》的实施;

· 窗口人员在办理业务时可实时调用项目库信息,了解该投资项目的概貌,能快速给出是否行政许可的结果,在受理收件后能快速出单,减少投资者等待的时间;

· 提供催办灯、会审灯、在办灯、办结确认灯功能,能实时给窗口办理人员提醒或警示的作用,减少业务办理延期、超期件数5%以上;

· 窗口办理工作人员通过网上可以查看该项目前置或后置事项的相关信息,为本部门的业务办理起到辅助参考作用。

(3)对部门内部审批产生的应用效果。

· 由窗口受理预输入信息,通过信息交换后减少部门审批过程输入的工作量,提高审批效率;

· 部门内部审批可通过审批平台获取项目库信息及前续部门提供的指标信息,并通过中心平台提供本部门的审批指标结果和批文;

· 中心与部门的业务衔接将逐步以电子化和信息共享方式为主,减少纸质流转达40%以上;

· 部门领导可以查询本部门的受理项目及事项信息,对部门的窗口受理及办结工作特性统计。

(4)对审批中心监督管理产生的应用效果。

• 构建中心的统一项目库,项目库包括项目基本信息区、分类信息区、特性信息区和审批指标信息区,供各部门共享共用;

• 构建中心的知识库,包括业务规则库,企业法人代码库和法规政策咨询库,满足中心的项目统一受理和返回的管理需要,同时提高中心协调服务质量;

• 丰富中心项目审批监督功能,增强投资项目在中心的办理过程透明度,通过催办超时查询、单个部门效能统计、部门间效能比较表方式增强中心的监察、监督功能;

• 通过会议室登记、发布公告、在线交流等功能增强中心与部门、部门与部门间的交流和沟通。

(5) 对市政府领导产生的应用效果。

• 市政府领导通过项目树能查看单个项目在各个部门的业务办理情况,及主要部门的审批结果和电子批文;

• 市政府领导通过平台可了解中心及部门的阶段项目受理、办结、退件、超时情况;

• 市政府领导可以查看不同类别项目(不同投资主体、不同资金来源、不同地区)在政府审批的总时间和各个部门的审批时间,通过对比了解部门行政审批的效率;

• 市政府领导可查看杭州市年度投资性项目申报和审批的情况,宏观层面了解和把握全市的项目投资发展状况,保持政府对社会投资的积极引导和有效调控。

3.2.2　内部事务处理信息系统

电子政务内部事务处理信息系统的主体是办公自动化(OA)系统。办公自动化是指利用现代化的办公设备、计算机技术和通信技术来代替办公人员的手工作业,从而大幅度地提高办公效率的信息处理系统。

从应用对象的角度,本书将办公自动化系统分为个人办公自动化系统与群体办公自动化系统两大部分。

1. 个人办公自动化

主要指支持个人办公的计算机应用技术,这些技术包括数据处理、文字处理、电子报表处理、多媒体系统等内容。

(1) 数据处理系统。从应用软件的角度来看,在一般办公室环境下,数据处理是通过数据库软件、电子报表软件以及应用数据库软件建立的各类管理信息系统或其他应用程序来实现的。它们包括了对办公中所需信息的存储、计算、查询、汇总、制表、编排等内容。

（2）文字处理系统。文字处理是指应用计算机完成文字工作,其核心部件是文字处理软件。文字处理技术包括文字的输入、编辑排版以及存储打印等基本功能。例如 Office 系列文字处理软件、WPS 字处理软件等。

（3）电子表单系统。电子报表是由工作簿、工作表和单元格构成的数据动态管理软件系统。可在单元格中填入、整理和存储数据,可通过系统提供的功能强大丰富的函数及自建的公式对工作表进行运算,还可以使用数据透视功能根据用户的要求对工作表进行方便、灵活的汇总处理,数据透视表功能可以生成手工情况下要花很多功夫作很麻烦地处理才能完成的复杂的汇总表,而在电子报表软件下经过简单操作就可生成具有相关的地图和统计图形的图文并茂的图表。此外,电子报表还可以与数据库及其他软件交换和共享数据。

（4）多媒体系统。语音处理系统指计算机对人的语言声音的处理,从应用角度来看,主要包括语音合成和语音识别技术。就办公室环境的计算机应用而言,图像处理系统是指包括图形(像)的生成(绘制)、编辑和修改,图形(像)与文字的混合排版、定位与输出等。汉字的自动识别技术也可以被看作一种对图形的智能化处理技术。

2. 群体办公的自动化

群体办公的自动化系统是支持群体间动态办公的综合自动化系统,特别是指针对越来越频繁出现的跨单位、跨专业和超地理界限的信息交流和业务交汇的协同化自动办公的技术和系统。协同交互的电子办公能力是新时代环境下组织生存和发展的技术基础。

支撑群体办公的自动化技术的特征是网络化(Internet/Intranet)即系统是建立在网络上、依靠网络和网络信息的支持而运转,信息系统支持政府管理组织的动态变化和跨地区、跨部门的协同交互业务。

从系统功能的角度看,办公自动化系统包括以下内容,如图3-18所示:

办公自动化的主要功能包括在五个二级模块之中:机关综合服务、工作事务处理、个人事务处理、领导办公和信息服务模块,在二级模块下设的若干三级模块中选择一些主要功能作介绍。

电子邮件　这是办公自动化系统中最常用的信息交流方式,消息传递、资料交流都可以通过邮件方式快速、高效地实现。政府内部所有人员之间均可以互发电子邮件。

业务查询　对各项常用的业务信息进行查询,包括单位信息查询、部门信息查询、员工信息查询、列车时刻查询、电话区号查询、邮政编码查询、法律法规查询。

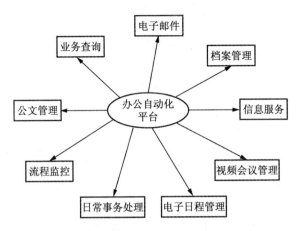

图 3-18 办公自动化系统的功能图

公文管理

（1）公文流程管理。公文流程电子化管理的特点是：公文直接在计算机上生成，通过网络进行传递，在计算机服务器与计算机终端上对文件进行实质性的办理，相应的文件管理功能也主要通过计算机系统完成。公文流程电子化将极大提高办文效率和质量，其具有如下功能：

• 公文处理流程的维护：包括流程的定义——完成流程初始设置，一旦流程定义完成，文件将自动流转，无须干预；流程增加——流程环节的增加；流程修改——更改现有流程；流程删除——删除流程中的冗余环节或不适用的流程定义；流程显示——针对有权限的工作人员显示公文处理流程。

• 收文处理：包括收文登记——对收文的各种基本信息逐项登记，以及纸制公文的电子化处理；拟办——将拟办公文通过网络发送给相关负责人，在计算机上直接签署意见，完成后自动发送到承办部门；承办——通过网络将公文发给承办部门，如果涉及多个部门，则可以群发送；催办——根据公文所处的处理步骤、办理速度和利用情况，由系统实现自动跟踪催办。

• 发文处理：包括拟稿——使用文字处理软件、表处理、图形处理等进行电子公文的撰写；核稿——通过网络发给审核负责人，签署审核意见，初稿返回拟稿人处修改；签发——网络发送到签发负责人处，由其签署意见，然后发送给公文管理部门；分发——公文管理部门选择代分发的文件，确定受文单位、报抄单位后进行发送；登记——对发文处理完毕文件的题录项（如文件序号、类型等）进行登记。

（2）公文检索。是指对收文、发文的目录或全文信息都可以按照相应的用户权限进行公文查询。

（3）公文统计。是指对各个阶段、各个时期、各个部门、各个类型的公文状况和公文利用情况做出统计并输出统计报表和图表。

（4）立卷归档。立卷归档是文件的归宿，是文件管理中不可缺少的环节。电子公文的流转过程如图3-19所示。

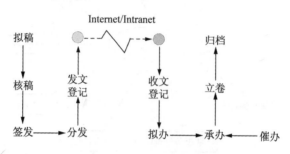

图 3-19　公文电子流转图

3. 视频会议管理

视频会议是指不同地方的个人或群体，通过网络和专门的多媒体设备，实时地互传声音、影像及文件资料，实现即时互动的交流沟通，从而实现异地会议的目的。

视频会议系统是一种集宽带网技术、分布式处理技术及多媒体信息处理技术等为一体的远程异地通信方式。

如图3-20所示，视频会议系统的功能一般包括会议管理、数据会议、媒体流管理以及会议文档管理四个部分：

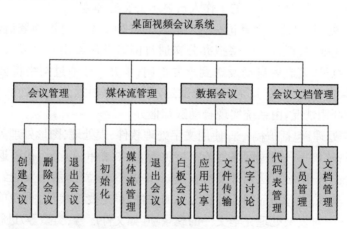

图 3-20　视频会议系统的基本功能

- 会议管理：包括会议信息查询、会议的创建和删除等(安全问题)。
- 媒体流管理：包括媒体流的初始化，如媒体流终端的建立、媒体流的建立等。媒体流的控制包括发送方将视频和音频流解压缩并且进行回放、视音频同步等问题。媒体流的录制是将会议过程记录下来,以便日后回放。

• 数据会议管理:视频会议仅仅提供视音频会议是不够的,为满足会议分发、会议讨论等要求,会议系统还应提供白板共享、应用程序共享、文件传输、文字讨论等功能。

• 视频会议文档管理:系统应对桌面视频会议的信息加以有效地管理,如会议内容、会议过程、会议时间等,这部分功能由会议文档系统完成。其中文档管理部分对已录制好的多媒体文档进行有效管理;人员管理对与会议相关人员的信息进行管理;代码表管理对与会议有关的地区、职称、职务等信息进行有效管理。

4. 日常事务处理

日常事务处理活动是指对政府机关主要业务发挥保障性作用的活动,包括会议组织、后勤服务等功能。

会议组织功能主要是要求系统能直接实现在计算机上进行会议日程和会议室安排、会议资料准备、会议通知、会议记录、会议决策通报等。

后勤服务指通过对内部各种办公设备、办公用品、器材、车辆等进行统一管理调度,为机关各方面提供后勤保障。后勤服务方面的功能主要是进行登记、确认、服务提供情况记录、服务结算等。

5. 流程监控

流程监控是公务处理系统的重要功能,是指对公务处理过程的监督和控制。流程控制程序可以在各种工作流程的执行过程中随时监督控制流程的进展以及流程结点的人员工作情况,管理者可以利用多级网络和数据库系统的较高权限,直接掌控流程中工作的进展情况、任务完成情况,根据预设的标准和条件找出工作中的偏差,提示或督导有关方面执行相应对策,直至圆满完成任务。

流程监控一般分为在办事务监控和已结案事务监控两类。在办事务监控可通过设置总体工作项、在办工作项、代办工作项及被催办工作项的方式,完成监控任务;结案事务的监控可根据参与者、任务或角色等分别查询结案事务的所有工作项及逾时工作项。

完善的流程监控功能使公务处理的每一具体工作步骤的情况均有记载,有利于追踪工作的执行过程并及时反馈有关情况。

6. 电子日程管理

它是指将具体的活动与日程安排相结合,通过日程管理应用系统的协调,避免各类活动的时间冲突。具体功能包括：日程表的设置、活动输入、活动修改、活动删除、活动查询、自动提醒、自动通知等。

7. 档案管理

根据文件生命周期理论，文件从形成到销毁或永久保存是一个完整的运动过程。电子化公文处理系统提供的档案管理功能包括文件的鉴定、归档、检索、保管等。

鉴定就是判断电子档案的价值，确定其保存期限。鉴定的基本方法包括内容鉴定法和职能鉴定法两种。前者是通过审读档案的内容来判断其价值，后者通过判断形成档案的职能活动的重要程度来鉴别价值。

归档就是将具有保存价值的电子文件向档案部门移交的过程。

检索系统包括存储和查找两个方面，存储那些具有检索意义的档案信息，通过电子档案著录系统实现对档案信息的存储，即分析、组织和记录关于文件内容、结构以及文件系统的信息，并将其纳入电子档案信息数据库中。查找是以被系统著录的项目为查询条件来进行全文查找，在实际中一般通过著录的关键词和分类标识从电子档案信息数据库中进行查找。

电子档案的保管包括数字化载体的保管和电子档案信息的保护。前者要求选择适合的数字化载体，按照载体保护的标准进行管理；后者需要电子文档管理系统能有效地利用信息加密、信息认证、病毒防治、网络安全等技术。

8. 信息服务

信息服务是政府机关公务处理系统的核心功能之一，信息服务功能可以进一步划分为：电子公告、电子讨论、大事记和信息查询等内容。

电子公告相当于日常办公中的公告板，是发布各种信息，如公告、通知或启示等公用办公信息的场所。主要功能包括告知性文件的起草、发布、删除等。

电子讨论就是在线论坛（BBS），包括论坛模块管理、论坛版主管理、论坛浏览、精华公布、论坛排行、论坛权限管理等功能，电子论坛可以作为信息交流的场所。

大事记可以完成机关大事要事信息的录入、整理、汇总和查询功能，是机关大事信息管理的重要场所。

信息查询是信息服务中的关键环节，提供针对机构各类信息的检索服务。

案例

电子政务办公自动化系统案例

江苏省江都市的办公自动化系统（OA）系统主要由以下模块组成：公文流转

模块、办公管理模块、日常事务模块、综合业务模块、资源管理模块、行政管理模块、电子邮件模块等。这些模块的主要功能如下：

1. 公文流转模块

公文流转模块的总体目标是：能够直接运用办公自动化系统(OA)进行文件的收发；采用 Browser/Server 架构；能够加盖公文公章，并保证公章的安全性；采用国产加密算法和硬件加密产品；能够对发送和公文进行电子签名、完整性计算和保密传输；能够对接收的公文进行解密、合法性验证、完整性校验；能够对公文进行过程监控和自动错误处理；能够保证公文在流入 OA 系统之后的安全性；安全、快捷地在 Internet/Intranet 上交换公文。

(1) 应用架构。根据图3-21应用架构，一个公文在公文传输系统中的主要流转过程包括：

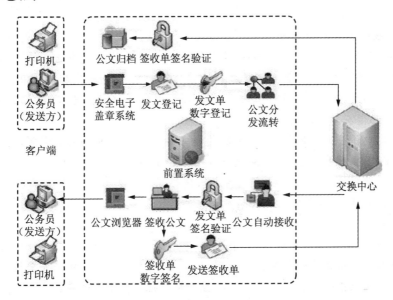

图 3-21　电子公文交换系统整体应用架构

* 生成公文；
* 电子公文交换客户端对本地 OA 系统生成的公文进行盖章、完整性计算、数字签名、生成加密密钥，并对公文及其所有信息进行加密，然后送往目的地；
* 公文以秘文的方式送往目的用户在服务器上的数据库；
* 目的用户从服务器上取得以秘文形式存放的公文；
* 目的用户在本地的电子公文交换客户端对秘文进行解密、验证签名和文件完整性，进行红头打印、发送回执；
* 公文送入本地 OA 流转。

（2）主要功能。

· 组织结构管理。支持多级组织结构管理,支持多个公文流转交换系统之间的组织结构数据的同步更新;

· 发文管理。对发文进行登记,生成正式公文,以准备发送;支持多部门联合发文;

· 公文加密。对公文进行数字签名、软件加密,以实现公文的安全传输;

· 公文传输。将公文按指定的地址准确发送;

· 收文管理。对接收到的公文进行解密,数字签名验证、发送回执、归档等操作;

· 公文归档。提供良好的归档功能以及与市档案局的档案管理系统的接口;

· 流程控制。收文催收、发文跟踪及监控、发文撤回、发文错误重发、流程定义、统计汇总等。

（3）安全性。办公自动化和电子公文交换系统使公文等秘密信息的载体发生了显著的变化,一方面信息传播从"有形"走向"无形",另一方面过去的"锁好柜"、"关好门"、"看好人"的保密措施已难以适应时代的发展需要,突出表现在:

第一,由于储存在软硬盘上的电子公文易于拷贝、分发、篡改,因此公文管理的安全问题潜在着一定的危险性。

第二,电子公文在网络环境,特别是 Internet 中传播,极易受到黑客攻击,造成公文失密,甚至信息被盗、被删除或被改写等严重后果。

为此,要保证在开放环境互联网上敏感性很高的内部公文和数据,能够安全传送和使用,系统的安全性便成为考察,甚至衡量一个电子公文交换系统的一项重要指标。

电子公文交换系统参考国家相关法规和条例,采用国产加密算法和硬件加密产品,结合大多数用户的传统办公习惯,依托 CA 认证、电子印章等安全技术,从多层次、多方位上来保证公文交换的安全性和快捷性。集中表现在:

· 用户身份验证;

· 公章安全性;

· 公文信息的完整性校验;

· 公文信息的数字签名验证;

· 公文信息在信道中保密传输等。

其公文流转过程的形态,如图3-22所示。

（4）特点功能。

可扩展:公文交换平台可以方便地与办公系统和档案管理系统集成,公文异地之间的安全快捷传送与局部的办公自动化流程以及专业档案管理三者相辅相

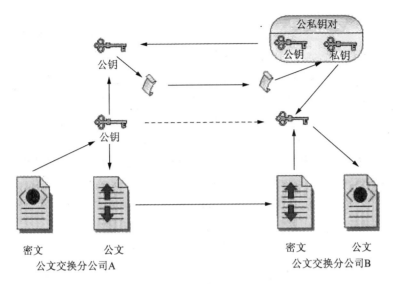

图 3-22　OA 系统的公文流转过程

成,共同构建了上通下达,信息流畅的办公系统网。

集中管理:用户集中认证及管理,对用户使用本系统进行统一注册、管理,采用集中统一的用户身份管理中心。可对公文的发送、接收等行为进行记录,并可对其他相关行为进行查询。

催办督办与回执:对公文处理过程的监控,确保实时有效地进行处理。

日志管理:提供对访问、操作日志的查询、导出等相关功能。

权限管理:公文访问、接收、分发、可见级别等权限进行控制。

安全处理:公文的存储和传输都经过加密处理,并设置访问权限控制,确保公文本身的合法性、有效性、完整性、不可抵赖性与内容的完整性和保密性。再结合数字签名技术,保证公文具有不可抵赖性;能够确保只有指定身份的用户才能够阅读公文,保证公文的严肃性;提供集中的用户管理,保证有效控制公文访问权限。

人性化设计:符合办公习惯的公文处理软件;符合办公习惯的管理与使用流程;改变传统的公文分发机制,提高办公效率。

系统稳定可靠:公文交换采用强大的容错处理技术,使用更安全可靠。

2. 信息发布模块

信息发布模块主要包括:站点管理、用户管理、日志管理、消息管理、栏目管理、文章管理、数据统计、回收站、系统配置、文件管理等功能。

3. 办公管理模块

办公管理模块主要包括:个人秘书、待办事宜、电子邮件、日程安排、个人通讯录、个人文档库等功能。

4. 日常事务模块

（1）发文管理。发文管理是一套可定义、可监控的智能型发文及表单流转系统；它能对本单位或本部门的发文从拟稿到文件的形成进行有效、及时、轻松的管理，包括拟稿、核稿、会签、复核、签发、成文、印发、归档等一系列操作，使发文的起草、发送、传阅、批示、审阅等工作变得非常简单。发文安全权限设置严密灵活，管理员可以在文件审批、成文过程实时地监控、查询；但无关人员则不能打开发文查看处理情况，以保证公文流转的保密性。用户既可以在公文流转前定制流程，又可以灵活在审批流转中按实际情况进行流程地更改，全面满足用户的发文各项要求。模拟流程如图3-23所示。

（2）收文管理。收文系统实现公文上报、登记、拟办、中转、转发、处室拟办、领导审核、承办单位办理、归档、相关单位查询公文等。在系统中特别注重数字化数据的一次性录入，减少重复劳动，提高办公效率。模拟流程如图3-24所示。

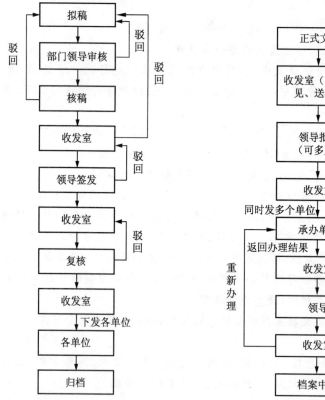

图 3-23　发文管理的模拟流程

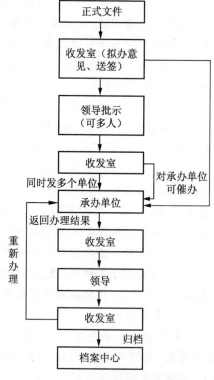

图 3-24　收文管理的模拟流程

日常事务模块中还包括工作简报、请示报告、领导督办、接待管理、档案管理等功能。

5. 综合业务模块

综合业务模块中主要包括：会议管理、通知管理、计划管理、值班管理、培训管理、公共信息、办事指南、公告管理、网上论坛、新闻动态、大事记、制度规划、常用信息、公共通讯录、讨论园地等功能。

6. 资源管理模块

资源管理模块主要包括：车辆管理、办公用品管理、图书期刊管理、会议室管理、固定资产管理、人事管理等功能。

7. 行政管理模块

行政管理模块主要包括：规章制度、请假出差管理、报销管理、信访管理、领导查询模块等功能。

3.3　政务智能系统

政务智能即是分析型的电子政务系统，是面向政务数据分析的决策支持系统。政务智能系统的目的通过分析政务活动中积累的海量数据，得到有指导意义的知识和决策依据，使政府更好地管理和服务社会。政务智能的概念起源于 20 世纪 90 年代末期兴起的商务智能概念，商务智能是分析型的电子商务系统，是面向商务数据分析的决策支持系统。

3.3.1　决策支持系统

1. 决策的定义

决策是人们在改造客观世界中为实现主观目的而进行策略或方案选择的一种行为，它必然带有决策者的大量主观因素。

（1）结构化决策。结构化决策，是指对某一决策过程的环境及规则，能用确定的模型或语言描述，以适当的算法产生决策方案，并能从多种方案中选择最优解的决策。

（2）非结构化决策。非结构化决策是指决策过程复杂，不可能用确定的模型和语言来描述其决策过程，更无所谓最优解的决策；现实世界中的更多决策问题都不是可以用定量计算就能完成的，例如城市发展规划的制定、投资方向的选择都属于半结构化或非结构化决策问题。这些决策问题的解决主要依赖于决策者经验的分析与判断、不同的决策风格。

（3）半结构化决策。半结构化决策是介于以上二者之间的决策，这类决策可以建立适当的算法产生决策方案，使决策方案中得到较优的解。

非结构化和半结构化决策一般用于一个组织的中、高管理层，其决策者一方面需要根据经验进行分析判断，另一方面也需要借助计算机为决策提供各种辅助信息，及时做出正确有效的决策。

2. 决策支持系统

决策支持系统（Decision Support System，简称 DSS）是辅助决策者通过数据、模型和知识，以人机交互方式进行半结构化或非结构化决策的计算机应用系统。它是管理信息系统（MIS）向更高一级发展而产生的先进信息管理系统。它为决策者提供分析问题、建立模型、模拟决策过程和方案的环境，调用各种信息资源和分析工具，帮助决策者提高决策水平和质量。

DSS 的功能是在人的判断能力的基础上借助计算机支持决策者对半结构化和非结构化问题进行有序决策，以获得令人满意的决策方案。总体上，DSS 的功能可归纳为：

（1）随时提供与决策问题有关的组织内部信息，如审批进度信息、各种报表等。

（2）收集、管理并提供与决策问题有关的组织外部信息，如政策法规、经济统计等。

（3）收集、管理并提供各项决策方案执行情况的反馈信息，如审批进程、计划执行情况等。

（4）能以一定的方式存储和管理与决策问题有关的各种数学模型，如资源调度模型、绩效评价模型等。

（5）能够存储并提供常用的数学方法及算法，如线性规划、最短路径算法等。

（6）上述数据、模型与方法能容易地修改和添加，如数据模式的变更、模型的连接和修改、各种方法的修改。

（7）能灵活地运用模型与方法对数据进行加工、汇总、分析、预测、得出所需的综合信息与预测信息。

（8）具有方便而友好的人机对话和图像输出功能，能满足随机的数据查询要求，回答"如果……，则……"（What... if...）之类的问题。

（9）提供良好的数据通信功能，以保证及时收集所需数据并将加工结果传送给使用者。

（10）具有使用者能忍受的加工速度与响应时间，不影响使用者的情绪。

3. 决策支持系统的系统结构

决策支持系统的基本结构是三角结构,三角结构即是由数据库、模型库和方法库等子系统与对话子系统构成三角形分布结构。图3-25给出决策支持系统的结构。

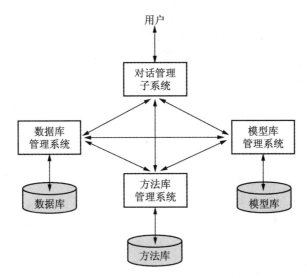

图 3-25　决策支持系统的三角结构

对话管理子系统是 DSS 人机接口界面,决策者通过该子系统提出信息查询的请求或决策支持的请求。对话子系统对接到的请求作检验,形成命令,为信息查询的请求进行数据库操作,提取信息,所得信息传给用户;对决策支持的请求将识别问题与构建模型,从方法库中选择算法,从数据库中读取数据,运行模型库中的模型,运行结果通过对话子系统传送给用户。

应用 DSS 作决策的过程是一个人机交互的启发式过程,因此问题的解决过程往往要分解为若干阶段,一个阶段完成后用户获得阶段的结果及某些启示,然后进入下一个阶段的人机会话,如此反复,直至用户形成决策意见,确定问题的解。

(1)人机对话子系统。人机对话子系统是 DSS 中用户和计算机的接口,在操作者、模型库、数据库和方法库之间起着传送命令和数据的重要作用,其核心是人机界面。人机对话子系统是 DSS 的一个窗口,它的好坏标志着该系统的实用水平。

从 DSS 系统使用方便性的角度,人机对话子系统应该达到的功能目标是:

· 能使用户了解系统所能提供的数据、模型及方法;

- 通过"如果……,则……"方式提问;
- 对请求输入有足够的检验和容错能力,提示和帮助用户;
- 通过运行模型使用户取得分析结果或预测结果;
- 在决策过程结束后,能把反馈结果送入系统,评价和修正现有模型;
- 能提供丰富的图形和表格等表达方式,输出信息、结论和依据等。

(2) 数据库子系统。数据库子系统是存储、管理、提供与维护 DSS 使用数据的基本部件,是支撑模型库子系统和方法库子系统的基础。数据库子系统由数据库、数据析取模块、数据字典、数据库管理系统以及数据查询模块等部件构成。

- 数据库:DSS 数据库中存放的数据大部分来源于在线事务处理系统的数据库,这些数据库被称为源数据库。DSS 数据库与源数据库的区别在于用途和层次的不同;
- 数据析取模块:从源数据库中提取用于 DSS 的数据,析取过程也是对源数据进行加工的过程,是选择、浓缩和转换数据的过程;
- 数据字典:描述各数据项的属性、来龙去脉及相互关系。数据字典也被看作是数据库的一部分;
- 数据库管理系统:用于管理、提供与维护数据库中的数据,也是与其他子系统的接口;
- 数据查询模块:解释人机对话及模型库子系统的数据请求,通过查阅数据字典确定如何满足这些请求,并详细阐述向数据库管理系统的数据请求,最后将结果返回对话子系统或直接用于模型的构建与计算。

(3) 模型库子系统。模型是以某种形式反映客观事物本质属性,揭示其运动规律的描述。决策或问题的求解首要表达问题的规律,DSS 设立模型库子系统是为了在不同的条件下通过模型来实现对问题的动态描述,以便探索或选择令人满意的解决方案。

模型库子系统是构建和管理模型的计算机软件系统,它是 DSS 中最复杂与最难实现的部分。模型库子系统主要由模型库与模型库管理系统两部分组成。DSS 用户是依靠模型库中的模型进行决策的,因此三角结构的 DSS 是"模型驱动"的。

应用模型获得的输出结果可以分别起以下三种作用:

- 直接用于制定决策;
- 对决策制定提出意见;
- 用来估计决策实施后可能产生的后果。

模型库。模型库是模型库子系统的核心部件,用于存储决策模型。客观世界中的问题是千差万别、数不胜数的,我们不可能为每一个问题创建一个对应的模型,因此实际上模型库中主要存储的是模型的基本模块或单元模型以及它们之间的关系。使用 DSS 支持决策时,根据具体问题构建或生成决策支持模型。

如果将模型库比做一个成品库,则该仓库中存放的是成品的零部件、成品组装说明、某些已经组装好的成品和半成品等。从理论上将,模型库中的"零部件"可以构造出任意形式且无穷多的模型,以解决任何所能表述的问题。

用单元模型构造的模型可以分为模拟方法类、规划方法类、计量经济方法类、投入产出方法类等,其中每一类又可分为若干子类,如规划方法类又可分为线性规划或非线性规划、单目标规划或多目标规划等。

模型按照经济内容可分类为:预测类模型(如 GDP 预测模型)、综合平衡模型(如生产计划模型等)、结构优化模型(如能源结构优化模型、投入产出模型)、经济控制类模型(如财政税收、物价、汇率等控制模型等)。

模型基本单元在模型库中的存储方式目前主要有子程序、语句、数据及逻辑关系等四种方式,逻辑方式主要用于智能决策支持系统。

- 以子程序方式存储:这是常用的原始存储方式,它将模型的输入、输出格式及算法用完整的程序表示。该方式的缺点是不利于修改,还会造成各模型相同部分的存储冗余。

- 以语句方式存储:用一套建模语言以语句的形式组成与模型各部分相对应的语句集合,再予以存储。该方式与子程序方式有类似性,但朝着面向用户方向前进了一步。

- 以数据方式存储:其特点是把模型看成一组用数据集表示的关系。这种存储方式便于利用数据库管理系统来操作模型库,使模型库和数据库能用统一方法进行管理。例如,对线性规划模型,在计算机中存储的是按照一定格式组织起来的模型的数据项,而模型的其他部分则被舍去。等到模型实际运行时,只要把这组数据传递到求解该类模型的方法程序中,就可以达到识别和对该模型求解的目的。

模型库管理系统　模型库管理系统的主要功能是模型的利用和维护。模型的利用包括决策问题的定义和概念的模型化,从模型库中选择恰当的模型单元构造具体问题的决策支持模型,以及运行模型等。模型的维护包括模型的联结、修改、增加与删除等。

模型库子系统是在与 DSS 其他部件的交互过程中发挥作用的。与数据库子系统的交互可以获得各种模型所需的数据,实现模型的输入、输出和中间结果存取的自动化;与方法库子系统的交互可实行目标搜索、灵敏度分析和仿真运行自动化等。更主要的交互则是在与人机对话子系统之间,模型的使用与维护实质上是用户通过人机对话子系统予以控制与操作的。

　　(4) 方法库子系统。方法库子系统是存储、管理、调用及维护 DSS 各部件要用到的通用算法、标准函数等方法的部件,方法库中的方法一般用程序方式存储。

　　引入方法库子系统后,决策支持系统的工作程序是:从数据库中选择数据,从模型库中选择模型,从方法库中选择算法,三者结合起来进行决策计算。

　　方法库子系统由方法库与方法库管理系统组成,方法库中的方法有:排序算法、分类算法、最小生成树算法、最短路径算法等等。图3-26给出方法程序中的方法集合。

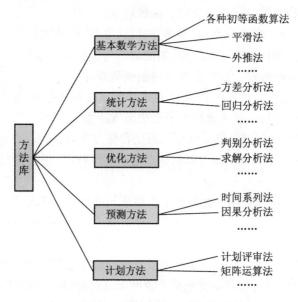

图 3-26　方法库中的方法集合

3.3.2　智能决策支持系统

　　传统的 DSS 系统的重点还在于模型的定量计算,人机对话方式与大多数不熟悉计算机的使用者尚存在一定的距离,限制了 DSS 的应用效果。人工智能技术的发展成果与传统 DSS 系统相结合,就能弥补传统 DSS 的不足。IDSS 就是人工智能与 DSS 的结合产物。

　　典型的智能决策支持系统(Intelligent Decision Support System,IDSS)结构是在传统三库 DSS 的基础上增设知识库与推理机,在人机对话子系统加入自然语言处理系统(LS),与四库之间插入问题处理系统(PPS)而构成的四库系统结构,如图3-27所示。

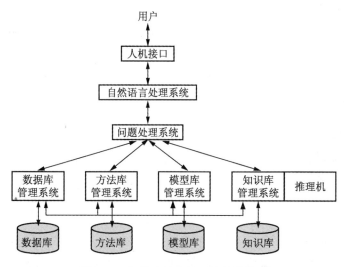

图 3-27 智能决策支持系统的结构图

1. 智能决策支持系统的结构

(1) 智能人机接口。四库系统的智能人机接口接受用自然语言或接近自然语言的方式表达的决策问题及决策目标。由自然语言处理功能通过语法、语义结构分析等方法转换成系统能理解的形式。运行后,系统则以决策者能清晰理解的或指定的方式输出求解进程与结果。

(2) 问题处理系统。问题处理系统处于 IDSS 的中心位置,是联系人与机器及所存储的求解资源的桥梁。自然语言处理系统转换产生的问题描述由问题分析器判断问题的结构化程度,对结构化问题选择或构造模型,采用传统的模型计算求解;对半结构化或非结构化问题则由规则模型与推理机制来求解。

(3) 知识库子系统(专家系统)。知识库子系统的组成可分为三部分:知识库管理系统、知识库及推理机。

知识库管理系统 知识库管理系统的功能主要有两个,一是回答对知识库知识增、删、改等知识维护的请求;二是回答决策过程中问题分析与判断所需知识的请求。

知识库 知识库是知识库子系统的核心,知识库中存储的是那些既不能用数据表示,也不能用模型方法描述的专家知识和经验知识,同时也包括一些特定问题领域的专门知识。知识库包括事实库和规则库两部分。例如,事实库中存放了"任务 A 是紧急审批任务","任务 B 是一般任务"那样的事实。规则库中存放着"IF 任务 A 是紧急审批任务,THEN 任务 A 必须在 8 小时内办结"那样的规则。

推理机　推理是指从已知事实推出新事实（结论）的过程，推理机是一组程序，它针对用户问题去处理知识库（规则和事实）。推理原理如：若事实 A 为真，且有一规则"IF A THEN B"存在，则 B 为真。

2. 群体决策支持系统

（1）群体决策支持系统（Group Decision Support System，GDSS）的概念。DSS 能显著地提高组织高层领导决策的有效性，但它是面向个人的，然而很多重大决策应该是由集体参与制定的。群体决策不再仅是多人坐在一起分析问题的活动，信息经济时代要求多个决策者能在一个周期内异时异地的合作协商，寻求解决问题的方案。

群体决策是若干决策者针对大型问题或复杂问题，在共同环境和一定的目标下发挥相互联系或相互制约的作用，通过共同协商，找到各方都满意的结果。如对长远发展的重大决策，个人决策局限很大，需要群体决策来解决。

群体决策支持系统是一种在 DSS 基础上利用网络与通信技术，供多个决策者为同一目标，通过某种规则相互协作地探寻半结构化或非结构化决策问题解决方案的信息系统。决策支持系统是模型库系统、数据库系统、知识推理系统、人机交互系统四者的有机结合体。群体决策支持系统是在多个 DSS 和多个决策者的基础上进行集成的结果。可以说，GDSS 是集成多个决策者的智慧、经验以及相应的决策支持系统组织的集成系统。

（2）GDSS 的应用类型。目前，GDSS 有四种应用类型，它们是由各决策者的集中和分散程度以及利用计算机网络形式的不同而形成的。

决策室（decision room）　每个决策者有一台计算机或终端，在同一个会议室内，各自可以在自己的计算机或终端上利用各自的 DSS 系统进行决策制定，GDSS 的组织者协调和综合各决策者的决策意见，使 GDSS 得出群体决策结论。会议室中有大屏幕显示器，显示各决策者的决策方案和结果以及统计分析数据和有关图形、图像，供会议参加者讨论，这种方式使决策者面对面的交互、讨论，使决策会议顺利和迅速地得出 GDSS 结果。

局部决策网（local decision network）　利用计算机局部网络使各决策者在各自的办公室中进行决策。各决策者在各自的计算机工作站上利用各自的 DSS 进行决策，各决策者之间通过局部网络进行通信，并和 GDSS 组织管理者通信，传输各自需要的输入输出信息。

远程会议（teleconferencing）　两个或者多个决策室通过可视通信设备连接在一起，使用电子传真会议技术组成会议进行决策。这种形式把相距遥远的会议室联系起来,通过计算机网络、电话网络、电子黑板等设备,实现录像电视传真,大屏幕显示,形成现代化远程会议,达到群体决策。

远程决策制定(remote decision making)　每个决策者都拥有一台"决策工作站",在站与站之间存在不间断的通信联系,其中任何一个决策者可任何时候与群体的其他成员取得联系,共同作出决策。它不像远程会议那样,需要组织安排和协调才能举行决策会议,它具有远程大范围的群体决策。它可用于国际组织和跨国公司的联席会议。

3.3.3　新型决策支持系统

20 世纪 90 年代提出的数据仓库(Data Warehousing, DW)、数据挖掘(Data Mining, DM)和在线分析处理(On-Line Analytical Processing, OLAP)已形成潮流,在美国数据仓库技术已成为继 Internet 后第二位的技术热点。它被普遍认为是决策支持系统发展的新方向和研究热点。

1. 数据仓库

随着数据库和计算机网络的广泛应用,各类信息系统所产生的数据也在急剧地膨胀,数据量从 20 世纪 80 年代的兆字节(MB)及千兆字节(GB)过渡到现在的兆兆字节(TB)甚至千兆兆字节(PB)。数据的迅猛增加与分析方法滞后之间矛盾越来越突出。如何从这些繁杂的数据中发现有价值的信息或知识,以达到为决策支持服务的目的,是一项非常艰巨的任务。

数据库系统作为数据管理的手段,主要用于联机事物处理,在这些数据库中保存了大量的日常业务数据。

但事务处理和分析处理具有极不相同的性质,直接使用事务处理环境来支持 DSS 是不合理的。要提高分析和决策的效率和有效性,分析型处理及其数据必须与操作型处理及数据相分离。把分析型数据从事务处理环境中提取出来,建立单独的分析处理环境,以适应分析型的 DSS 的应用。数据仓库正是为了构建这种新的分析处理环境而出现的一种数据存储和组织技术。

数据仓库概念的创始人 W. H. Inmon 对在其著作《建立数据仓库》中对数据仓库的定义为:数据仓库就是支持管理决策过程的、面向主题的、集成的、稳定的数据集合,其中每个数据单位都与时间有关。

根据数据仓库概念的含义,数据仓库拥有以下四个特点:

(1) 面向主题。操作型数据库的数据组织面向事务处理任务,各个业务系统之间各自分离,一个完整的主题信息往往分散各个不同的部门。而数据仓库中的数据是按照一定的主题域进行组织。主题是一个抽象的概念,是指用户使用数据仓库进行决策时所关心的重点方面,一个主题所需要的信息往往需要多个操作型信息系统相关。

为了更好地理解主题与面向主题的概念,说明面向主题的数据组织与传统的面向应用数据的数据组织的不同,我们以一家商场举例说明:它按业务处理要求建立了销售、采购、库存管理以及人事管理子系统,便于表达企业各部门内的数据流动情况和数据输入输出关系。主题是对应某一分析领域的分析对象,所以主题的抽取,应该是按照分析的要求来确定的。仍以商场为例,它包含的主题有:供应商、商品、顾客等。

例如商品主题,它包含了商品的固有信息,如商品名称、商品类别、颜色等;也包含了商品流动信息,如商品采购信息、商品销售信息、商品的库存信息等。首先,从面向应用到面向主题的转变过程中,丢弃了不适于分析的信息,如有关定单信息、领料单就不出现在主题中。其次,原有关于商品信息是分散的,如商品采购信息存在采购子系统中,商品的销售存在销售子系统中等,根本没有形成一个有关商品的完整一致的信息集合,而面向主题的数据组织方式就是要形成一致的信息集合。

(2) 集成。数据仓库的数据是集成的,因为数据仓库的数据是从原有的分散的数据库中抽取出来的。在数据进入数据仓库之前,应使用数据清理技术和数据集成技术形成数据的统一与综合。

· 要统一源数据中所有矛盾之处,如字段的同名异议、单位不统一、字长不一致等;

· 数据仓库的数据综合工作可以从原有数据抽取数据时生成。

(3) 不可更新。数据仓库的数据是不可更新的。由于数据仓库中的数据不是业务处理数据,决策分析仅仅进行数据查询操作,所以数据仓库管理系统比数据库管理系统要简单得多,DBMS中的许多难点,如完整性保护、并发控制等几乎可以省略。

(4) 时变。数据仓库数据是随时间不断变化的。数据仓库的用户进行分析处理是不可更新操作。但并不是说,从数据集成到数据仓库中到最终被删除的整个数据生命周期中,所有的数据仓库的数据是不变的。

· 数据仓库随时间变化不断加入新的数据内容;

· 数据仓库随时间变化不断删除旧的数据内容;

· 数据仓库包含的大量综合数据也要随时间变化不断进行重新综合。

操作型数据库中的数据通常实时更新,数据根据需要及时发生变化。数据仓库的数据主要供组织决策分析之用,所涉及的数据操作主要是数据查询,一旦某个数据进入数据仓库以后,一般情况下将被长期保留,也就是数据仓库中一般有大量的查询操作,但修改和删除操作很少,通常只需要定期的加载、刷新。

操作型数据库主要关心当前某一个时间段内的数据,而数据仓库中的数据通常包含历史信息,系统记录了组织从过去某一时点(如开始应用数据仓库的时点)到目前的各个阶段的信息,通过这些信息,可以对组织的发展历程和未来趋势做出定量分析和预测。

整个数据仓库系统是一个包含四个层次的体系结构,具体如图3-28所示。

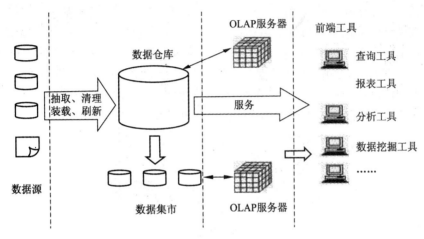

图 3-28　数据仓库系统的体系结构

2. 联机分析处理

(1) 联机分析处理的概念。为满足基于大型数据库的复杂查询、决策分析等需求,弥补 OLTP(On-Line Transaction Processing,在线事务处理)在分析功能上的不足,20 世纪 90 年代初出现了 OLAP(On-Line Analytical Processing)技术。

OLTP 是以操作型数据库为基础的,面对的是操作人员和低层管理人员的日常数据操作,对基本数据的查询和增、删、改等进行的事务处理。联机事务处理(OLTP)涵盖一个组织的大部分日常操作,而数据仓库系统的分析工具可以满足数据分析和决策方面的需求。这种系统称为联机分析处理系统(OLAP)。

OLAP 是一种基于数据仓库的软件技术,它使分析人员能够迅速、一致、交互地从多维、多视角观察数据,以达到深入理解数据的目的,是数据仓库系统必不可少的分析工具。OLAP 是建立在数据立方体之上,共享多维信息的快速分析工具。

· 快速性——系统应在用户可以接受的时间内对大部分分析要求作出反应。系统应能在 5 秒内对用户的大部分分析要求作出反应,如果终端用户在 30 秒内没

有得到系统的响应,则会影响决策者的使用热情;

· 可分析性——OLAP应能处理与应用有关的任何逻辑分析和统计分析;

· 多维性——多维性是OLAP的关键属性。系统必须提供对数据分析的多维视图,包括对维层次和多重维层次的完全支持;

· 信息性——不管数据量有多大,也不管数据存储在何处,OLAP系统应能及时获得信息,并且管理大容量的信息。

(2)联机分析处理技术的功能。数据仓库和OLAP工具是基于多维数据模型。该模型将数据看作数据立方体(data cube)形式数据立方体是由维和事实组成。它围绕中心主题组织,事实表包括事实的名称和度量,以及每个相关维表的关键字。例如图3-29中,多维数据立方体的中心主题是"审批事实分析";事实表的名称为"审批事实表",事实表的度量为"审批数量"(该度量以数值来表示,是数值型的度量);事实表中的关键字为连接各个维表的唯一标识。

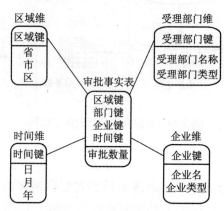

图 3-29　多维数据立方体

在数据立方体的多维数据模型中,数据仓库中的数据被组织成多维,每个维按规范的概念树定义多个抽象层。例如时间维按照层次可以划分为"日→月→年",区域维、企业维等等的层次划分方法以此类推。这种组织为用户从不同角度观察信息提供了数据基础。基于多维数据的OLAP操作功能有以下几种:

· 上卷(roll up)。上卷操作通过某个维的概念树向上攀升,在数据立方体上进行聚集操作。例如,沿着地理维层次:{区→市→省}对"工商行政管理局"的"IT类企业"的"审批数量"进行累加操作,就可以实现从小到大的不同地理范围的行政审批查询;

· 下钻(drill down)。下钻是指沿着维的概念层次自顶向下操作,实现详细数据的查询,它是上卷的逆操作。例如,沿时间维层次:{年→月→日}观察企业"审批数量"的详细数据,就可以实现从大时间片到小时间片的细节查询;

- 其他 OLAP 操作。例如切片、切块、转轴、钻透、钻透等操作。

3. 数据挖掘

（1）数据挖掘的定义。20 世纪以来，计算机与信息科学技术的迅速发展，特别是在数据库技术、人工智能、机器学习以及计算机硬件等方面所取得的令人吃惊的飞速进步，大大地推动了商用数据库与信息产业的发展。随之，海量数据的收集、存储成为可能，但随着人们所获得的数据量的不断增多，人们的注意力越发成为一种宝贵的资源，人们常常埋没于大量的数据中，却又无法得到足够多的有用知识。"数据丰富，但信息贫乏"成为这一状况的真实写照。

查询驱动的 OLAP 可以按要求将数据展示在决策者面前，却无法自动发现潜藏在数据中的有用信息，大大降低了数据的使用价值。为实现对潜藏信息的自动发现，20 世纪 90 年代中期，出现了数据挖掘技术（Data Mining）。

数据挖掘技术是一项以人工智能为基础的数据分析技术，其主要功能是在大量数据中自动发现潜在有用的知识，这些知识可以被表示为概念、规则、规律、模式等。例如，经典的购物篮分析：英国的某家超市通过对客户购物数据的分析，发现英国男士在为婴儿购买尿布的同时，也购买一些啤酒。超市根据数据分析的结论，将啤酒与尿布这两样不相关的商品相邻摆放，结果两样商品的销售业绩大增。

（2）数据挖掘的流程。数据挖掘的流程包括问题的定义（数据接口的联接）、数据的聚焦（数据提取和预处理）、模式的发现（知识提取）以及模式评估（知识评估），整个数据挖掘过程是在背景知识的指导之下，在控制器的过程控制之下来完成的，如图3-30所示。

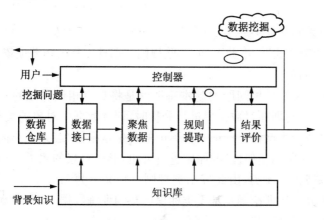

图 3-30　数据挖掘过程

数据库中的数据挖掘过程一般分为：

· 问题定义，了解相关领域的有关情况，熟悉背景知识，弄清用户要求；

· 数据提取，根据要求从数据库中提取相关的数据；

· 数据预处理，主要对前一阶段产生的数据进行再加工，检查数据的完整性及数据的一致性，对其中的噪音数据进行处理，对丢失的数据进行填补；

· 知识提取，运用选定的知识发现算法，从数据中提取用户所需要的知识，这些知识可以用一种特定的方式表示或使用一些常用的表示方式；

· 知识评估，将发现的知识以用户能理解的方式呈现，如某种规则，再根据实际情况对知识发现过程中的具体处理阶段进行优化，直到满足用户要求。

（3）数据挖掘的功能。数据挖掘的功能就是从数据集中发现对用户来说有用的模式。在知识发现系统中，按照模式的实际作用，我们可以将数据挖掘功能和所能发现的模式类型分为以下几类。

概念或类描述　概念描述就是对某对象类的内涵进行概括或描述，指出其特征。概念描述分为数据区分性描述和数据特征化描述，区分性描述是指将目标类对象的一般特征与一个或多个对比类对象的一般特征进行比较描述不同类对象之间的区别。而后者是通过归纳目标数据的一般特征而描述同类对象间的共同点。

数据分类　数据分类是数据挖掘研究的重要分支之一，是一种有效的数据分析方法。分类的目标是通过分析训练数据集，构造一个分类模型（即分类器），该模型能够把数据库中的数据记录映射到一个给定的类别，根据每个类别中的数据特征实现预测。

关联规则　关联规则挖掘是指发现大规模数据集中项集之间有趣的关联关系，展示属性值频繁地在给定数据集中同时出现的条件，通俗地说就是挖掘数据库中一组对象之间某种关联关系的规则，这种关联关系可以是诸如"同时发生"、"形如 A⇒B 的蕴涵式"。由此可知，关联规则挖掘首先找出频繁项集，然后由频繁项集产生关联规则。

聚类分析　聚类分析问题的基本特征就是将具有相似属性的一些目标对象化归为同一个集合；即在对数据集进行分析时，训练数据中对象的类标记未知，我们可以通过聚类产生这种类标记。类标记的产生是根据"最大化类内对象的相似性，最小化类间对象的相似性"的原则进行分组，形成对象的聚类。这里所形成的对象聚类可以视为对象类，由此导出某些规则。它又称为无指导的分类，与分类不同的地方在于分类规则挖掘是基于类标识已知的训练数据，而聚类规则挖掘则是直接针对原始数据进行的。

时间序列分析　时间序列模式根据对随时间变化的对象进行分析，建立模型描述对象的变化规律和趋势。这类分析的重要特点是考虑时间因素,包括对时间序列数据的分析。在一定程度上时间序列模式分析与关联模式分析相类似,但时间序列模式侧重考虑数据之间在时间影响下的关系。

(4) 数据挖掘的方法。数据挖掘从一个新的角度将数据库技术、机器学习、统计学等领域结合起来,从更深层次中发掘存在于数据内部的有效的、新颖的、具有潜在效用的乃至最终可理解的模式。由此,我们可以根据数据挖掘方法所属领域的不同将其分为以下几类:

数学统计方法　使用这些方法一般是首先建立一个数学模型或统计模型,然后根据这种模型提取出有关的知识。例如,可由训练数据建立一个 Bayesian 网,然后,根据该网的一些参数及联系权重提取出相关的知识。

多层次数据汇总归纳　数据库中的数据和对象经常包含原始概念层上的详细信息,将一个数据集合归纳成更高概念层次信息的数据挖掘技术被称为数据汇总。概念汇总将数据库中的相关数据由低概念层抽象到高概念层,以得出总结性的知识。

韩家炜教授等提出了面向属性的归纳(Attribute Oriented Induction,AOI)。AOI 的基本思想是:考察与任务相关的数据中每个属性的不同值的个数,通过概念树(Concept tree)提升对数据进行概化,归纳出高层次的模式。对于已准备好的数据,AOI 的基本操作是数据概化,在初始工作关系上进行属性删除或属性概化。AOI 需要背景知识,常以概念树的形式给出。

决策树方法　利用信息论中的互信息(信息增益)寻找数据库中具有最大信息量的字段,建立决策树的一个结点,再根据字段的不同取值建立树的分支;在每个分支子集中,重复利用信息增益原理建立树的下层结点和分支的过程,即可构建出决策树。国际上最有影响和最早的决策树方法是 J. R. Quinlan 提出的 ID3 方法,它对越大的数据库效果越好。在 ID3 基础上后人又发展成各种决策树方法。

神经网络方法　模拟人脑神经元方法,以 MP 模型和 HEBB 学习规则为基础,建立了三大类多种神经网络模型:前馈式网络、反馈式网络、自组织网络。它是一种通过训练来学习的非线性预测模型,可以完成分类、聚类、特征挖掘等多种数据挖掘任务。

神经网络的处理模式类似于人脑的功能,其过程主要强调对模式的识别和对错误的最小化控制。事实上,许多人将神经网络理解为"从经历和经验中获取信息,不断学习"。

神经网络由许多分属不同层级的结点组成,其构造随神经网络的类型和复杂性而有所不同。一般说来,神经网络模型由一个输入层、一个以上的隐藏层

(hidden layer)和一个输出层组成。隐藏层代表了某种隐含的因素或关系,其层级的设置根据具体问题具体确定。

在模型构建中,输入层每一个结点都要赋予一个权重(weight)。在模型构建过程的每一次迭代中,系统会考虑这些权重,进行模拟,然后跟实际值进行比较,差值将被反馈回系统中,然后据此修订权重。当差值达到某个收敛标准(convergence)时,迭代结束,此时的模型即为最终模型。

可视化技术　数据与结果被转化和表达成可视化形式,如图形、图像等,使用户对数据的剖析更清楚。例如,地理信息系统就是一种可视化技术,它可以通过电子地图实现公共资源布局的可视化和可分析化,还原决策分析的本来面貌。

遗传算法　遗传算法的原理是模拟生物的进化和遗传,借助选择、交叉和变异操作,使要解决的问题从初始解逐步逼近最优解,解决了许多全局优化问题。可以说"优胜劣汰"原则和种群"多样性"是遗传算法的灵魂。"选择"保证了前者,"交叉"和"变异"保证了后者。

另外还有统计分析方法、最邻近技术、粗糙集方法、演绎逻辑编程等多种数据挖掘的方法。

3.3.4　地理信息系统

1. 地理信息系统的定义

研究表明,80%的管理数据带有与地理位置有关的空间特性,如国土资源、城市信息、交通路线、设施分布。目前的政务智能系统中,地理空间数据是以属性字段的形式表示并存储于关系型数据库系统中,难以实现应有的空间分析。

地理信息系统(Geographic Information System,简称 GIS)是计算机科学、地理学、测量学、管理学等多门学科综合的技术。由于 GIS 的涉及面太广,所以给出 GIS 的精确定义就很困难。通常可以从四个不同的角度来定义 GIS。

(1) 面向数据处理过程的定义。GIS 是采集、存储、检查、操作、分析和显示地理数据的系统。

(2) 面向应用的定义。这种方式根据 GIS 应用领域的不同,将 GIS 分为各类应用系统,例如城市信息系统、规划信息系统、土地信息系统等,本文则将 GIS 技术应用到 CRM 系统中。

(3) 工具箱定义方式。GIS 是一组用来采集、存储、查询、变换和显示空间数据的工具的集合,它包括各种复杂的处理空间数据的计算机程序和各种算法。

(4) 基于数据库的定义。在工具箱定义的基础上,基于数据库的 GIS 定义更加强调分析工具与数据库的联接。一个通用的 GIS 系统可以看成是许多特殊的空间分析方法与数据管理系统的结合。

地理信息系统可以有效地存储和管理空间数据,GIS 目前主要应用测绘、地质、国土资源规划、城市建设、环境保护、气象预测等领域。

2. 地理信息系统的查询分析功能

包括空间数据查询与属性分析,空间统计分析,空间叠加分析,空间缓冲区分析、空间网络分析等等。GIS 分析功能可以为政务智能系统提供初步分析功能,并可为实现更深入的空间数据挖掘功能提供技术基础。

(1) 空间数据查询与属性分析。

基于空间特征的查询　在电子地图上根据决策者指定的空间位置,系统可以查找空间实体以及它的属性(例如指定企业位置点)。系统首先借助于空间索引,在空间数据库中快速检索到空间实体(该位置点);然后通过空间数据和属性数据的连接得到空间实体的属性表(企业的基本信息、交易信息等),例如在电子地图上进行点查询,矩形查询,圆查询,多边形查询等。

基于属性特征查询　GIS 的属性数据存储在关系数据库中,支持标准的 SQL 语句。从而选出满足条件的空间实体的标识值,再到空间数据库中根据标识值检索到该空间实体,如下语句将会在电子地图上检索出满足条件的所有居民住址。

Select ＊
from 居民住址图
where(平均收入＞"500 元")and(年龄＜"50 岁")

空间关系查询　空间对象间有着许多空间关系(拓扑关系、距离关系、方向关系),GIS 系统应该提供一些直接计算空间实体关系的功能,例如邻近查询,包含关系查询,穿越查询,落入查询等。一些 GIS 软件对现有的 SQL 语句作拓展,初步实现了空间关系查询:

Select ＊
from 居民住址图
Where(年龄＜"50 岁")and Close_to(商场. 名称＝"华联")

空间数据查询与属性查询的图例如图3-31所示。

(2) 空间叠加分析。空间叠加分析是指在统一空间参照系统条件下,每次将同一地区的两个地理主题图层进行叠合,以产生空间区域的多重属性特征的操作。空间叠加分析包括主题图层之间的逻辑交、逻辑并、逻辑差等运算。典型的叠加分析功能是空间选址操作,例如,居民的购房选址问题:

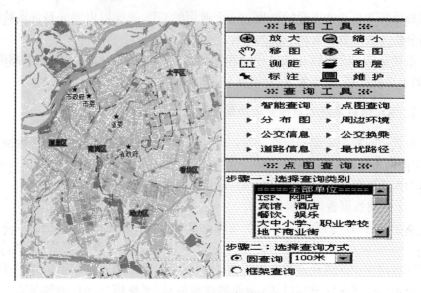

图 3-31　空间数据的查询

Input：

　　4 层数据图二值化(0,1)

　　$C_1 = \{1, \text{if class(“与重要交通路线”)} < 5\}$

　　$C_2 = \{1, \text{if class(“临近公共车站的数量”)} > 4\}$

　　$C_3 = \{1, \text{if class(“楼房的价格”)} < 6\}$

　　$C_4 = \{1, \text{if class(“周边商场的数量”)} > 3\}$

Output：

　　Output $= C_1$ and C_2 and C_3 and C_4

生成二值图：

　　Result(Output)

再如商场的选址要考虑交通条件、周边居民密度、竞争伙伴位置等等多方面空间因素,因此需要视以上这些主题的地图层的叠加结果而定。其他方面的应用,例如政府派出机构选址问题,招商项目的土地规划问题等都可以使用 GIS 的叠加功能。

(3)空间缓冲区分析。空间缓冲区分析是指根据分析对象的点、线、面实体,自动建立它们周围一定距离的带状区,用以识别这些实体或主体对邻近对象的辐射范围或影响程度,以便为某项分析或决策提供依据。缓冲区分析可以视为叠加分析的一种特例,该操作在线创建一个带状区域图层,然后与已有的图层作叠加操作,得出结果集合。空间缓冲区分析主要用于空间邻近对象的查询与捕获。例如,指定电子地图上的某一点,给定以该点为中心的缓冲区域半径,找出所有居民位置及其相应属性信息。

(4) 空间网络分析。空间网络分析是 GIS 分析的重要组成部分。网络是一个由点、线的二元关系构成的系统,通常用来描述某种资源和物质在空间上的运动。空间网络分析的类型有:

- 路径分析(最佳路径问题,Dijkstra);
- 资源分配问题(定位与分配问题,P 中心模型);
- 连通分析(最小生成树问题);
- 流分析(容量分析)。

例如,采用 GIS 的最佳路径分析功能,政府就能以最短时间、最短路径、最小开销为企业或公民提供主动快速的服务,最大限度地优化用户服务。

3. GIS 与电子政务的关系

地理信息系统既提供了多个不同视点的整体(如专题制图、空间建模、三维景观),而且使用多种空间模型,如叠加模型、网络模型、拓扑模型、对象模型,并配合关系型或对象型的数据库管理系统,来表现不同尺度的自然和社会现象。地理信息系统的空间表现和信息交流能力使它能广泛应用于社会经济领域。一幅图胜过一千句话,一幅地图是信息量相当丰富的地区空间描述;而地理信息系统基于地图,胜过地图。

大多数公共管理领域的管理对象都是具有空间地理特征的空间实体。地理信息系统具备的显示、查询和分析功能,使它在很多公共管理领域大有所为,例如国土资源信息管理、农业信息管理、旅游信息管理、金盾信息工程、金税信息工程、城市规划建设信息管理(数字城市)、环境保护信息管理、公共卫生应急信息工程、交通建设信息管理、医院救急信息管理、消防信息管理、国防信息工程、航空信息管理、广电通讯网管理、电信设施信息管理等领域。

电子政务的深入发展和应用必须以地理信息系统(GIS)平台为支撑,GIS 技术在电子政务中的应用越来越广泛,大的方面如环境监测、土地规划、防灾减灾、城市交通、通讯指挥、道路建设、医疗卫生,以及突发应急事件等;小的方面如车辆导航和定位、物流配送等。基于 GIS 的电子政务赋予电子政务新的特色和内容,丰富了电子政务的内涵,为其以后的发展拓宽了空间。

(1) GIS 是电子政务的地理空间定位平台。电子政务旨在为政府机关建设一套综合业务管理和分析辅助决策的工具。空间数据基础框架是电子政务建设的基础,政务办公业务综合资源数据库是电子政务建设的核心。政府办公业务综合资源数据库所涉及的信息是多方面的,既有政府办公自动化和政府 MIS 中的大量政务数据,更需要 GIS 的地理空间数据。其中地理空间数据是政务数据信息载体和空间定位基础。

国内外电子政务的研究和应用实践证明:政府机关的综合业务管理和辅助决策活动80%以上与地理空间分布相关。这是因为政府的业务活动都是在一定地域的地理空间内发生的,脱离地理空间的业务管理和决策活动往往带有主观性和片面性,难以实施科学决策。事实上,已经启动的金字重点应用系统都毫无例外地与地理空间数据紧密相关。以"金水工程"为例,大型水利工程的规划和建设、水资源的合理配置、南水北调工程以及建设全国七大江河流域的防汛抗灾信息系统等都需要多源、多尺度、多时相空间数据框架(SDI)的支持。

(2) GIS 赋予电子政务以空间辅助决策的功能。没有 GIS 空间数据参与的统计型政府管理信息系统,一般只能用于事物处理、综合业务管理和非空间分析决策。比如,政府机构在研究可持续发展、农村城镇化等发展战略及引黄等重大建设工程时,如果不使用地理空间数据,也不采用 GIS 等先进技术,就难以获得有说服力的分析结论,更难以作出科学决策。而 GIS 技术的使用,则为电子政务的海量数据管理、多源空间数据(地图数据、航空遥感数据、卫星遥感数据、卫星定位数据、外业测量数据等)和非空间数据的融合、Web、GIS 技术和自主版权软件系统的开发、空间分析、空间数据挖掘等提供了技术支撑,从而可提高政府机构的科学决策水平和决策效率。

(3) GIS 可以为电子政务提供清晰易读的可视化工具。政府机关业务管理和辅助决策过程的可视化是政府工作信息化和政府办公信息系统领域的重要研究课题,更是电子政务建设所追求的目标。以地理空间数据和社会经济等非空间数据整合为基础的 GIS 可以通过制作面向应用的专题地图、专题系列地图、多媒体动态电子地图系统、三维显示技术和虚拟现实技术等手段可以为电子政务提供空间辅助分析和决策的可视化平台,从而大幅度提高政府决策活动的质量和效率。

3.3.5　政务智能系统

政务智能系统的总体框架如图3-32所示,其中 RS 为遥感系统,它能够定期捕捉城市地理空间的信息,将不断变化的地理空间信息集成到地理信息系统(GIS)的数据库中,保持 GIS 数据的新鲜性和空间决策的科学性;GPS 为全球定位系统,它可以将重要的空间资源进行统一的定位(例如车辆、重要物资、军事目标等),GPS 数据可以集成到 GIS 的电子地图上,实现静态和动态地理数据可视化和可分析化;以 GIS、GPS 和 RS 为一体化的空间技术方案,可以解决政务管理对空间信息的获取、更新、分析和处理。不同于普通的数据库,图3-32的数据库是集成空间信息的数据库和数据仓库,因此政务智能系统就有了空间查询分析能力。

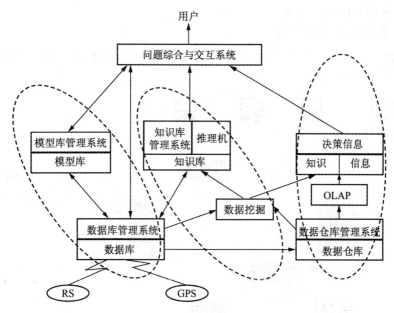

图 3-32 政务智能系统的总体框架

综合上述决策支持系统的体系和功能研究,按照红色椭圆圈定的范围,可以将政务智能系统的分析功能分为三个主体:

第 1 个主体:模型库系统与数据库系统结合的主体,该主体完成多模型的组合与大量共享数据的处理,主要为决策问题提供定量分析;

第 2 个主体:数据仓库系统与 OLAP 结合的主体,该主体完成对数据仓库中数据的综合、预测和多维数据分析,是利用数据资源辅助决策的。

第 3 个主体:专家系统和数据挖掘结合的主体,数据挖掘从数据库和数据仓库提取知识和规则,放入专家系统的知识库中,利用知识资源辅助定性决策的,由知识推理的专家系统达到定性分析辅助决策。

因此,具有空间分析能力、查询分析能力、定量计算能力、定性推理能力和知识发现能力的政务智能系统,是理想的政务智能体系。

案例

政务智能系统——基于 WEB 环境的防汛会商系统

防汛会商系统是服务于各级防汛指挥部门领导会商决策需要而开发的基于 Web 方式的防汛信息查询显示分析系统。主要信息内容包括基础信息、气象信息、水情信息、雨情信息、工情信息、旱情信息、灾情信息等,系统数据库基于"国家防汛指挥系统"涉及的十大数据库表结构设计,应用系统采用 COM/DCOM 编程技术和 WEBGIS 技术实现。

1. 系统的网络拓扑结构

系统设计采用基于 B/S(浏览器/服务器)结构的 WebGIS 方案,系统网络拓扑图如图3-33所示。

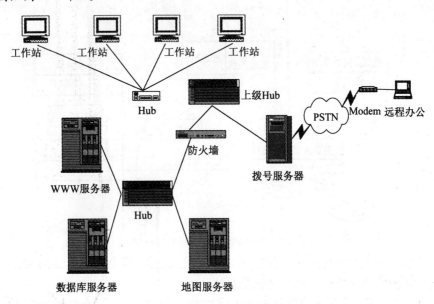

图 3-33　防汛会商系统网络结构

(1) 地图服务器。地图服务器主要提供电子地图的发布、查询、分析等图形服务,它基于 WebGIS 构建,相关的属性数据可以从数据库服务器获取。

(2) WEB 服务器。WEB 服务器将以主页的方式向用户提供信息,由于采用了动态主页技术和 JAVA 编程,用户将通过浏览器实现灵活的交互,以获得各种有用的信息。

WEB 服务器还承担系统的计算分析任务,由许多计算模块构成,包括洪水预报计算、水情分析、洪水调度等。

(3) 数据库服务器。数据库服务器用来管理防汛综合数据库(实时和历史气象、水、雨、工、灾、险等重要信息和其他与防汛相关的基本资料等),同时也可以保存洪水预报成果和其他中间计算结果。

2. 系统的功能

"防汛会商系统"按照功能划分为四个模块,结构如图3-34所示。

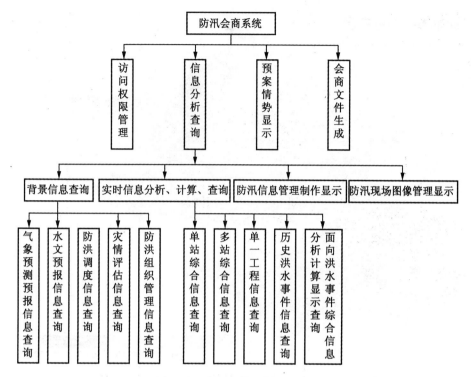

图 3-34 防汛会商系统功能结构

（1）访问权限管理。管理主要会商账号，确定其身份和使用权限。功能模块如图3-35所示。

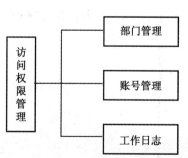

图 3-35 防汛会商系统权限管理

（2）信息分析查询。所有信息查询都提供矢量电子地图的操作功能。

气象信息查询，如图3-36所示。主要采用气象局传输过来的气象资料和预报成果，建立气象信息查询系统，主要内容包括：卫星云图、雷达回波图、热带风暴、天气预报、降水数值预报、重要天气过程再现等。

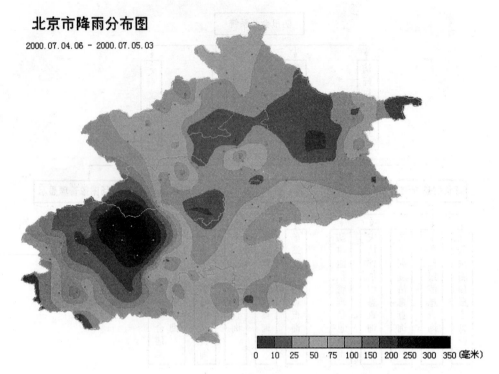

图 3-36　气象信息查询

　　水文信息查询，如图3-37所示。主要内容包括雨情信息查询，如图3-38所示，水库水情、河道水情、雨量报表、水情报表等内容。

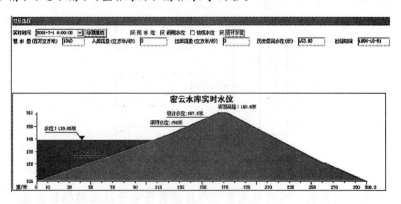

图 3-37　水文信息查询

　　防洪调度信息查询：包括工程调度规则管理及调度方案形成、调度方案的风险分析及灾情评估。

　　灾情评估信息查询：主要内容包括：洪涝灾害统计图表、历史较大洪灾情况、

图 3-38　雨情信息查询

洪水淹没风险图以及风灾、雹灾、水毁工程信息等。

防洪组织管理信息查询：提供防洪抢险组织管理信息查询，并为防汛决策的实施提供支持。主要内容包括防汛指挥机构和责任制查询、险情信息查询、抢险物资仓库查询、防洪抢险规程查询、抢险队伍查询、防汛值班信息查询等。

（3）实时在线分析。

• 汛情统计：包括最大值统计（如最大时段降雨量、最大 1 日降雨量、最大 3 日降雨量、最大 7 日降雨量、最大 15 日降雨量、最大 30 日降雨量、最大 60 日降雨量；最高水位、最大流量；最大蓄量）、超值统计（如超设防、超坝顶）、累计值统计（如累计蓄水量、累计泄量、累计洪量）、水量平衡分析、历史排队、水位超限时间、重现期及洪量统计。

• 洪水组成分析：对干流控制站以人工交互方式分析其场次洪水组成、汛期洪水组成、当年洪水组成及多年平均洪水组成，即上游来水与区间来水的比例。

洪水转播时间分析：以人工交互方式辅助用户进行实时洪水及历史洪水的区间洪峰转播时间分析。

• 面平均雨量分析：以人工交互方式由用户给定的权重法或泰森多边形法以图上作业的方式求得面平均雨量供预报使用。

• 暴雨（洪水）频率分析：由历史暴雨（洪水）资料排队计算其频率，画出暴雨（洪水）频率曲线图。由暴雨（洪水）资料就可以自动得出本次暴雨是多少年一遇，其操作全部在图上完成。

• 降雨径流经验相关图：制作 $P—R$ 经验相关图，由前期土壤含水量作为参数（或 Pa，季节，T 作为参数）得到 $R=f(P,Pa)$ 或 $R=f(P,Pa,$季节，$T)$ 的相关关系并以图形化的方式表现出来。用户可以通过在图上（或直接输入参数）调整参数值得到理想结果。

（4）防汛信息制作管理显示。防汛概况：在电子地图的基础上，采用多媒体技术对防汛的主要情况进行介绍，重点介绍历史洪水、防洪工程、水利工程、水利建设成就等基本情况。通过声音、照片、录像、三维动画等多媒体手段在电子地图上进行交互查询，对防汛形势进行分析和介绍。

防汛现场图像管理显示：通过多种手段，如录像机、数码相机等设备，将现场的一些特征场景传送到防汛指挥部中心，为领导决策提供直观的现场资料。

3. 预案情势显示

（1）预测预报分析结果。主要是指其他业务系统对当前的防汛抗旱形势作出的模拟仿真，预测预报分析结果。主要包括如下结果：

· 天气形势分析结果，查询气象部门所提供的卫星云图、天气实况、雷达测预资料、数值预报结果；

· 水文预报分析结果，查询水文预测、预报及调度演算的结果；

· 防洪调度信息，查询防洪调度方案集，主要包括：调度条件、调度结果、工程状况及风险分析；

· 灾情评估分析结果，灾情及灾情评估以及受灾地区的社会经济信息、地理信息为支持，对实时灾情位置、状况作出分析处理的结果。

（2）动态显示。根据雨水情的实况、洪水预报及未来天气的变化趋势，按照洪水调度方案，二维或三维动态显示河道或行蓄洪区的洪水发展情势，以及水库、闸坝、堤防等工程的实时防汛情势的媒体播放。

4. 会商文件生成

功能模块如图3-39所示。

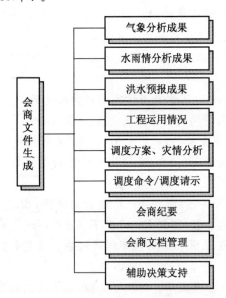

图 3-39　会商文件的功能模块图

防汛会商提供了一个信息化平台，它能够把会商前后所需的防洪形势分析和调度预案等汇总起来，并在会商汇报时，能以图、文、声并茂的方式输出。概括的讲,会商过程产生二类结果,一类是会商程序性文档。程序性文档主要包括以下内容:会商时间;主要参加人员;会商主题;主要会商意见;决策指令。技术性文档指会商最终确定的预测预报调度方案,该方案应存档备查。

(1) 气象分析成果。本模块提供历史和实时的卫星云图、雷达回波图、来自气象部门的天气预报以及降水数值预报成果等信息。

(2) 水情分析成果。对实时和历史的水雨情进行分析比较,提供暴雨中心区和水位超高报警的动态信息,实时统计时段雨水情信息。

(3) 洪水预报成果。通过水文模型的分析计算,给出洪水预报成果,可以根据假设条件或历史洪水数据实时计算洪水发展趋势。

(4) 工程运用情况。显示各防洪工程的运用调度情况,能够在电子地图上查询每个工程的工程资料和实时水情、运用调度情况。

(5) 调度方案及灾情分析。本模块可以查询各主要防洪工程的调度预案以及已经采取的调度方案,可以根据洪水预报成果进行调度方案分析比较,可以对已经发生的灾情进行评估,对灾情的发展进行预测分析。

(6) 调度命令/调度请示。能够编辑、发布、管理汛情通报,能发布调度命令和调度请示。

(7) 会商纪要。本模块能够对会商人员的姓名、防汛职责、决策中的作用、决策的意见进行记录和整理,形成标准文档。

(8) 会商文档管理。对会商过程中的各种文件、决议、调度方案、调度命令等资料进行统一管理。

(9) 辅助决策支持。

防汛指挥决策属于事前决策、风险决策和群体决策,是一个非常复杂的过程。根据我国各级防汛指挥机构的职能和任务,需要及时、准确地监测、收集所辖区域的雨情、水情、工情和灾情,对防汛形势做出正确分析,对其发展趋势作出预测和预报。一旦预测可能出现灾害性汛情,需要对洪水过程做出预报,根据现有防洪工程情况和调度规则制定调度方案,做出防洪决策,下达防洪调度和指挥抢险的命令,并监督命令的执行情况、效果,根据雨情、水情、工情、灾情的发展变化情况,做出下一步决策。在决策分析中不但要用行之有效的模型、方法对确定性问题求解,还要根据协议、规则、规定和防洪专家的经验,解决半结构化和非结构化的问题。

由于洪水的突发性、历史洪水的不重复性和复杂的社会政治经济等条件,还要能按决策者的意图,迅速、灵活、智能地制订出各种可行方案和应急措施,使决策者能有效地应用历史经验减少风险,选出满意方案并组织实施,以达到在保证工程安全的前提下,充分发挥防洪工程效益,尽可能减少洪灾损失。

第4章 电子政务的技术基础

电子政务系统目前正向统一标准、统一平台、协同业务的一体化方向发展,未来电子政务将构建在宽带网络、大型数据管理和信息系统安全基础之上,通过整合优化政府信息资源、信息共享,实现政府各职能部门的核心业务流程和内部办公自动化;实现跨部门的协同业务流程和协同办公;通过政府网站门户,实现政府信息资源社会共享、社会信息收集和完成公共管理及各种个性化服务。因此,电子政务实质上是利用信息技术和相关技术对工业时代的政府形态进行改造,使政府更适合信息时代的运行方式。

从技术的角度:电子政务是基于网络技术、数据库技术、3S 技术(GIS 技术、RS 技术、GPS 技术)、数据仓库和数据挖掘技术、空间数据挖掘技术、空间决策技术、移动通信技术、网格计算技术、多媒体技术、标准化技术、信息安全技术和虚拟存储技术等的政务信息管理系统。

在本章我们重点介绍网络技术、数据库技术、网格计算技术、计算机协同技术、工作流技术。电子政务中的其他一些核心技术我们会在另外的章节中穿插介绍。

4.1 计算机网络

4.1.1 电子政务网络系统

电子政务网络系统以统一的安全电子政务平台为核心,共同组成一个有机的整体,包括面向政府内部业务管理和办公的政务内网;通过通信专线和其他政务内网之间进行数据交换、信息共享和业务协同的政务专网;以及通过公共网络连接到 Internet 的面向企业和公众服务的政务外网及政府网站。在电子政务内网和外网之间,一般需要物理隔离措施保证网络安全。图4-1是电子政务的网络结构。

1. 电子政务内网

政府业务内部网通常是在一个较小的地理范围内各种计算机网络设备互联在一起的 Intranet。通常物理设备之间的距离局限在几千米范围之内。在内部网

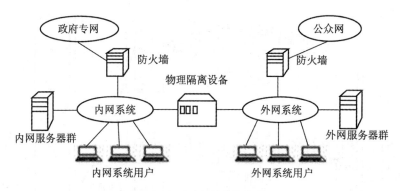

图 4-1　电子政务的内网与外网

上可以实现政府内部的文件流转,工作日程安排、会议安排、财务管理、人力资源管理等政府内部业务的电子化管理。所以,电子政务内网侧重于政府日常协同办公运作,并运用先进的数据交换,共享,采集,发布手段,使得各政府机构在同一平台上传递信息、开展业务,可以促进原来分散的业务系统的整合,加速不同部门之间、不同行业之间的信息交流,紧密地将神经网络中的各级政府部门政务内网(含业务系统),企事业单位结合在一起,实现协同政务,资源共享,科学决策。

2. 政务专用网

政府间业务专用网利用通信专线,实现不同地理位置,跨政府都门之间的内部网络连接。VLAN(虚拟局域网技术)和 VPN(虚拟专用网技术)的广泛应用,很好地解决了政府间业务专用网的安全性和连通性的矛盾,通过对 VLAN 和 VPN合理的配置和管理,能够保证各行业业务系统内部的安全,确保政府各协作部门之间、行业机构之间业务沟通的顺畅、实现了信息共享范围的可控,协同工作,密切了各部门、行业之间的关系、使政府部门的行动更加协调。图4-2是政府业务内部网结构。

3. 电子政务外网

政务外部网络系统一般通过公共通信线路和网络连接到互联网(Internet)上,门户网站是其主要外部表现形式。各政府部门通过政府网站提供对社会公众、企业信息发布和信息采集。政府网站是政府与民众之间最直接的交互平台,是公共行政部门政务公开、网上办事、对外宣传、形象展示以及与社会公众和政府交流、业务受理和咨询的平台和窗口。

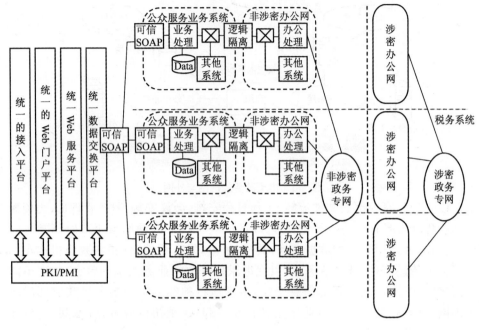

图 4-2　政府业务内部网结构

4.1.2　计算机网络的协议

1. 计算机网络的概念

计算机网络就是把分布在不同地理区域的计算机与专门的外部设备用通信线路互连成一个规模大、功能强的网络系统，从而使众多的计算机可以方便地互相传递信息，共享信息资源。

计算机网络是计算机技术和通信技术相结合的产物，一个计算机网络是由通信介质、设备、软件和网络规则组成的。

2. 网络协议

将数据从一台计算机传送到另一台计算机，必须按照通信双方约定好的规则进行，这些规则就是网络协议。也就是说，通过通信信道和设备互联起来的多个不同地理位置的计算机系统，要使其能协同工作实现信息交换和资源共享，它们之间必须具有共同的语言。交流什么、怎样交流及何时交流，都必须遵循某种互相都能接受的规则。

为了避免出现网络上的协议由各个公司制定产生的网络资源无法共享的局

面,国际标准化组织 ISO(International Standard Organization)定义出一个网络协议的标准层次——七层网络协议——OSI(Open System Interconnection)。

ISO 定义的七层网络协议有:应用层、表示层、会话层、传输层、网络层、数据链路层和物理层。七层网络协议中的每一层都有相应的协议和独立的功能,较低层次通过层接口向上一层提供服务。而且不同系统之间进行通信,相同层次使用对等协议进行通信处理。七层协议的逻辑结构如图4-3所示:

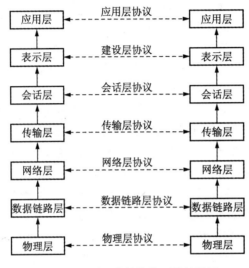

图4-3　七层网络协议的逻辑结构图

(1) 物理层。物理层位于 OSI 参与模型的最低层,它直接面向实际承担数据传输的物理媒体(即信道)。物理层的传输单位为比特。物理层是指在物理媒体之上为数据链路层提供一个原始比特流的物理连接。物理层协议规定了与建立、维持及断开物理信道所需的机械的、电气的、功能性的和规程性的特性。其作用是确保比特流能在物理信道上传输。

物理层定义了为建立、维护和拆除物理链路所需的机械的、电气的、功能的和规程的特性,其作用是使原始的数据比特流能在物理媒体上传输。具体涉及接插件的规格、"0"、"1"信号的电平表示、收发双方的协调等内容。

其中,机械特性规定了物理连接时对插头和插座的几何尺寸、插针或插孔芯数及排列方式、锁定装置形式等;电气特性规定了在物理连接上导线的电气连接及有关的电路的特性,一般包括:接收器和发送器电路特性的说明、表示信号状态的电压/电流电平的识别、最大传输速率的说明以及与互联电缆相关的规则等;功能特性规定了接口信号的来源、作用以及其他信号之间的关系;规程特性规定了使用交换电路进行数据交换的控制步骤,这些控制步骤的应用使得比特流传输得以完成。

（2）数据链路层。数据链路层最基本的服务是将源机网络层来的数据可靠地传输到相邻节点的目标机网络层。为达到这一目的，数据链路层必须具备一系列相应的功能，它们主要有：如何将数据组合成数据块，在数据链路层中将这种数据块称为帧，帧是数据链路层的传送单位——数据组织功能；如何控制帧在物理信道上的传输——流量控制功能，包括如何处理传输差错——差错控制功能，如何调节发送速率以使之与接收方相匹配——帧同步功能；在两个网路实体之间提供数据链路通路的建立、维持和释放管理——链路管理功能。

比特流被组织成数据链路协议数据单元（通常称为帧），并以其为单位进行传输，帧中包含地址、控制、数据及校验码等信息。数据链路层的主要作用是通过校验、确认和反馈重发等手段，将不可靠的物理链路改造成对网络层来说无差错的数据链路。数据链路层还要协调收发双方的数据传输速率，以防止接收方因来不及处理发送方发来的高速数据而导致缓冲器溢出及线路阻塞。

（3）网络层。网络层是 OSI 参考模型中的第三层，介于运输层和数据链中路层之间。它在数据路层提供的两个相邻端点之间的数据帧的传送功能上，进一步管理网络中的数据通信，将数据设法从源端经过若干个中间节点传送到目的端，从而向运输层提供最基本的端到端的数据传送服务。网络层关系到通信子网的运行控制，体现了网络应用环境中资源子网访问通信子网的方式，是 OSI 模型中面向数据通信的低三层（也即通信子网）中最为复杂、关键的一层。网络层的目的是实现两个端系统之间的数据透明传送，具体功能包括路由选择、阻塞控制和网际互联等。

数据以网络协议数据单元（分组）为单位进行传输。网络层关心的是通信子网的运行控制，主要解决如何使数据分组跨越通信子网从源传送到目的地的问题，这就需要在通信子网中进行路由选择。另外，为避免通信子网中出现过多的分组而造成网络阻塞，需要对流入的分组数量进行控制。当分组要跨越多个通信子网才能到达目的地时，还要解决网际互联的问题。

（4）传输层。OSI 七层模型中的物理层、数据链路层和网络层是面向网络通信的低三层协议。运输层负责端到端的通信，既是七层模型中负责数据通信的最高层，又是面向网络通信的低三层和面向信息处里的高三层之间的中间层。传输层位于网络层之上、会话层之下，它利用网络层子系统提供给它的服务区开发本层的功能，并实现本层对会话层的服务。

传输层是 OSI 七层模型中唯一负责总体数据传输和控制的一层。运输层的两个主要目的是：①提供可靠的端到端的通信；②向会话层提供独立于网络的运输服务。传输层是第一个端—端，也即主机—主机的层次。运输层提供的端到端的透明数据运输服务,使高层用户不必关心通信子网的存在,由此用统一的运输原语书写的高层软件便可运行于任何通信子网上。运输层还要处理端到端的差错控制和流量控制问题。

(5) 会话层。会话层在两个实体间建立通信伙伴关系,进行数据交换和会话管理(会话连接、数据传送、释放连接)。

会话层是进程—进程的层次,其主要功能是组织和同步不同的主机上各种进程间的通信(也称为对话)。会话层负责在两个会话层实体之间进行对话连接的建立和拆除。在半双工情况下,会话层提供一种数据权标来控制某一方何时有权发送数据。会话层还提供在数据流中插入同步点的机制,使得数据传输因网络故障而中断后,可以不必从头开始而仅重传最近一个同步点以后的数据。

(6) 表示层。OSI 环境的低五层提供透明的数据传输,应用层负责处理语义,而表示层则负责处理语法,由于各种计算机都可能有各自的数据描述方法,所以不同类型计算机之间交换的数据,一般需经过格式转换才能保证其意义不变。表示层要解决的问题是如何描述数据结构并使之与具体的机器无关,其作用是对原站内部的数据结构进行编码,使之形成适合于传输的比特流,到了目的站再进行解码,转换成用户所要求的格式。

表示层的主要功能为:①语法转换。将抽象语法转换成传输语法,并在对方实现相反的转换。涉及的内容有代码转换、字符转换、数据格式的修改以及对数据结构操作的适应、数据压缩、加密等;②语法协商。根据应用层的要求协商选用合适的上下文,即确定传输语法并传送;③连接管理。包括利用会话层服务建立表示连接,管理在这个连接之上的数据传输和同步控制以及正常或异常地终止这个连接。

(7) 应用层。应用层是开放系统互联环境的最高层。主要是为完成网络服务功能所需要的各种应用协议。如域名服务、文件传输、电子邮件等网络应用。

不同的应用层为特定类型的网络应用提供访问 OSI 环境的手段。网络环境下不同主机间的文件传送访问和管理(FTAM)、传送标准电子邮件的文电处理系统(MHS)、使不同类型的终端和主机通过网络交互访问的虚拟终端(VT)协议等都属于应用层的范畴。

3. TCP/IP 协议

网络互联是目前网络技术研究的热点之一,并且已经取得了很大的进展。现有的网络互联协议已或多或少地遵循了 OSI 模式,在诸多网络互联协议中,传输控制协议/互联网协议(TCP/IP, Transmission Control Protocol/Internet Protocol)是一个使用非常普遍的网络互联标准协议,TCP/IP 协议是美国的国防部高级计划研究局 DARPA 为实现 ARPANET 互联网而开发的,由此发展的 Internet 就是 TCP/IP 协议下实现的全球性互联网络。

TCP/IP 协议本身的分层模型如图4-4所示。以下各节侧重从体系结构的角度分层介绍 TCP/IP 的协议组。

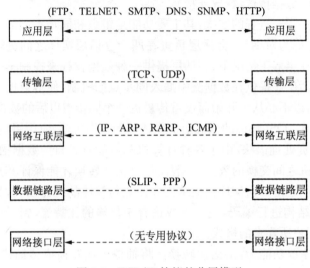

图 4-4　TCP/IP 协议的分层模型

(1) TCP/IP 的数据链路层。数据链路层不是 TCP/IP 协议的一部分,但它是 TCP/IP 赖以存在的各种通信网和 TCP/IP 之间的接口,IP 层提供了专门的功能,解决与各种网络物理地址的转换。一般情况下,各物理网络可以使用自己的数据链路层协议和物理层协议,不需要在数据链路层上设置专门的 TCP/IP 协议。

但是,当使用串行线路连接主机与网络,或连接网络与网络时,例如用户使用电话线和 MODEM 接入或两个相距较远的网络通过数据专线互联时,则需要在数据链路层运行专门的 SLIP(Serial Line IP)协议的 PPP(Point to Point Protocal)协议。

SLIP 协议　SLIP 提供在串行通信线路上封装 IP 分组的简单方法,用以使得远程用户通过电话线和 MODEM 能方便地接入 TCP/IP 网络。

SLIP 是一种简单的组帧方式,使用时还存在一些问题。首先,SLIP 不支持在连接过程中的动态 IP 地址分配,通信双方必须事先告知对方 IP 地址,这给没有固定 IP 地址的个人用户上 Internet 带来了很大的不便;其次,SLIP 帧中无协议类型字段,因此它只能支持 IP 协议;再有,SLIP 帧中列校验字段,因此链路层上无法检测出传输差错,必须由上层实体或具有纠错能力的 MODEM 来解决传输差错问题。

PPP 协议　为了解决 SLIP 存在的问题,在串行通信应用中又开发了 PPP 协议。PPP 协议是一种有效的点—点通信协议,它由串行通信线路上的组帧方式,用于建立、配制、测试和拆除数据链路的链路控制协议及一组用以支持不同网络层协议的网络控制协议组成,解决了个人用户上 Internet 的问题。

(2) TCP/IP 的网络层。网络层中含有四个重要的协议:互联网协议 IP、互联网控制报文协议 ICMP、地址转换协议 ARP 和反向地址转换协议 RARP。

网际协议(Internet Protocal, IP)　网际协议是不同局域网的计算机之间相互通信时共同遵守的通信协议,由于 IP 协议的存在,从而使 Internet 成为一个允许连接不同类型计算机和不同操作系统的网络。

网络层最重要的协议是 IP,它将多个网络联成一个互联网,可以把高层的数据以多个数据报的形式通过互联网分发出去。在传送时,高层协议将数据传入 IP,IP 再将数据封装为互联网数据包,并交给数据链路层协议通过局域网传送。若目的主机直接连在本网中,IP 可直接通过网络将数据包传给目的主机;若目的主机在远在网络中,则 IP 路由器传送数据包,而路由器则依次通过下一网络将数据包传送到目的主机或再下一个路由器。也即一个 IP 数据包是通过互联网络,从一个 IP 模块传到另一个 IP 模块,直到终点为止。

互联网控制报文协议(ICMP)　从 IP 互联网协议的功能,可以知道 IP 提供的是一种不可靠的无法接报文分组传送服务。若路由器故障使网络阻塞,就需要通知发送主机采取相应措施。为了使互联网能报告差错,或提供有关意外情况的信息,在 IP 层加入了一类特殊用途的报文机制,即互联网控制报文协议 ICMP。

地址转换协议(ARP)　在 TCP/IP 网络环境下,每个主机都分配了一个 32 位的 IP 地址,这种互联网地址是在国际范围标识主机的一种逻辑地址。为了让报文在物理网上传送,必须知道彼此的物理地址。这样就存在把互联网地址变换为物理地址的地址转换问题。

以太网(Ethernet)环境为例,为了正确地向目的站传送报文,必须把目的站的 32 位 IP 地址转换成 48 位以太网目的地址 DA。这就需要在网络层有一组服务将 IP 地址转换为相应物理网络地址,这组协议即是 ARP。

反向地址转换协议(RARP)　反向地址转换协议用于一种特殊情况,如果站点初始化以后,只有自己的物理地址而没有 IP 地址,则它可以通过 RARP 协议,发出广播请求,征求自己的 IP 地址,而 RARP 服务器则负责回答。这样,无 IP 地址的站点可以通过 RARP 协议取得自己的 IP 地址,这个地址在下一次系统重新开始以前都有效,不用连续广播请求。RARP 广泛用于获取无盘工作站的 IP 地址。

(3) TCP/IP 的传输层。TCP/IP 在这一层提供了两个主要的协议:传输控制协议(TCP)和用户数据协议(UDP)。

传输控制协议(Transport Control Protocol,TCP)　传输控制协议是一种数据传输协议,使不同的计算机之间建立通信会话,并通过对传输方式的控制,提供可靠的数据传输的一系列规则。

TCP 提供的是一种可靠的数据流服务。当传送受差错干扰的数据,或基础网络故障,或网络负荷太重而使网际基本传输系统(无连接报文递交系统)不能正常工作时,就需要通过其他协议来保证通信的可靠。TCP 就是这样的协议,它对应于 OSI 模型的运输层,它在 IP 协议的基础上,提供端到端的面向连接的可靠传输。

用户数据报协议(UDP)　用户数据报协议是对 IP 协议组的扩充,它增加了一种机制,发送方使用这种机制可以区分一台计算机上的多个接收者。每个 UDP 报文除了包含某用户进程发送数据外,还有报文目的端口的编号和报文源端口的编号。UDP 的这种扩充,使得在两个用户进程之间的递送数据报成为可能。

(4) TCP/IP 的应用层。TCP/IP 的应用层可以看作是 OSI 的上三层参考模型的功能集成,TCP/IP 的应用层也没有非常明确的层次划分。其中 FTP、TELNET、SMTP、DNS 是几个在各种不同机型上广泛实现的协议,TCP/IP 中还定义了许多别的高层协议。

文件传输协议 (FTP)　文件传输协议是网际提供的用于访问远程机器的一个协议,它使用户可以在本地机与远程机之间进行有关文件的操作。FTP 工作时建立两条 TCP 连接,一条用于传送文件,另一条用于传送控制。

FTP 采用客户/服务器模式,它包含客户 FTP 和服务器 FTP。客户 FTP 启动传送过程,而服务器对其做出应答。客户 FTP 大多有一个交互式界面,使用权客户可以灵活地向远地传文件或从远地取文件。

远程终端访问(TELNET)　TELNET 的连接是一个 TCP 连接,用于传送具有 TELNET 控制信息的数据。它提供了与终端设备或终端进程交互的标准方法,支持终端到终端的连接及进程到进程分布式计算的通信。

域名服务(DNS)　DNS 是一个域名服务的协议,提供域名到 IP 地址的转换,允许对域名资源进行分散管理。DNS 最初设计的目的是使邮件发送方知道邮件接收主机及邮件发送主机的 IP 地址,后来发展成为又服务于其他许多目标的协议。

简单邮件传送协议(SMTP)　互联网标准中的电子邮件是一个单间的基于文件的协议,用于可靠、有效的数据传输。SMTP 作为应用层的服务,并不关心它下面采用的是何种传输服务,它可能过网络在 TCP 连接上传送邮件,或者简单地在同一机器的进程之间通过进程通信的通道来传送邮件。

4.1.3 WEB 技术

Web 是 WWW(World Wide Web)的简称,又称为"万维网"。但 Web 究竟是什么,目前尚无公认的定义。简单地说,Web 是建立在客户机/服务器(Client/Server)模型基础之上,以 HTML 语言和 HTTP 协议为基础,能够提供面向各种 Internet 服务的、一致的用户界面的一种信息服务系统。

1. Web 的定义

Web 的定义可以从以下几个方面来理解:

(1) Web 是 Internet 提供的一种服务。由于 Web 发展迅猛,使得有些人认为 Web 就是 Internet,实际上 Web 只是建立在 Internet、采用 Internet 协议的一种信息服务系统。通过 Web 可以访问到 Internet 中的所有文件,无论是文本文件、图形文件,还是音频文件、视频文件。

(2) Web 是一个巨大的信息宝库。Web 是存储在全世界范围内的 Internet 服务器中数量巨大的信息集合。可以这样认为,Web 是全世界最庞大的、实用的、可共享的信息库。

(3) Web 上的信息彼此关联。Web 上大量的信息是由彼此关联的文档组成的,这些文档被称为主页(Home Page)或页面(Page),它是一种超文本信息,通过超链接将它们连接在一起。由于超文本的特性,用户可以方便地看到文本、图形、视频、音频等多种媒体信息。

(4) Web 上的信息保存在 Web 站点中。Web 站点即是 Web 服务器,用户可以通过浏览器(Browser)方便地浏览 Web 站点上的内容。因此,Web 是一种基于客户机/服务器(C/S)的体系结构。可以说,Web 是一种全球性的信息服务系统,Internet 通过该系统在计算机之间相互传递基于超媒体的数据信息。

(5) Web 简单易用。Web 以一种简单的方式连接全世界范围内的超媒体信息,任何人只要点击鼠标即可浏览内容,浏览器通常是标准的应用程序,而页面与平台无关等。由于易于使用,基于 Web 开发的各种应用也易于实现跨平台,因此开发成本较低,而且基于 Web 的应用简单易用。

2. 服务器与客户端

(1) 服务器的概念。服务器是网络层次上的计算机概念,作为网络的核心,服务器就是向其他网络设备包括台式电脑、网络浏览器等客户端提供服务支持,并向客户端提供大量的网络管理功能。"服务器就是服务"的设备。

服务器的主要性能指标包括:

响应速度——从输入数据到服务器完成任务的时间。

吞吐量——是整个服务器在单位时间内完成的任务量。

平衡能力——根据需求和服务器具体的工作环境和状态,调整用户对系统资源的占用,达到服务的优化。

扩展性——用户可以根据需要随时增加有关部件,以提高系统的总体性能。

可靠性——是指服务器正常运行时间所能达到的比例。

易用性——指服务器在运行时方便于使用、控制、维护、整合和支持的能力。如部件的故障预警、远程维护等的方便性。

(2)服务器的应用。根据服务器服务功能的差别,可以划分为:Web 服务器、应用服务器(FTP 服务器、Mail 服务器、文件共享服务器、域名服务器)、数据库服务器等。

Web 服务器 Web 服务器是根据客户端浏览器的服务请求向其发送相关信息的设施。它是客户端浏览器与系统信息资源之间的基本媒介。

应用服务器 FTP 服务器:FTP 就是 File Transport Protocol 文件传输协议的缩写,FTP 服务器能够在网络上提供文件传输服务。FTP 服务器根据服务对象的不同,可分为匿名服务器和系统 FTP 服务器。

邮件服务器:电子邮件系统一般包括邮件用户代理和邮件传送代理两部分。邮件用户代理是邮件系统为用户提供的可以读写邮件的界面;而邮件传送代理运行在底层,是处理邮件收发工作的。简单地说,用户可以使用邮件用户代理写信、读信,而通过邮件传送代理收信、发信。

文件共享服务器:政务活动在网络上运行,相互之间的文件共享、存储和访问是普遍的行为。文件共享服务器将互联网文件共享为相关联的整体,提供快速的分布式文件访问,在互联网上共享用户文件,使用户可以通过浏览器在全球范围内访问和共享他们的文件。

核心业务服务器:核心业务服务器的作用主要是处理政务中的一些核心的业务逻辑,如对计划工作中计划步骤处理支持,相关数据请求和提供的支持,部门商议和信息确认的协同处理支持等,或者对网络上分布式的任务来源提供管理和服务。

数据库服务器 电子政务网中来自内网或来自外网的用户和程序,都有可能调用或存储相关信息,对多个用户实施管理,以有效、安全、完整地利用数据库的数据,这就必须要建立数据服务机制,即数据库服务器。

数据库服务器可以管理和处理接受到的数据访问请求,包括管理请求队列、管理缓存、响应服务、管理结果和通知服务完成;管理用户账号、控制数据库访问权限和其他安全性;维护数据库,包括数据库数据备份和恢复,保证数据库数据的完整或为客户提供完整性控制手段等等。

（3）客户端的概念。客户端和服务器是建立在网络基础上的共生关系概念。客户端的概念内涵和外延,与服务器之间的结构关系在不断地发生变化。

客户端有时是指联机在某个服务器的终端机,可以执行信息的输入输出工作;也可以是通过专线远程连接的上级或下级机构的终端设备或工作站;有时是指连接在政府机构内网上的一个普通的 PC 等等。

（4）客户端与服务器的体系结构。从客户端与服务器的构成关系角度来看,客户端的作用是逐渐变化的,如图4-5所示。

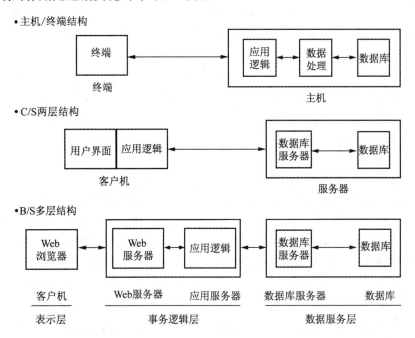

图 4-5　客户端与服务器的体系结构演进

主机/终端结构　在 20 世纪 60 到 80 年代,网络应用主要是集中式的,采用主机/终端模式,数据处理和数据库应用全部应用在主机上,终端没有处理能力。这样,当终端用户增多时,主机负担过重,处理性能显著下降,造成主机"瓶颈"。

客户机/服务器结构(Client/Server,C/S)　客户机/服务器是 20 世纪 80 年代产生的应用模式,这种模式把 DBMS 安装在数据库服务器上,数据处理可以从应用逻辑中分析出来,形成前后台任务:客户机运行应用逻辑,完成屏幕交互和输入、输出等前台任务,服务器则运行 DBMS,完成大量的数据处理及存储管理等后台任务。

客户机/服务器的优点是:通过客户机和服务器的功能合理分布,均衡负荷,从而在不增加系统资源的情况下提高了系统的整体性能;系统的开放性也更好,在应用需求扩展或改变时,系统功能容易进行相应的扩充或改变,从而实现系统的规模优化;系统的可重用性增强,系统的维护工作量大为减少,资源可利用性大大提高,使系统整体应用成本降低。

客户机/服务器的缺点是:由于网络应用功能的极大丰富与膨胀,在 C/S 的构架中,客户机越来越多地加载过重的事务逻辑处理和计算,最终将导致客户端承担过重的负荷而不适应需求,影响网络效率。

浏览器/服务器(Browser/Server,B/S)多层结构　B/S 多层结构实质上是客户机/服务器结构在新技术条件下的延伸。在 B/S 结构中,用户可以通过浏览器向网络上的服务器发出服务请求,由 Web 服务器作为中转和协调器,将任务转交相关的功能服务器来承担,处理和计算后再由 Web 服务器发送给浏览器。

因为对数据库的访问和应用程序的执行基本上是在服务器上完成的,所以极大地简化了客户机的工作,客户机上只需安装、配置少量的客户端软件即可。客户机/服务器结构自然延伸为多层结构,形成浏览器/服务器(B/S)应用模式。

B/S 的体系结构可以分为三个层次:表示层、事务逻辑层、数据服务层。

表示层:即 Web 浏览器,其主要作用是由 Web 浏览器向网络上的某一 Web 服务器提出服务请求,并接收和显示 Web 服务器返回的信息。

事务逻辑层:该层的主要任务是接受、处理来自各个浏览器的服务请求,与数据库建立连接,向数据库服务器转交数据处理请求,将结果传送回各个浏览器。

数据服务层:数据服务层的任务是接受 Web 服务器对数据库进行的请求,实现对数据库查询、调用、修改、更新等功能,把结果提交给 Web 服务器。

(5)浏览器与服务器的工作机理。浏览器作为客户端的软件,通过搜索链接的 URL(统一资源定位器)来定位信息,并采用超文本传输协议(HTTP)接受和显示用超文本标注语言 HTML 编码的文档。因此,Web 浏览器的核心功能来源于信息的编码,即超文本标注语言 HTML 以及越来越广泛使用的可扩展标注语言 XML。

HTTP　超文本传输协议(HTTP,Hyper-Text Transport Protocol)是 Internet 用于传输超文本信息的通信协议,属于 TCP/IP 协议集合中的一个成员。

Web 浏览器与服务器之间使用 HTTP 协议进行通信,服务器利用 HTTP 控制 HTML 文件的工作,Web 浏览器使用 HTTP 解释 HTML 文件,显示各种数据对象。HTTP 包括以下四个部分:客户机和服务器建立的 TCP 连接;客户机向服务器提交请求;服务器处理请求,返回所请求的信息,或者返回一个响应,指出不能答复用户请求;服务器或客户机关闭 TCP 连接。

HTML　HTML(超文本标记语言)是 HyperText Markup Language 的缩写,

它是由 SGML(Standard General Markup Language)即标准通用语言所衍生出来的一种通用文档,用来定义信息表现方式,由具有一定语法结构的标记符和普通文档组成。

HTML 是网络上建立文本通信的通用语言,它的存在使得任何平台的计算机在 WWW 上共享信息。它是一种简单、通用的标记语言,它允许网页制作人建立文本与图片相结合的复杂页面。用 HTML 格式书写的文件,无论是在 PC/MS-Windows 平台,还是 UNIX 操作系统中,都能正确地执行,不会因为操作平台与应用逻辑的差异而发生读取障碍,HTML 文档会正确的告诉 Web 浏览器如何显示信息、如何进行链接。

HTML 是构造超文本文件的计算机语言,超文本在 Internet 上传递是借助于超文本传输协议,超文本中依赖大量的超文本链接将网络资源联系在一起。所谓超文本,它既是一种信息的组织形式,也是一种信息检索技术。超文本不是单纯以线性方式存储文本,而是附加了一种非线性结构组织信息,即在顺序的文本中设置若干超链接指向相关位置,以确保在顺序阅读文献的同时,还可以顺着超链接“跳跃”阅读信息。超文本强调了信息与对象之间的联系关系,符合人们联想式的阅读和思维习惯。

Web 主要依靠超文本作为与用户联系的桥梁,在超文本里包含着一些可以做链接的词、词组、图标、网址等内容。通过超文本技术,用户只要用鼠标点击所需要的内容,就能进入另一个相关文档。

XML　XML 是可拓展标注语言(eXtensible Markup Language)的英文缩写,XML 是与 HTML 以相同的方式在 Web 上使用的、表示信息并作为信息交换标准的语言规范。XML 的出现,主要是因为 HTML 的作用虽然巨大,但在某些方面还不理想。

HTML 主要侧重在表现信息的外观和编排形式,而缺乏对信息内容结构的表达,使得信息内容的检索和智能利用受到限制。XML 与 HTML 最大的不同是,XML 注重于内容的表达,或者说 XML 擅长于对信息内涵的表达。XML 作为交流媒介,更有利于信息技术设备对信息内容的传递、识别和交换。同时,由于XML 可以对各种类型的信息进行标注,变成具有结构的内容,因此可以作为各个异构系统的交流媒介。特别是由于 XML 在长期保存信息方面具有 HTML 不可比拟的优势,因此,它特别适合电子文件的长期保存。

4.1.4　计算机网络的类型

网络的类型有很多,而且有不同的分类依据。网络按交换技术可分为:线路交换网、分组交换网;按传输技术可分为:广播网、非广播多路访问网、点到点网;

按拓扑结构可分为总线型、星型、环形、树形、全网状和部分网状网络；按传输介质又可分为同轴电缆、双纽线、光纤或卫星等所连成的网络。这里我们主要讲述的是根据网络分布规模来划分的网络：局域网、城域网、广域网和网间网。

1. 局域网

局域网(Local Area Network，LAN)是指小范围的计算机网络，一般是指一个单位构成的网络，区域范围可以是一个办公室、一栋办公楼、一个政府机构等。政府机构常常构建内部的办公网络，以便进入机构内部在电子平台上处理公务活动、交换和共享信息资源。传统局域网的传输速度一般为 10-100Mpbs，局域网通常是以直接联机方式组网的，一般通过防火墙或硬隔离措施与广域网隔离开。

在局域网上传输数据的典型方法有：以太网、令牌环网和 FDDI。

以太网　　以太网是按照 IEEE802.3 协议建立的局域网络，采用载波侦听多路访问技术，即当一个结点有报文发送且已准备就绪时，先检测信道，如信道空闲，就在下一个时间片占用信道并发送报文，若信道忙，则该节点就不能发送。在基于竞争的以太网中，当两个工作站发现网络空闲而同时发出数据时，就发生冲突。这时两个传送就都遭到破坏，工作站必须在一定时间后重发。以太网的传输速率为 10Mbps。

在大型网络中，随着传输冲突的增加，以太网效率会急剧下降，因此以太网不适合作主干网。

令牌环网　　令牌环网即 IEEE802.4 协议，采用按需分配信道的原则，即按一定的顺序在网络节点间传送为"令牌"的特定控制信息，得到令牌的节点若有信息要发送，则将令牌置为忙，表示信道被占用，随即发送报文。发送完毕后将令牌置为空，传给下一站点。这种方法在较高通信量的情况下仍能保证一定的传输效率，传输速度为 4Mbps 或 16Mbps。

FDDI(光纤分布式数据接口)　　FDDI 采用光纤作为传输介质，以令牌环方式仲裁站点对介质的访问，传输速率可达 100Mbps；FDDI 具有传输距离远，可靠性高，互操作能力强的特点，适合作为局域网络的主干网选型。

2. 城域网

城域网(Metropolitan Area Network，MAN)是扩大的局域网，一般是在城市的一个地区实现计算机设备及相关设备的互联。城域网使用 IEEE802.6 标准，只用一条或两条电缆，并不使用交换机组网。由于广域网的发展，局域网功能的提高，城域网正逐渐失去作用。

3. 广域网

广域网（Wide Area Network，WAN）连接地理范围较大，常常是一个地区或一个国家。其目的是为了让分布较远的各局域网互联，所以它的结构又分为末端系统（两端的用户集合）和通信系统（中间链路）两部分。通信系统是广域网的关键，它主要有以下几种：

（1）公共电话网（PSTN—Public Swithed Telephone Network）。公共电话网的速度在9 600bps～28.8kbps之间，经压缩后最高可达115.2kbps，传输介质是普通电话线。它的特点是费用低，易于建立，且分布广泛。

（2）综合业务数字网（ISDN—Integrated Service Digital Network）。综合业务数字网也是一种拨号连接方式。低速接口为128kbps（高速可达2M），它使用ISDN线路或通过电信局在普通电话线上加装ISDN业务。ISDN为数字传输方式，具有连接迅速、传输可靠等特点，并支持对方号码识别。ISDN话费较普通电话略高，但它的双通道使其能同时支持两路独立的应用，是一项对个人或小型政务办公室较适合的网络接入方式。

（3）专线（Leased Line）。专线在中国称为DDN，是一种点到点的连接方式，速度一般选择64kbps～2.048Mbps。专线的好处是数据传递有较好的保障，带宽恒定；但价格昂贵，而且点到点的结构不够灵活。

（4）X.25网。X.25网是一种出现较早且依然应用广泛的广域网方式，速度为9 600bps～64kbps；有冗余纠错功能，可靠性高，但由此带来的副效应是速度慢，延迟大。

帧中继（Frame Relay）是在X.25基础上发展起来的较新技术，速度一般选择为64kbps～2.048Mbps。帧中继的特点是灵活、弹性，可实现一点对多点的连接，并且在数据量大时可超越约定速率传送数据，是一种较好的商业用户连接选择。

（5）异步传输模式（ATM—Asynchronous Transfer Mode）。异步传输模式是一种信元交换网络，最大特点的速率高、延迟小、传输质量有保障。ATM大多采用光纤作为连接介质，速率可高达上千兆（109bps），但成本也很高。

4.1.5　计算机网络的连接设备

1. 线缆

网络的距离扩展需要通过线缆来实现，不同的网络有不同连接线缆，如光纤、双绞线、同轴电缆等。

2. 中继器

中继器是连接网络线路的一种装置,常用于两个网络节点之间物理信号的双向转发工作。中继器是最简单的网络互联设备,负责在两个节点的物理层上按位传递信息,完成信号的复制、调整和放大功能,以此来延长网络的长度。这是 OSI 模型中物理层的典型功能。

中继器的作用是增加局域网的覆盖区域。由于存在线路传输损耗,在线路上传输的信号功率会逐渐衰弱,衰弱到一定程度时将造成信号的失真,导致接收错误。针对此问题,中继器能实现对衰弱的信号进行放大,保持与原数据相同。

3. 网卡

网卡(NIC)用来将计算机设备连接到局域网的适配卡称为网卡。网卡一般有两部分接口,一端是与计算机连接的接口,另一端是与网络连接的接口。网卡工作在数据链路层,主要功能是导入其他网络设备来的数据并将其转变成本机可以识别的数据;将计算机要发送的数据打包后送入网络中。

4. 集线器

集线器(Hub)是单一总线共享式设备,提供很多网络接口,负责将网络中多个计算机连在一起。所谓共享是指集线器所有端口共用汇集到一条数据总线,因此平均每用户(端口)传递的数据量、速率等受活动用户(端口)总数量的限制。它的主要性能参数有总带宽、端口数、智能程度(是否支持网络管理)、扩展性(可否级联和堆叠)等。

5. 网桥

网桥也称为桥接器,是连接两个局域网的存储转发设备,用它可以完成具有相同或相似体系结构网络系统的连接,例如通信协议相同、但通信介质可以不同的网络系统的连接。

网桥可以在不同类型的介质电缆间发送数据,但不同于中继器的是:网桥能将数据从一个电缆系统转发到另一个电缆系统上的指定地址。网桥要读网络数据包的目的地址,确定该地址是否在源站同一网络电缆段上,如不在,网桥就要顺序将数据包发送到另一段电缆。

6. 交换机

交换机(Switch)也称交换式集线器。它同样具备许多接口,提供多个网络节点互联。但它的性能却较共享集线器大为提高:相当于拥有多条总线,使各端口设备能独立地作数据传递而不受其他设备影响,表现在用户面前即是各端口有独立、固定的带宽。此外,交换机还具备集线器欠缺的功能,如数据过滤、网络分段、广播控制等。

交换机除了能够连接同种类型的网络之外,还可以在不同类型的网络(如以太网和令牌环网)之间起到互联作用。通过交换机的过滤和转发,可以有效地隔离广播风暴,进行差错控制,减少错误包的出现。交换机还可以在同一时刻可以进行多个节点对之间的数据传播,并且可以独自享有全部的带宽。

7. 路由器

路由器(Router)是用来连接多个网络的网络设备。当数据从一个网络传输到另一个网络时,用路由器来判断网络地址和选择路径完成传输。一般来说,异构网络互联与多个子网互联都应采用路由器来完成。

路由器的主要工作就是为经过路由器的每个数据包寻找一条最佳传输路径,并将该数据有效地传送到目的站点。路由器会根据数据包所要到达的目的地,选择最佳路径包数据包发送到可以到达该目的地的下一台路由器处,依此类推,直到数据包到达最终目的地。

路由表保存着各种传输路径的相关数据,以供路由选择时使用,包括子网的标志信息、网上路由器的个数和下一个路由器的名字等内容。路径表可以由系统管理员固定设置好的,也可以由系统动态更改,或路由器自动调整等。

8. 调制解调器

调制解调器(Modem)是调制器和解调器的合称。它是一种模拟信号和数字信号之间的转换设备。它将计算机输出的数字信号转换成适应模拟信道的信号,我们将这个实现调制的设备称为调制器;把模拟信号转换为数字信号的过程称为解调,相应的设备称为解调器。

案例

电子政务网络布局案例——上海法院管理信息系统网络

1. 系统简介

上海法院系统包括上海高级人民法院、上海第一中级人民法院、上海第二中级人民法院、上海铁路中级人民法院、海事法院以及各区县法院等26家法院。上海法院管理信息系统就是建立在这二十几家法院基础上的计算机网络系统、业务管理软件系统、法院内部电话系统、综合布线系统、弱电工程系统、档案管理系统等系统的总称。

上海法院综合管理信息系统由上海市高级人民法院联合上海交通大学共同主持开发的网络管理信息系统。作为上海市信息港重点信息应用系统,它大量运用了 ORACLE 大型分布式数据库技术、最新计算机网络通信技术、计算机多媒体技术以及 Internet 等先进技术,实现了上海市高级人民法院、中级人民法院、基层法院以及大量的派出法庭之间的信息共享,并联通了最高法院和市府各有关部门信息系统,提高了各级法院的工作效率和管理水平,并具有较大的推广价值。

2. 计算机网络系统

上海法院网络系统是一个覆盖全市范围的大型网络系统,它由连接各个法院的广域网以及各法院内部的局域网组成。整个网络已于 1997 年底完成设备的安装与调试,现运行情况良好。

上海法院网络系统是通过邮电的 DDN 专线来组网的。每个法院的局域网通过路由器与上海高级人民法院的中心路由器相连,每条 DDN 专线的速率为 64K,网络协议采用 TCP/IP 协议。网络结构呈典型的星型结构。每个基层法院都与上海高级人民法院直接相连,基层法院之间的连接须经过上海高级人民法院。

在完成了全市法院计算机网络的基础上,我们在原有广域网线路上开通了法院内部的保密电话系统。该系统使用了帧中继复用器设备,在现有 DDN 上实现了数据与语音的复用。由于该电话系统不经过邮电的交换机,大大提高了安全性,因此完全可以作为法院内部的保密电话使用。

各个法院局域网系统的典型配置为 1 台 SUN 服务器、几台 Bay 交换式集线器、1 台拨号服务器、1 台路由器、1 台复用器以及几十台 PC 机。由于采用的是分布式数据库管理系统,各法院内部的数据库服务器都具有相对的独立性。平时,每个网络工作站通过局域网直接与服务器相连,需要统计其他法院的相关数据时,系统会自动通过广域网连接到其他法院的数据库服务器上,对于不在法院内部的派出法庭,则可通过调制解调器登录到法院的拨号服务器上,实现网络数据传递。

图4-6和图4-7分别是上海高级人民法院的总体网络结构图和局域网结构图。

在完成法院网络系统的基础上,还开通了与最高人民法院的专线连接以及与上海市人民政府政务网的专线连接。通过这些网络专线,每天都可以从这些网络上接收到大量的最新信息。

主要设备有:

(1)服务器:作为数据库服务器及 Web 服务器,使用 SUN Enterprise Server,包括 E4500、E3000、E150 等服务器共计 30 台左右。

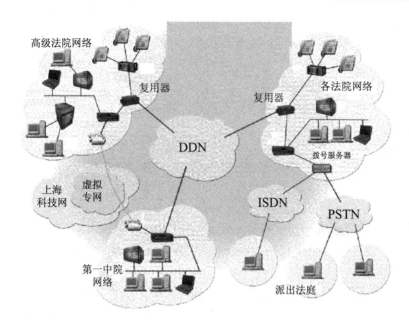

图 4-6 上海高级人民法院总体网络结构图

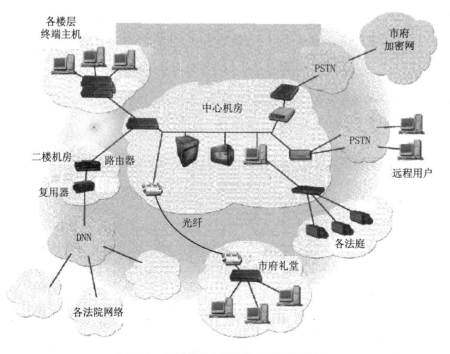

图 4-7 上海高级人民法院局域网结构图

（2）路由器：为各局域网提供路由功能，使用 Bay 路由器，包括 1 台 Bay BCN 中心路由器以及 26 台 Bay AN 边缘路由器。

（3）交换式集线器：它提供各局域网内部的高速以太网交换，设备包括 BayStack 301 以及 BayStack 350T 共一百三十几台。

（4）拨号服务器：提供派出法庭的远程登录功能，采用 Bay Annex 2000 拨号服务器，共 26 台。

（5）复用器设备：提供在 DDN 线路上的数据与语音的复用功能。采用 Memotec 的帧中继设备，共 1 套中心设备、26 套边缘设备。

（6）不间断电源：为重要的网络设备提供不间断电源。采用在线式 UPS。

上海法院系统综合业务管理系统是建立在 Oracle 数据库基础上的一个分布式数据库管理系统，每个法院都包含一台运行 Oracle 的数据库服务器，这样做既能保证各法院数据的相对独立性，又能在需要全市范围内查询时提供必要的服务。

整个系统内容涉及各级法院日常业务的各个方面，各子系统既可独立运作又可共享信息，并具有独特的信息安全保密机制。除了信息的存储检索与统计功能外，本系统还提供了决策支持、信息简报、法规查询、多媒体演示、案件讨论、电子邮件等功能，使信息更好地为提高管理水平服务。

主要系统包括：网络操作系统——采用 Unix 作为网络操作系统；数据库系统——采用 Oracle 作为主数据库；开发环境：采用 PowerBuilder 作为系统开发工具；运行环境——采用 Windows 95 中文版为系统运行环境；网络协议——TCP/IP。

系统主要功能有审判管理、司法统计、投诉信访、档案管理、法律法规、保密保卫、办公事务、后勤服务、财务管理、党务政工、多媒体演示与查询、系统维护。

4.2　数据库技术

4.2.1　政务信息资源管理

电子政务系统的核心是对政务信息的收集、传输、加工、存储、维护和使用等，所以要用数据库技术对政府信息资源进行有效管理。电子政务系统数据库通常以网络平台为基础、以统一的标准、通用的数据描述语言为规范来构建，它能够整合政府部门内部各业务系统信息，实现政府部门之间和政府与公众之间的数据交换和业务处理。

从政府信息资源涵盖的政府信息角度来看，电子政务数据库主要管理如下信息和数据：政府决策信息资源——例如国家和地方政策、法规条例、战略发展规划等;社会服务信息资源——例如国际国内政治新闻、经济运行分析、统计报表、市场供求、金融财经、科技人才信息等;政府管理的各类资源状况信息——例如人口资源库、法人单位资源库、空间地理资源库、自然资源库和宏观经济数据库的建设。

4.2.2　数据库管理系统

数据库(DB)是指长期保存在计算机内的有组织、可共享的数据集合。数据库中的数据按一定的数据模型来组织、描述和存储。简单地说,数据库就是有规律地存放数据的仓库。

帮助用户管理和使用数据库的系统称之为数据库管理系统,简称 DBMS。它的作用包括:数据对象的定义、数据的存储与备份、数据访问与更新、数据统计与分析、数据的安全保护、数据库运行管理以及数据库建立和维护等。典型的数据库产品如 Oracle,DB2,SQL Server 等。

数据库技术主要由以下几个方面为基础而构成的:

(1) 数据模型。数据模型是对现实世界的抽象,在数据库中也采用数据模型的概念描述数据逻辑结构。数据模型有层次、网状、关系、对象等。

(2) 数据库语言。数据库语言是用户与数据库进行交互的语言。任何数据库需要一个通用的查询访问语言来访问数据库系统,目前国际标准的关系数据库访问语言是 SQL(结构式查询语言)。SQL 语言具有数据定义、数据操纵、数据控制等功能。使用 SQL,用户不需了解数据库的内部机制,就可以实现数据访问。

SQL 的数据定义功能包括基表定义与取消、视图的定义与取消和索引、集簇的建立与删除;SQL 的数据操纵功能包括数据查询功能、数据删除功能、数据插入功能、数据修改和数据的简单计算与统计功能;SQL 的数据控制功能包括数据的完整性约束功能、数据的安全性及存取权限功能、数据的触发功能和数据的并发控制功能以及故障恢复功能。

(3) 数据结构技术。数据库就是大量数据的集合,数据结构技术是解决大量数据元素按什么结构存放、可以既提高数据处理效率,又节省存储空间。经常采用的数据结构有堆栈文件、树文件等多种存储结构。

(4) 事务管理技术。事务是指一个对数据库操作的任务单元的序列集合。因为数据库是共享信息资源,因此数据库管理系统允许多个事务并行地存取数据库中数据。事务管理技术实现多个并发事务的协调工作,以保证正确地执行每个事务,并保证数据的完整性。

(5) 数据查询技术。数据库的查询技术是指实现对数据的检索及其检索性能优化的技术机制。查询技术及其效率是衡量一个数据库系统好坏的重要指标。

(6) 数据完整性技术。数据完整性技术是指确保数据具有正确性、有效性和相容性的技术机制。正确性是指数据的合法性。有效性是指数据对应其有效的范围。相容性指同一事实数据的一致性。数据库管理系统必须用一定的机制来检查和保证数据库中数据的完整性，称为完整性技术。

（7）数据的安全性技术。它是指保护和防止不合法使用数据库，避免数据被泄露、更改或破坏的相关技术。数据库管理系统通常采用用户标识与鉴别、自主访问控制、强制访问控制、审计等技术实现数据库的安全管理。

（8）数据的备份和恢复技术。备份是指对数据库中数据在不同物理载体上定期复制的过程。恢复是指将备份下来的数据重新应用到数据库中。

数据库的备份通常有联机备份和脱机备份两种。联机备份是指在数据库正在使用时对数据库中的数据进行备份，脱机备份则是在没有任何用户访问数据库的情况下对数据库进行备份。恢复也有联机和脱机两种方式。此外，数据库还能够将对数据库日常操作全部记载下来的日志，可以利用日志保证数据库出现异常情况后得到恢复。

4.2.3　数据库互联技术

Web 服务器与数据库服务器之间的通信通常有两种解决方案：一种是 Web 服务器端提供中间件连接 Web 服务器和数据库服务器；另一种是把应用逻辑下载到客户端直接访问数据库。后一种方法在程序的编写、调试上显得较为繁琐，网络安全也难以保障。第一种方法的中间件负责管理 Web 服务器和数据库之间的通信并提供相应服务，它可以依据 Web 服务器提出的请求对数据库进行操作，把结果以超文本的形式输出，然后由 Web 服务器将此页面返回到 Web 浏览器，从而把数据库信息提供给用户。如图4-8所示。

图 4-8　基于中间件的 Web 服务器与数据库服务器工作原理图

下面简单介绍几种常用的中间件技术：

1. 公共网关接口

公共网关接口（Common Gateway Interface，CGI）是最早实现与数据库接口的方法之一，它规定了浏览器、Web 服务器、数据库服务器和外部应用程序之间数据交换的标准接口。

CGI 的工作过程是：当浏览器端的用户完成了一定输入工作之后向服务器发出 HTTP 请求（称为 CGI 请求）。服务器守护进程接收到该请求后，就创建一个子进程(称为 CGI 进程),该 CGI 程序与服务器间建立两条数据通道标准 I/O,然后启动 URL 指定的 CGI 程序,并与该子进程保持同步,以监测 CGI 程序的执行状态。子进程通过标准输出流将处理结果传递给服务器守护进程,守护进程再将处理结果作为应答消息回送到浏览器端。

CGI 的不足:客户对每一个页面的请求,CGI 都要产生一个新的进程,同一时刻发出的请求越多,造成程序挤占系统资源越严重。从而导致服务器性能的降低和等待时间的增加。另外,虽然 CGI 接口应用简单、开发工具灵活、技术成熟,但是它编程复杂,程序的编译、连接总是与某个具体的数据库管理系统相联系的,平台无关性差。

2. 服务器端应用编程接口

服务器端应用编程接口(Server Application Program Interface, API) API 可以解决 CGI 程序的不足,它通常以动态链接库(.DLL)的形式存在,是驻留在 Web 服务器上的程序。一个 API 应用程序是一个 DLL,在被用户请求激活后并不生成进程,而是在服务器的进程空间中运行,当其他客户机请求到达时,可以共享同一个 DLL,从而减少了内存开销和启动时间。

但由于要考虑进程同步等问题,其开发过程比 CGI 更为繁琐和困难;另外,API 应用程序移植性差,开发出的应用程序往往只能在相应的 Web 服务器上运行,而一旦出错可能会导致整个网络崩溃。

3. ASP

ASP 是一个服务器端的命令执行环境,它完全摆脱了 CGI 技术的局限性,可以让用户轻松地结合 HTML、Web 页面、脚本程序(Script)和 ActiveX 组件创建可靠的、功能强大的、与平台无关的 Web 应用系统。它不但可以进行复杂的数据库操作,而且生成的页面具有很强的交互性,允许用户方便地控制和管理数据。

服务器端的 ASP 支持一套可以方便访问 Web 服务器和数据库服务器上的数据库系统的对象模型 ADO(ActiveX Data Object),即 ActiveX 数据对象。这是一组优化的访问数据库的专用对象集,它为 ASP 提供了完整的站点数据库访问解决方案,使用者在不用关心底层数据指令的情况下即可以完成各种复杂的数据库操作,ADO 的特点是执行速度快、使用简单、低内存消耗且占用磁盘空间小。

4. ODBC

ODBC 是 Open Data Base Connectivity(开放数据库互联)的缩写,是 UNIX 标准化机构制定的数据库连接标准。基于这个标准,它提供了一组对数据库访问的标准 API,使应用软件可以通过规范化的 SQL 语句访问不同的数据库系统,同时不受操作系统平台的限制。

一个基于 ODBC 的应用程序对数据库的操作不依赖任何 DBMS,不直接与 DBMS 打交道,所有的数据库操作由对应的 DBMS 的 ODBC 驱动程序完成的。也就是说,不论是 FoxPro、Access 还是 Oracle 数据库,均可以用 ODBC API 进行访问。ODBC 的最大优点就是能以统一的方式处理所有的数据库。

一个完整的 ODBC 由下列几个部件组成:

(1) 应用程序。应用程序是由各种语言编写的、对数据库操作的程序。应用程序利用 ODBC 函数,可以完成对数据库大量访问操作,提供用户的外边接口,包括电子表格、电子邮件、联机事务处理和报表生成等。

(2) ODBC 管理器。该程序位于 Windows 控制面板(Control Panel)的 32 位 ODBC 内,其主要任务是管理 ODBC 驱动程序和对数据源进行管理。

(3) 驱动程序管理器。其任务是管理 ODBC 驱动程序,处理 ODBC 调用,向数据源提交 SQL 语句,接受查询结果。它是实现 ODBC 函数调用和数据源交互的程序库,由 ODBC 管理程序安装在应用程序环境中。

(4) 数据源。包含了数据库位置和数据库类型等信息。应用程序访问的数据库服务器,是指任何一种可以通过 ODBC 连接的 SQL 数据库、RDBMS 和其他 DBMS,包括数据库和数据库运行平台。

4.2.4　数据库技术的发展

从数据库的发展来看,自 20 世纪 60 年代至今,经历了层次数据库技术、网状数据库技术、日臻成熟的关系数据库技术以及第四代的面向对象数据库技术。由于信息内容、形式和数量的变化,数据库的应用需求的扩展和深入,互联网络技术的发展和应用,推动了新一代数据库技术的极大进步。使数据库发展呈现如下特点:

(1) 数据库管理系统向高可靠性、高性能、可伸缩性和高安全性方向发展。

(2) 数据库系统的互联程度极大发展。数据库系统的互联指数据库系统支持网络环境下信息系统间的互联互访,实现不同数据库间大量数据的交换和共享,能够快速处理以 XML 类型数据为代表的网上数据。

(3) 各方面的应用及其技术与数据库技术有机结合,使数据库领域的新内容、新应用、新技术层出不穷,形成庞大的数据库家族:Web 数据库、并行数据库、面向对象数据库、分布式数据库、工程数据库、知识库、模糊数据库、时态数据库、空间数据库、文献数据库、多媒体数据库等等。

(4) 以支持决策分析为目的的数据仓库系统,是分析型电子政务系统的数据

支撑基础。(在政务智能部分将详细讲述)

案例

电子政务信息资源库案例——北京城市信息资源管理总体框架

一、概述

如果说网络基础设施是电子政务的物质基础,那么信息资源就是电子政务的内容基础,信息资源管理就是电子政务的核心。搞好信息资源管理,可以稳步推进电子政务、电子商务、企事业单位信息化、城市信息化、乃至国家信息化的发展。

1. 信息资源

信息资源,是一个区域内所有可利用资源的数字化信息,它是一个区域内人力、物资、资金、能源、土地等各领域资源的信息化表示;信息资源,是全球经济进入 21 世纪,每个国家、每个城市都必须高度重视和重点建设的核心战略资源;信息资源,是信息社会知识经济时代,国家和城市综合竞争力的决定因素。信息资源只有交流、共享才能充分开发和利用,只有通过网络才能打破信息封闭,消除信息荒岛和信息孤岛之间的数字鸿沟,创造无穷的价值。

政府是信息资源的最大所有者,也是政府信息的收集者、生产者、发布者和运营者。目前信息资源共享整合已经成为城市经济和社会发展的重大需求,建立信息资源采集、处理、交换、共享、运营和服务的机制和规程,实现分布在各级政府机关的信息资源有效采集、交换、共享和应用,是加速转换政府职能、提高行政效率、实现政务公开的基础建设,也是进一步完善信息产业价值链的战略举措。

2. 信息资源管理

中国的信息化进程正在悄悄进行着一场划时代的转型——中国从信息资源建设阶段进入了信息资源管理(IRM)阶段,这个阶段已经不可逆转,并正在影响中国信息化进程的方方面面。

信息资源管理阶段的核心在于整合,即在兼顾信息资源现有配置与管理状况的条件下,对分散异构信息资源系统实现无缝的整合,并在新的信息交换与共享平台上开发新应用,实现信息资源的最大值。

信息资源管理阶段有五大要素,分别是信息资源管理的架构、组织、环境、服务、技术。

相比以往的信息资源建设阶段,信息资源管理阶段的信息资源规划是以架构设计为主线。总体架构的设计是信息资源管理的关键。

信息资源管理的总体架构包含门户体系架构、数据体系架构、应用体系架构。这些架构从不同的层次和角度入手,对信息资源管理阶段设计了一套合理的框架。只有在这个框架下来进行系统的设计和布局,才能有效满足信息资源管理阶段的信息资源整合要求。

　　信息资源管理的组织是信息资源管理的基础。CIO作为信息资源管理系统的高级主管,其代表了信息资源管理的整个体系,包括管理组织体系、管理组织规则、管理组织授权等。

　　信息资源管理技术是信息资源管理的支撑平台。信息资源管理阶段能够实现信息资源整合的技术是基础架构平台软件技术,它包括整合平台、安全平台、系统支撑平台。

　　信息资源的管理环境是指通过制定统一的、强制的、自上而下的法规、标准及规范,以明确信息资源管理阶段各种技术框架与规范,所有相关系统的设计与应用都必须遵循相关法规、标准和规范。

　　信息资源管理阶段的服务则是要通过整合服务记录数据库、服务知识库、服务管理对象资源目录库、服务管理规则库,以搭建服务管理平台。

　　二、信息资源管理软环境建设

　　1．政策法规体系

　　政策法规体系,从立法和行政命令的高度,强制性的对关系到信息资源建设和开发利用成败的重大要素进行明确规范和约束,总体指导信息资源建设。

　　北京市的政府信息资源管理体系由管理体制和政策法规体系两部分组成,如图4-9所示。

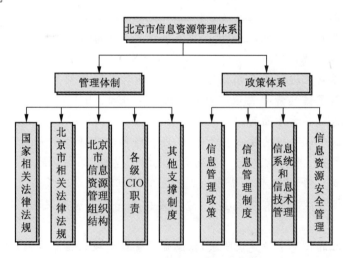

图4-9　北京市信息资源管理体系

　　管理体制:在制定和贯彻市政府信息资源管理政策中所应遵循的国家信息资源管理的方针、原则、组织制度的综合。它包括:健全组织机构、设置职权统一的信息资源管理部门和各政府机构的首席信息主管CIO、政府各级各类业务部门和信息主管的主要职责,确保信息政策、原则、标准、指导方针、规则和守则的正确实施、公务人员开发利用信息资源的技能培训制度等相关内容。

政策体系:确保该城市信息资源建设目标所必需的全部政策的综合。主要内容包括:政府信息管理政策、信息系统和信息技术管理、信息资源的安全管理。

政府信息管理政策包括:

- 信息资源开发和利用规划;
- 信息收集范围;
- 政府机构信息的收集(信息收集、统计调查等、信息反馈)、交换、沟通(网上申报、登记和审批等行政管理工作);
- 发布的规定程序;
- 避免不恰当的限制;
- 政府信息的处理和分析研究;
- 政务公开和用户隐私权的保证;
- 规定发布信息部门对信息完整性、及时性、正确性的责任;
- 规定不收费或统一的成本收费标准;
- 政府信息采集和登记办法;
- 政府信息交换管理办法;
- 政府信息公告办法;
- 绩效评价;
- 资金预算分配、使用制度。

政府信息管理制度包括:

- 政府内部信息(公文流转、政务资源)的归档管理;
- 电子化档案管理;
- 域名管理规范;
- 网页内容和形式规范;
- 电子邮件管理;
- 政府信息公告程序规定;
- 互联互通信息的选择原则;
- 资源共享的原则;
- 各类信息的最低更新频度;
- 电子政务系统的审计和报告制度;
- 为促进政府部门与社会力量的协作,委托相应的专业机构为政府采集和分析信息,实现信息资源的合理布局和开发、信息流通的具体规则等。

信息系统和信息技术管理包括:

- 战略性信息资源发展规划；
- 信息系统的最低要求规定；
- 电子政务系统的运行评估和性能测定；
- 委托代理的信息系统的管理和监督；
- 信息资源的利用；
- 信息技术的采购监督职责等。

2. 标准规范体系

标准规范体系是针对信息资源建设中涉及到的各项内容，建立详细、可行的参照标准，制定建设、运营的指导规范，通过统一的培训普及，保证各项信息资源建设工程技术路线、建设规程的一致性。

北京市信息资源标准规范体系由标准体系、规范体系两部分组成，如图4-10所示。

图4-10　北京市信息资源标准规范体系结构图

三、北京市信息资源管理的技术体系

1. 信息资源布局（数据库层次）

图4-11是北京市信息资源库布局图。

（1）数据库的建设。城市电子政务的信息资源库建设中应包括基础库、专业库、共享库和决策库等四大类信息资源库。其中基础库是作为各种信息整合的基准信息库，包括法人单位基础信息库、人口基础信息库、宏观经济数据库、自然资源和空间地理基础信息库；专业库是指各部门的专业信息库；共享库是按主题组织的共享信息库，如信用信息库、税务信息库等；决策库是为支持决策而经过分析综合的信息库；元数据库是与各信息库对应的数据说明信息库。

（2）资源的分布。这些信息资源分布在基层单位、分中心、中心和决策中心。在基层单位设有元数据库和专业数据库；在信息中心设有元数据库、专业库和基础库；在中心设有元数据库、市情数据库、基础数据库和主题数据库；在决策中心

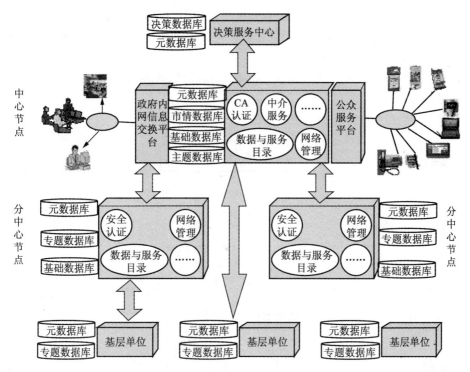

图 4-11 北京市信息资源库布局图

设有决策数据库和元数据库。

对于信息资源的访问和共享,应遵循严格的控制标准。发生信息共享请求时,系统需要对请求者的身份和访问权限进行双重验证。

中心是整个信息资源网的核心。作为元数据的注册中心和应用系统的注册中心,它具有 CA 认证、数据目录服务、网络管理和中介服务四项核心管理和服务功能。各分中心是信息资源网的分中心,具有安全认证、信息资源二级目录服务、局网管理和服务功能。决策中心为市政府领导综合决策提供依据,它通过管理中心调度整个信息资源。

2. 数据流程

为了实现各部门数据的交换、共享和整合,应对所有的数据进行升级改造。对现有的数据进行分析,为数据的标准化改造做准备。对原始数据进行标准化改造,包括对未电子化的数据按相关标准和规范电子化,形成专业数据库;对已经电子化的数据按标准和规范进行数据库改造,形成专业数据库;对遥感影像、电子地图等基础数据按相关标准和规范进行数据改造,形成基础库。同时,对所有专业数据库和基础库进行数据编目,建成元数据分库。

　　为提高数据共享的效率和保证原始数据的安全,在相关部门之间为数据共享而建立主题数据库,主题数据库的数据从各部门专业库中提取;同时,在元数据分库的基础上形成元数据总库。

　　共享库为跨部门的专项应用提供数据基础,通过共享库实现信息共享、交换及部门协同。

　　图4-12是北京市信息资源管理数据加工流程图。

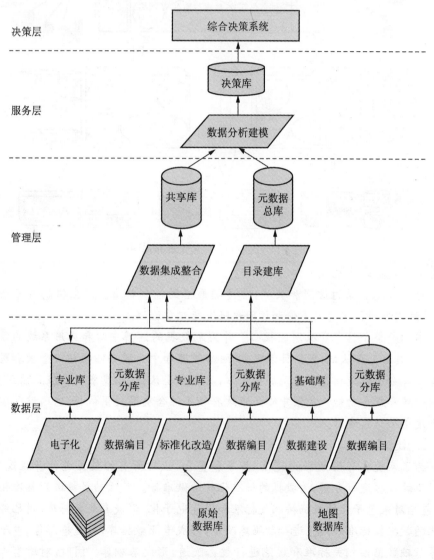

图 4-12　北京市信息资源管理数据加工流程

四、北京市信息资源管理目标与内容

1. 目标与任务

北京市信息资源的建设目标是：

消除"信息荒岛"和"信息孤岛"，实现全市信息资源的共享和整合；建成信息资源基础设施和决策应用平台，服务于"数字奥运"；制定信息资源规范体系，指导产业化发展，为"数字北京"打好基础；服务于北京市国际化大都市的建设进程，为现代化城市规划建设和运营管理提供信息支撑平台。

北京市信息资源建设的任务包括：

建立北京市信息资源管理规范和制度，确定信息资源标准，开发信息资源建设、运营管理的工具，保证信息资源的有序建设和统一建设。

对现有政府信息资源按标准规范进行重构，分别建立各级信息资源目录，实现信息资源的统一编目和检索定位。

面向政府、公众，搭建政务专网信息交换平台和服务平台，为政府办公和公众服务提供统一的操作模型和服务窗口。

基于数据共享体系，建设跨部门、跨领域、跨专业的业务应用系统。

开发综合决策支持系统，为市领导和相关部门城市规划、建设、管理的重大问题决策及城市应急指挥，提供直观、真实的可视化和互操作环境。

2. 项目规划

根据总体建设目标，北京市信息资源建设分为四个工程项目，即：基础工程、中心工程、资源工程和应用工程。

(1) 基础工程。基础工程建设主要进行数据库的新建和改造，为信息资源的联网和共享打好资源基础，最大限度地消除"信息荒岛"，记录和存储各种信息资源。

基础工程包括两大项目：专业数据库建设项目和数据库改造项目。专业数据库建设项目是在全市范围内，按照政府职能域，根据管理职能主题，在各委办局区县，建设一批专业数据库，打好信息资源的基础，丰富资源储备，为资源共享、整合应用奠定基础。数据库改造工程按照信息资源整合的要求规范，对现有的重大数据库进行标准化改造，使之能够适应信息资源网建设要求，同时保留以前信息资源建设的成果，保证信息化工作的延续性。

基础工程是一项长期的基础工作，应按照急用先行、有序拓展的原则，在各委办局区县最终都建成结构规范、标准统一的数据库系统。基础工程重点建设 50 个主题数据库，作为支持城市有效管理、良好运行的信息资源基础。

根据北京市电子政务的总体目标和信息资源规划，重点建设人口、法人、空间与自然资源、宏观经济等具有基础性、公益性和战略性的基础信息资源。

表4-1列出了北京市信息资源建设规划。

表 4-1　北京市信息资源建设规划

主题库类型	主题数据库
基础类	影像数据库、电子地图库、法人库、地理代码库、标准规范库、政策法规库、人口库、户籍库、房地产库、城市规划库、综合市情库
社会管理类	音像图片库、专家人才库、科研教育库、数字图书馆、医疗卫生库、新闻出版库、体育设施库、文化设施库、文物古迹库、民政库、计划生育库、民族库
规划建设类	市政设施库、综合管网库、城建档案库、邮政设施库、电力设施库、电信设施库、广电设施库、公用设施库、交通设施库
经济管理类	统计库、税务库、财政库、工商企业库、物价库、质监库、计划库、社会保险库、商业库、经贸库、农业库、粮食库、宏观经济库
社会安全类	安全设施库、消防设施库、重大隐患与危险源库、灾害库、地震设施库、人防库、公检法库、劳教库
资源环境类	水资源库、林业资源库、土地资源库、矿产资源库、环保设施库、水利设施库、旅游资源库、气象库、园林库

（2）中心工程。中心工程是信息资源建设的核心工程，其作用是以北京市信息资源管理中心的建设为中心，使之具备安全认证、中介服务、目录服务3项核心管理功能，通过数据层、管理层、服务层、应用层的并行建设及5库、2平台、1综合应用的建立，使某市信息资源管理中心成为信息资源的管理和服务中心。中心工程包括基础数据库、服务平台和决策支持系统的建设，见表4-2。

表 4-2　北京市信息资源建设的中心工程

编号	项目类型	建设内容
1	基础数据库	元数据库、遥感数据库、电子地图数据库、地理编码数据库、组织机构数据库
2	服务平台	政务内网信息交换平台、公众信息服务平台、一级信息资源目录系统、中介服务系统
3	综合决策支持系统	三维仿真模拟决策环境，面向事件决策的信息集成调度系统

中心数据库项目将建设五个基础数据库，即：元数据库、遥感数据库、电子地图数据库、地理编码数据库、组织机构数据库。服务平台将建设两大平台，即：政务内网信息交换平台和公众信息服务平台，提供综合网络应用服务。领导综合决策支持系统项目将建设信息综合决策的软硬件环境和面向决策的城市信息集成调度系统，以城市突发事件应急响应、城市违章建筑查处和数字绿化带三维仿真三个试点应用项目为基础，初步建立模拟决策支持。信息安全项目包括建立信息安全管理体系和信息安全技术体系，信息安全管理体系规定信息采集、信息传递和信息发布等方面的管理规范，包括组织安排、记录跟踪、责任追查等规定，保证

信息的正确性、完整性和一致性,信息安全技术体系构筑信息资源的安全保护系统,实现信息定期备份、信息加密、安全验证、访问控制等安全措施。

（3）资源工程。资源工程是北京市各委办局区县信息中心的信息资源建设工程,通过各信息中心内部信息资源的规划、建设,形成信息资源的各个分中心,将各委办局区县信息中心连接起来,最终实现全市信息资源的互通互联和共享应用。

资源工程的建设是一个由点到线、再到面过程,通过选择基础好,共享需求迫切的信息中心试点,按照专项应用和政府职能主题的线索,呈线状同构建设,然后逐步联成面,结成网。各信息中心的资源规划建设主要包括建设 3 库、实现 3 大功能,即建设元数据库、专业库、基础库,实现信息资源二级目录服务功能、局域网管理功能和安全认证功能。

由于资源工程将建成信息资源的各委办局区县分中心和信息资源管理中心,进而构成全市资源网络,因此一致性和有序建设是资源工程的根本要求。

表4-3是北京市信息资源工程的建设规划。

表 4-3　北京市信息资源工程的建设规划

编号	项目类型	建设内容
1	基础数据库	二级元数据库,主题数据库,基础数据库
2	服务平台	二级信息资源目录系统

（4）应用工程。应用工程以信息资源的共享整合为应用基础,依托于信息资源网的通用服务功能。各专项应用工程应与信息资源工程相互促进、共同发展。要以专项应用为契机,带动相关信息资源的开发建设,启动各主题数据库、共享数据库和元数据库的建设。应用工程是信息资源建设的应用成果开发与推广的长期工程。

表4-4是北京市信息应用工程的建设规划。

表 4-4　北京市信息应用工程的建设规划

编号	项目类型	建设内容
1	示范工程	公共危机应急指挥系统,信用信息系统,涉税信息系统,网上年检,移动定位服务系统,数字绿化带,职工住房普查信息系统等

4.3　协同工作技术

计算机支持的协同工作（Computer Supported Cooperative Work,以下简称

CSCW)是当今信息技术发展领域中的崭新课题,其目标就是基于网络、多媒体等技术为人们提供一个协同工作的环境。协同工作技术是电子政务系统中的核心技术之一,该技术几乎覆盖了电子政务所有主要业务环节,例如办公自动化系统、网上审批系统、部门网上协同工作系统、政府业务流程系统以及政务决策支持系统。

本节讨论 CSCW 技术及其实现,包括 CSCW 的概念、CSCW 作用、CSCW 的工作模型、CSCW 的体系结构、工作流技术等。

4.3.1　CSCW

1. CSCW 的概念

人们的工作方式和生活方式具有群体交互性、协作性和分布性的特点。计算机技术的发展将人类社会推进到信息时代,改变着企业经营过程、人们的工作学习和休闲方式。随着信息化的深入、网络通信技术和计算机技术的融合,Internet的普及,计算机应用从过去的单用户工作模式过渡到了分布式的多用户协作模式。于是就产生了计算机支持的协同工作(CSCW)。

CSCW 这一名词是 1984 年由 Irene Greif 和 Paul Cashman 首先提出的,CSCW 可以定义为这样的计算机系统,它支持一组用户参与一个任务,并提供给他们访问共享环境的接口。即一个任务、多个用户,多用户为完成一项共同的任务而组成用户群,CSCW 为这个用户群提供协同支持。

2. CSCW 的作用

(1) 信息共享。信息共享是 CSCW 的基本任务,它要求 CSCW 应用系统为各协作成员提供方便可靠的信息采集、访问、修改和删除机制。具体地说就是提供运行在不同操作平台上的不同应用程序对数据的存取和交换,例如对于电子邮件实现不同文档格式的转换;支持分布成员,信息资源以及当前活动信息的维护,便于人们去寻找相应的工作伙伴。利用相应的资源,参加某项特定的活动,提供信息共享的不同访问方式;根据用户的身份,提供对数据的不同的访问权限等等。

(2) 多媒体群组通信。CSCW 系统提供了支持在协作成员之间互换多媒体信息的通信机制,这些媒体包括文本、语音、图形、图像、音频和视频。其次,提供群组通信支持,包括异步组通信和同步组通信,它使通信服务具备多种数据交换方式,即点到点、点到多点、多点到一点和多点到多点等。这意味着:协作的用户可作为数据的发方或收方,又可以同时具备收/发的功能。

(3) 个体活动管理。CSCW 系统为各协作用户提供宽松的 WYSIWIS(你见即我见,What You See Is What I See)机制,允许参加者对同一事务的不同部分以不同形式进行观看和修改;同时提供安全机制,对公用操作/数据和私有操作/数据进行区分,为参加协调工作的用户保留一部分私有数据不为群体共享。

(4) 群体协作管理。CSCW 系统支持多个用户参与同一工作,它提供给各协作用户一个公共平台,每一个协作用户在它的协调下完成一项共同的工作,它负责对活动的步骤加以协调,其中包括工作流支持系统、群组方法支持工具、群组工作程序协调系统和群组决策支持系统,也包括群体活动中成员间的任务和责任的划分;同时在协调中采用协调控制策略,如令牌控制方式、并发控制和协商控制等,以避免个体之间的冲突。

综上所述,CSCW 技术提供了一个开放的、分布式集成化的协同工作环境,能够有效地提高协同工作的效率。

3. CSCW 的工作模型

近年来,国内外在这一领域的研究成果,给出了典型的基于 CSCW 技术的群体协同工作模型队包括以下五种。

(1) 会话模型。会话模型是基于活动可分解为一系列两人之间的交互会话而实现群体协同的思想。其机理是两人之间协作可以通过特定语言/动作(Language Action)的执行来实现。

(2) 会议模型。会议模型是基于会议研讨方式的协同思想。其机理是为完成一共同任务,参与者"以开会的形式"聚集在一起,相互交流、相互协商、共同讨论研究,以达成共识,形成最后决议计算机会议系统、白板系统、电子公告栏、共享应用系统等是以这种模型构造的几种 CSCW 基本环境。

(3) 过程模型。过程模型是基于任务可分解为一系列相互关联而又相对独立的串行或并行的子任务的协同思想。其机理是把协同任务科学、合理划分为各个子任务,分析完成各任务的过程,找出各过程间的相互关系也就是串行或并行协同过程,再规定协作各方的任务、操作和动作规范等,以实施协作,共同完成该任务。按这种过程模型设计的 CSCW 系统比较适合用于具有相对固定工作流程的应用中。

(4) 活动模型。活动模型是基于一种"活动理论"(Activity Theory)的协同思想。其机理是将任务分解为若干个称之为"活动"(Activity)且目标明确的子任务,然后定义各子任务之间的关系,通过"活动"的执行来完成协同任务。

(5) 层次模型。层次模型是基于任务的层次性和协作方式的多样性的协同思想。其机理是将协同任务划分为不同层次,再采用相应的层次模型分别加以描述诸如协调控制的结构、协作环境模块以及抽象群体协同动作等,来完成协同任务。

4. CSCW 的体系结构

从系统体系结构的角度分析,CSCW 的体系结构可分为图4-13所示的各个部分:

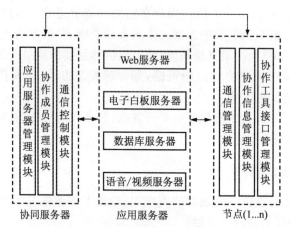

图 4-13　CSCW 的体系结构

（1）协同服务器。协同服务器的基本功能是实现协作成员管理、应用服务器管理和通信控制管理等功能。①协作成员管理:实现协作成员的权限设置和管理、协作成员的加入和撤离管理、协作成员信息管理等功能;②应用服务器管理:包括应用服务器的信息管理、应用服务器的增加和删除、应用服务器的协同工作等功能;③通信控制管理:支持 HTP,FTP,TCP/IP 及 UDP 多种通信协议的功能,并负责信息路由、服务质量（Qos）的管理以及带宽分配、存储转发等功能设置一个协同服务器的作用如下:

首先,协同服务器提供了一幅全局系统信息视图,包括有哪些协作用户及协作用户的信息、有哪些应用服务器及应用服务器的信息、协作用户分布在哪些应用服务器上等,它可以为用户访问各个应用服务器提供导航功能。

其次,可方便实现应用服务器的管理。当改名、增加或撤销某个应用服务器时,只要直接通知协同服务器即可,而勿需一一通知各个协作用户。

最后,各个应用服务器只专注于实现和提供其各自份内的应用服务,而应用服务器间的协调由协同服务器负责,从而简化了应用服务器的设计。

（2）应用服务器。应用服务器与特定的应用相关,如共享白板服务器、Web服务器、FTP 服务器、E-mail 服务器、语音/视频服务器、数据库服务器等。应用服务器处于协同服务器的管理下,提供与具体应用相关的功能服务和内部协调。

协同服务器与各个应用服务器可以分布在多个不同的物理服务器上,也可以安装在同一物理服务器上。在服务器端维护一个全局共享的协作信息数据库,以保证各个协作成员间数据的一致性。

(3) 客户端。客户端的主要功能是提供用户访问各种应用服务器和各种客户端工具的协作多用户界面。客户通过协作多用户界面输入自己的信息,浏览或查询协作的共享信息,并和其他成员进行交互和对话。客户端提供的协作多用户界面为用户提供了一组集成的模块,包括①通信管理模块:实现各协作节点和协同服务器之间的信息交换,支持 HTP,FTP,TCP/IP 及 UDP 多种通信协议;②协作和交互工具接口管理模块:实现电子白板、视频/音频交互、共享下作空间、私用工作空间、协作信息发布与查询以及 E-mail 等界面的综合集成,为协作成员提供可以感知其他成员协作行为的接口;③协作信息管理模块:实现共享协作信息的发布,提交协同服务器,提供协作信息的查询、浏览与显示、协作信息一致性等功能。

4.3.2　工作流技术

电子政务是提高政府办公效率的重要手段,其主要目标之一是实现政府内部的公文流转和信息共享,也就是希望利用计算机技术,在网上实现业务过程的自动流转,希望网上办公系统不仅能够解决办公过程中某个独立环节的业务问题,而且能够将过程中的所有环节衔接起来,使得上一个环节的业务处理结果能自动流转到下一环节以便利用或处理,而这正是工作流技术要解决的最基本的问题。

工作流技术起源于 20 世纪 80 年代初,进入 90 年代后,由于业务领域对软件系统的协同性、灵活性和开放性的要求越来越高,面向群体协同工作,并支持这些特性的工作流管理技术便成为计算机应用领域研究的热点。工作流技术作为一种重要的协同工作技术,其主要目标是通过管理业务过程中各个活动环节,调用与活动相关的人力或者信息资源,实现业务过程的自动化。

1. 工作流的概念

工作流(Workflow)是自动运作的业务过程部分或整体,表现为参与者对文件、信息或任务按照规程采取行动,并令其在参与者之间传递。简单地说,工作流就是一系列相互衔接、自动进行的业务活动或任务。它是对一整套规则与过程的描述,其目标不仅是处理过程,把事物从一个地方流向另一个地方,更要管理那些引导作业环境如何运作的规则与过程。

工作流管理系统(Workflow Management System,WfMS)是定义、创建、执行工作流的系统。它为规则与过程自动化提供了有效的实现平台。当工作中的某项任务完成后,工作流程技术保证按预定的规则实时地把工作传送给处理过程中的下一步。

目前研究的内容主要包括工作流管理系统体系结构、工作流模型与工作流定义语言、工作流事务特性、工作流实现技术、工作流的仿真与分析方法、工作流的集成与互操作和工作流与经营过程重组等方面。

2. 工作流管理系统模型

参照工作流管理联盟(Workflow Management Coalition,WfMC)的工作流参考模型的基础上,该模型的各个主要组成部分如下:

(1)过程定义:业务流程的形式化描述,包括流程的起始和终止条件、组成过程的活动、活动之间的关系、活动调度规则、活动的参与者、与流程相关的应用程序以及其他流程流转时需要用到的相关数据。

(2)过程实例:实际运行的一个过程。它具有运行状态、运行结果、运行过程产生的业务相关数据等信息。

(3)过程定义工具:用来创建过程定义,生成可被计算机处理的业务流程的形式化描述。

(4)工作表:过程执行过程中,需要过程的活动参与者参与时,工作流引擎便产生一组待处理工作项。等待用户处理,这一组工作项便构成用户的一张工作表,工作表由工作表管理器进行管理维护。

(5)工作表管理器:管理用户与工作流执行服务的交互,通过工作表的管理提醒用户参与过程的执行以达到驱动过程流转的目的,此外它还可有负载平衡,任务重分配的功能。

(6)过程管理和控制:管理员进行更改过程定义、跟踪并监督过程实例的执行、查询和统计过程、实例历史数据等操作。

(7)工作流引擎:是一个为工作流实例提供运行执行环境的软件服务。主要功能是:负责对过程定义进行解释;控制过程实例的生成、激活、挂起、终止等;控制过程活动间的转换(依据工作流相关数据);维护工作流相关数据;为监控各个活动的运行情况提供查询数据。

(8)工作流相关数据:用来控制流程流转的数据。如活动实例当前状态、活动参与者、角色等。

(9)工作流应用数据:在活动实例被处理时产生的与具体应用相关的业务数据。

(10)组织/角色模型数据:指组织机构的部门结构和所有角色,部门、用户组角色,它使过程定义、流转与用户组角色相关,而不是与参与者个人相关。

3. 工作流管理系统的设计

为了实现政府部门的业务协同,需要提供一个软件支撑环境,这个支撑环境可以实现按照计算机表示的工作流逻辑的顺序执行软件。参照上述工作流管理系统的模型规范,设计政务工作流管理系统的体系结构如图4-14所示:

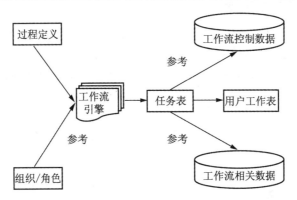

图 4-14　工作流管理系统的体系结构

各模块功能如下:

(1) 过程定义:工作流模型描述了由工作流执行的服务和执行过程中所需的信息。它可以使用建模工具,形象化建立流程模型,并通过接口关系,建立系统所需要的控制数据;也可以通过系统本身的流程定义,直接生成控制数据。在流程定义中要包括:流程、活动、转换条件、相关数据、角色、需要的应用等实体。每一个审批事项都被定义为一个过程模板,包括:建设项目审批、三资企业设立审批、项目立项审批等。

(2) 工作流引擎:它是业务过程的任务调度器。在过程建立完毕后,将由工作流执行服务进行全面管理、监控和调度具体的实例执行,包括:过程的实例化和执行、为过程和活动进行调度、与外部资源交互、处理相关数据。根据过程定义,为每个过程实例生成其相关的实例过程表;启动过程实例并管理其运行过程;根据过程表,为过程和活动的执行进行导航;与外部资源交互完成各项任务;维护工作流控制数据,在用户或应用间传递工作流相关数据;提供控制、管理和监督工作流过程实例执行情况。工作流引擎是整个工作流执行系统的核心。

(3) 任务表:根据用户的要求,对任务表进行查找以获得特定任务项,并查找活动页面表获得用户进行应用处理的页面路径,将其返回给用户进行处理;当用户提交任务时,任务管理器修改任务表,并通知工作流引擎作出相应处理。

（4）执行过程：当用户启动协同控制中心的过程实例时，协同控制中心的执行过程为：①从过程定义中选择待启动的过程定义；②根据用户 u 指定的过程实例名称，建立新的过程实例 e；③根据过程实例 e 的起始活动，建立一个新的活动实例；④建立一个工作项，将此工作项加入用户 u 的工作项列表。

4.3.3　协同政务

将计算机支持的协同工作技术（CSCW）和工作流技术（work flow）应用到电子政务领域就产生了"协同政务"。美国政府建设电子政务提出的口号是"让人们点击三次鼠标就把事情办完"。如果没有协同政务的思想是不可能实现的。实际上，只有实现了政府门户网站和政府信息资源的高度整合，协同工作技术才能发挥优势。

开展"协同政务"，难点不在技术，而在管理。协同政务建设的前提要求具体如下：

（1）进行政府管理体制改革：在信息技术高速发展的今天，相对滞后的管理体制和思想观念是制约电子政务发展的"瓶颈"。政府管理体制一定要打破部门各自为政的局面，为实现共同目标而步调一致。

（2）通过立法协调政府部门之间的利益关系。通过立法重新调整政府部门的利益关系，即消除那些政府流程中不合理的因素，以方便社会为出发点，消除信息孤岛、整合政府信息资源。

（3）统一电子政务标准规范。开展协同政务，要求全国电子政务建设从上到下统一规划、采用统一的标准规范，以便政府部门之间的信息共享。

4.4　网格技术

网格（grid）是近年来国际上兴起的一种重要信息技术。从美国、日本等发达国家到印度等发展中国家，都启动了大型网格研究计划，并得到了产业界的大力支持。网格应运而生具有历史必然性。

（1）据统计，大型计算机、UNIX 服务器和多数 PC 分别有 40％、90％和 95％的时间处于空闲状态。而有人急需这些资源却缺乏资金购买。人们希望计算能力就像电力、自来水一样被当作商品购买，做到随需而用。

（2）为了更好地集成、实现和维护信息系统，需要一系列的标准技术来解决异构平台系统之间的信息交互问题。

（3）光纤跌价、带宽猛增和网络提速为跨地域的资源共享提供了基础和前提。

4.4.1　网格的概念

"网格"一词来源于人们熟悉的电力网(Power Grid),是利用计算机网络把地理上广泛分布的计算资源、存储资源、网络资源等连成一个逻辑整体,然后像一台超级计算机一样为用户提供一体化的信息应用服务。网格系统如图4-15所示。

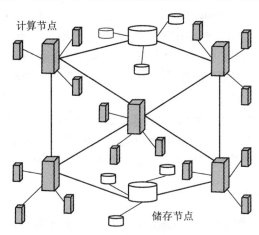

计算节点

储存节点

图 4-15　网格系统的示意图

美国 Argonne 国家实验室 Ian Foster 教授认为,"网格是构筑在互联网上的一组新兴技术,它将高速互联网高性能计算机、大型数据库、传感器、远程设备等融为一体,为科技人员和普通用户提供更多的资源、功能和交互性。互联网主要为人们提供电子邮件、网页浏览等通信功能,而网格功能则更多更强,能让人们透明地使用计算、存储等其他资源。"网格在动态变化的多个虚拟机构间共享资源,并协同解决问题。由此可见,传统互联网实现了计算机硬件的连通,Web 实现了网页的连通,而网格则实现了互联网上所有资源的全面连通。它要把整个互联网整合成一台巨大的虚拟超级计算机,实现计算资源、存储资源、通信资源、软件资源、信息资源及知识资源的全面共享和协同工作。网格的根本特征是资源共享、消除信息孤岛和资源孤岛。网格就是一种集成的资源和服务的环境。

网格计算(Grid Computing)是一种整合计算机资源的新手段,它通过因特网把分散在各地的计算机连接起来。不仅可使每台个人电脑通过充分利用相互间闲置的能源来提升各自的电脑处理能力,还可使成千上万的用户在大范围的网络上共享电脑处理功能、文件以及应用软件。举例来说,在传统互联网环境下,要访问一个服务器或网站,必须知道路径;网格访问则不必顾及计算机在哪儿,也不用管是谁的计算机,只要遵守协议,网格就会调到需要的一切资源,如果计算机速度不够快或存储空间不够大,网格还会自动调资源。

4.4.2　网格技术的功能

1. 分布式超级计算

从计算模式来分析,网格计算的实质是分布式计算。所谓分布式超级计算(Distributed Supercomputing)指的是利用高速网络将分布在不同地理位置上的超级计算机连接在一起,用网格中间软件将他们协调、整合起来,利用这种组合形成比单台超级计算机更加强大的计算平台。这是由于目前许多科学与工程计算问题根本无法在独立的一台计算机上完成,必须依靠多台超级计算机协同工作以实现目标。网格计算就是出于这种考虑发展起来的。分布式超级计算技术很好地解决了诸如大规模计算等类似问题,满足这方面的需求,故受到重视。

分布式超级计算的实质就是将分布式的超级计算机的计算能力、各种功能、资源等集中起来,协同完成或解决复杂的大规模计算问题。

2. 高吞吐率计算

高吞吐率计算不同于高性能(超级)计算,高性能计算一般是指每秒钟能够完成的计算量,度量的时间单位很小;而高吞吐计算是指几个月、一年甚至更长时间完成的超大计算量,度量的时间单位比较大。由于在许多实际问题的求解过程中,人们关注的是在一段相对较长的时间内(比如一年等)解决问题的多少,而对短期内求解问题的多少并不是十分关心。对于这样的问题,利用网格可以将大量空闲计算机的计算资源集中起来,用以满足对时间不太敏感的需求(高吞吐率计算)。这是一种重要计算资源,同时也是网格的独特优势。

3. 数据密集型计算

数据密集型计算(Data Intensive Computing)有着广泛的应用范围和广阔的应用前景。许多高能物理试验,数字化天空扫描,大区域空间地理数据的处理,数字城市、数字省(数字区域)的各类数据的分析、综合、加工,气象预测及中长期分析等等都是数据密集型问题,网格技术可以在这类问题的求解中发挥无可替代的作用。

与计算密集型应用相比,数据密集型计算及对应的数据网格(Data Grid)更侧重于数据的存贮、传输和处理,而计算密集型应用所对应的计算网格更侧重于计算能力的提高,所以二者的侧重点不同,实现技术也不同。在实际处理数据密集型问题时,由于数据采集地点、处理地点、分析与结果存放地点、可视化设备的地点等经常存在地理差异,或分散在多个不同的地方,因此,对数据密集型问题的求解往往同时会带来很大的通信和计算工作量,这当然是网格的特征和优势所在。

而从另一个角度来讲,要更好地解决类似问题,必须依靠网格能力才行,其他方法是难以奏效的。

4. 分布式仪器系统

分布式仪器系统(Distributed Instrumentation System)是一个网格管理系统,它具有合理调度和弹性服务的功能。分布式仪器系统将有效地管理分布在不同地理位置的各种贵重仪器系统,并为用户提供程访问贵重仪器、设备的手段,减少仪器设备的闲置时间,提高利用率,更加方便用户的使用。几乎所有的分布式仪器系统都需要使用基于网络的海量存储系统。

目前,较为流行的网络化海量存储系统有高性能存储系统 HPSS(high performance storage system)和分布式并行存储系统 DPSS(distributed-parallelstorage system)。数据网格(data grid)的容量更大,性能也更高。分布式仪器系统的另外关键技术还有分布式监控,即对整个系统提供全局性的实时监控支持;基于策略的访问控制支持等。

5. 远程沉浸

远程沉浸(Tele-immersion)建立在高速网络基础上,是音频、视频会议、协同可视化环境、超级计算机和海量数据存储的有机结合。换而言之,远程沉浸是一种特殊的网络化虚拟现实环境。这个环境既可以真实地反映现实或历史,也可以实现对高性能计算结果或数据库的可视化,还可以构造出纯粹虚构的空间。"沉浸"是一种描述理念,意指人可以完全融入其中。

远程沉浸可以广泛应用于交互式科学可视化、教育、训练、艺术、娱乐、工业设计、信息可视化等许多领域。目前,已经开发出几十个远程沉浸应用,包括:虚拟历史博物馆、协同学习环境等。远程沉浸使分布在各地的使用者能够在相同的虚拟空间协同工作,更重要的是,它将"人/机交互"模式扩展成为"人/机/人协作"模式,不仅提供协同环境,还将对数据库的实时访问、数据挖掘、高性能计算等集成进来,提供一种崭新的协同工作模式。

6. 信息集成

信息集成在今后的几年里将是网格的主要应用方向。网格按照从上到下的排列,具体包括资源网格、信息网格、知识网格等。网格最早应用于集成异构计算平台,以后,在分布式海量数据处理方面发挥出了优势,并产生了很大作用。从理论上讲,处在不同层次上的用户都可以在相应的层次上使用网格,但前提是要经过信息集成,因此,信息集成将是网格的主要应用方向。

所谓资源网格(包括数据网格和计算网格),是为上层应用提供数据层面的连通、共享和计算。信息网格,就是要通过统一的信息交换架构和大量的中间件,向用户提供"信息随手可得"式的服务。信息网格位于网格操作系统之上,其功能是为上层应用提供信息的无缝共享(包括信息数据库的构建、信息的发现、连通、处理等);知识网格位于信息网格之上,它是网格的高层应用,其主要功能是从底层的数据和信息中发现、处理和应用知识。

4.4.3　网格技术与电子政务

电子政务中的 G2G、G2B、G2C 中的很多业务需要不同部门、岗位间协同工作来完成。电子政务协同工作系统需要远程计算资源的整合、信息资源的整合。因此,网格技术在电子政务领域中大有用武之地,它可以最大限度地实现电子政务系统的资源共享、重用和互操作,能进行任何操作系统平台上的数据交换和程序连接,进而集成各种新技术和新产品。

基于网格技术的电子政务平台体系结构如图4-16所示。

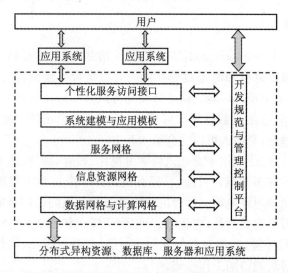

图 4-16　基于网格技术的电子政务平台体系结构

1. 数据网格与计算网格

数据网格与计算网格是电子政务平台的基础组成部分。数据网格可以集成多种异构、分布的数据源(如政府机关各部门原有的数据库、数据仓库等),进而为海量数据(如来自数据仓库、数字图书馆的数据)的存储、传输、处理与融合提供基础框架。计算网格由多个服务器集群构成,是大型、分布式系统的自然延伸,通过集群技术将政府机关各个部门的服务器融合成为一台透明的、功能强大的"高性能计算机",用于提供高性能计算服务。

2. 信息资源网格

信息资源网格基于数据网格和计算网格构建,是电子政务平台的重要组成部分。该层对于来自数据网格的数据和计算网格的计算结果进行处理,进而形成信息资源,并将信息资源提供给服务网格层。

3. 服务网格

服务网格是电子政务平台的核心组成部分和主要功能单元。服务网格提供电子政务系统所支持的各种服务,同时对于各个部门的应用系统提供服务支持,这种服务支持包括信息服务、知识服务、计算服务和智能信息处理服务等。服务网格提供的服务大多是单台机器或单个子系统无法提供的服务,如协作计算、大规模实时多媒体应用等,同时可用于建立虚拟环境,使不同组织的人、系统可以协同和交互。

4. 系统建模与应用模板

系统建模与应用模板根据来自应用系统和个性化服务访问接口的不同要求,相应地生成专有的系统模型和应用模板。服务网格根据其所生成的系统模型和应用模板,向应用系统或用户提供符合其要求的服务。

5. 个性化服务访问接口

个性化服务访问接口是电子政务平台的重要功能单元,是电子政务平台通用性、交互性、实用性的重要表现部分。针对政府机关不同部门的不同应用需求,电子政务各个应用系统通过该接口可以很好地与电子政务平台进行交互,进而获取"量身定制"的个性化服务。

6. 开发规范与管理控制平台

开发规范与管理控制平台是电子政务平台的中央控制单元,通过该平台的集中统一控制,使得新建的电子政务平台子系统及服务网格、信息资源网格、数据网格和计算网格的各个子系统符合统一的规范,利于实现系统间的互通、互联和互操作,进而在管理控制平台的统一控制、协调下发挥出电子政务平台的最优化效用。

电子政务系统本身就是一个非常复杂的综合信息技术应用系统,在电子政务的技术体系建设过程中,基本上运用了当前绝大部分的信息技术。因此,电子政务的建设是对一个国家信息化水平的检阅。

第 5 章　电子政务的绩效评价

5.1　电子政务绩效的概念

5.1.1　政府绩效

政府绩效,就是指政府在社会经济管理活动中的结果、效益及其管理工作效率、效能,是政府在行使其功能、实现其意志过程中体现出的管理能力。通常,把政府绩效的内容分为四个方面:

1. 政府业绩

政府业绩主要表现为政府部门为社会经济活动提供服务的数量和质量。要履行政府经济管理在可能范围内的责任与义务,实现社会所给予的经济目标,必须依靠政府经济管理部门采取具体的行动。这些具体活动都有数量和质量的含义。在数量上,即尽可能满足社会对政府经济管理服务规模的需要;在质量上,即尽量提供优质水平的服务,具有高效率的办事能力。

2. 政府行政效率

政府行政效率反映的是行政机关和行政人员从事管理活动所取得的劳动成果、社会经济效益同所消耗的人力、物力、财力和时间的比例关系。它属于对政府机关和公务员从事行政管理工作的数量和质量的评估,更着重于数量层面,即完成的工作量与投入之间的比较情况,而易于忽视质量层面。

3. 政府效能

政府效能是指政府行政体系所产生的产品(包括社会公共政策、政府服务机构、社会保障体系等)和向公众提供的服务水平。它包括质量、效果、公众满意度等具体指标。同行政效率相比,效能是指目标达成的程度,着重品质层面。二者相比,行政效率突出时效性,效能则突出结果性。体现在政府行政行为上,行政效率强调完成的工作数量和所花费的时间成本,而行政效能则重视工作的质量和为公众提供服务的水平。

4. 政府行为的成本

政府行为的成本即政府管理行为所占用和耗费的资源及其程度。

5.1.2　电子政务绩效

电子政务绩效是指政府在实施电子政务过程中所产生的结果和成效。具体而言,电子政务绩效主要关注以下几个方面的内容:

1. 用户满意度

电子政务的实施目的是为了提高公共管理的水平,因此公众的满意度、企业的满意度以及相关机构业务合作过程中的满意度是关键。在加快推进电子政务建设的过程中,要通过电子政务的广泛应用,突破时间、空间、数量的限制,以增强政务信息公开和政府行为透明度为核心,提供多种技术平台促进社会对公共行政的参与和监督,增强公共产品的供给能力,进而提高社会公众对政府的满意度。

2. 成本—收益

电子政务绩效必须要衡量电子政务建设项目的效用,避免电子政务建设呈现出比规模、比设备等贪大求全的趋势,项目建设规模不断膨胀,边际成本远远大于边际收益的不良现象。

3. 运作管理

主要体现在政府网络系统建设过程中的渠道畅通和电子政务管理平台的适应性和扩展性。对于电子政务网络建设来说,如果信息流通不通畅就意味着电子政务系统的效益无法实现,效率无法提高。而电子政务管理平台是不同主体共同使用的基础设施,所以平台的维护、升级管理、软件安装配置应用以及相关的支持服务和增值服务,体现出电子政务系统的回应性和公平性。

4. 社会效益体现

提高目标的可测量性是提高电子政务效益的一个关键点。然而电子政务的目标之一是社会效益,对于社会效益来说,其可测量性指标弱于财务指标、工程技术指标,因此通过用户满意率调查、运行数据统计等间接计量社会效益,保证指标的全面性。

对于绩效内容的标准一般会分为两个层次,一是量化标准,可以进行横向、纵向比较的指标,既包括技术性的也包括效益性的;二是指导性标准,主要是国家法律、法规、各项相关政策与原则。两者要结合使用。在实际操作过程中可从评估"以顾客为中心的绩效"、"财务与市场的绩效"、"运作绩效"三个方面分部实施,见表5-1。

表5-1　绩效内容的重点

绩效内容	评估重点
以顾客为中心的绩效	公众的满意度、信息反应时间、信息的准确性
财务与市场的绩效	成本、收入和应用比例的测量
运作管理上的绩效	工作中效率和有效性的测量
社会方面的效益体现	运行数据的统计,间接计量社会效益

任何绩效评估都是对一项有意义的实践活动或者对某单位、部门、行业、地区的某个时期工作和任务所取得的结果,从成绩和效益方面进行评估。对于电子政务绩效评估的作用同样可从以下几个方面进行理解:

一是认识作用。通过绩效评估,可以对被评单位(评估对象)进行比较全面、客观的认识,这种认识不是停留在定性的、感性的阶段,而是进入了理性阶段,认识的比较深刻,有一定的定量依据;

二是考核作用。即通过绩效评估对被评对象的工作作出全面考核,不仅直接考核它绩效的大小,而且间接考核它的全部活动情况,包括被评对象的领导者的成绩和管理决策水平;

三是引导促进作用。即通过绩效评估,将被评估的对象的行为方向引导到绩效评估的内容方面,引到其全面发展,努力创造良好的绩效;

四是挖潜作用。即在绩效评估中,通过横向比较和纵向比较,通过与标准水平、理想水平的分析,通过各项评估内容之间的对比分析等等环节,发现被评对象的差距和优势,找出薄弱环节和潜力所在,从而达到发挥优势、克服薄弱环节、充分挖掘潜力、进一步提高绩效的目的。

具体而言进行电子政务绩效评估还应有以下几个目标:

(1)优化运作绩效。进行电子政务绩效评估的最终目的应该是实现绩效优化。优化指的是改善信息系统生产力的过程,使其不需要追加对IT基础设施的投资而提高水平。因此基于绩效评估的绩效优化大致有以下几个阶段:建立和更新绩效量度;建立绩效责任制;搜集和分析绩效数据;报告和使用绩效信息,进行持续的绩效优化。在实现这个目标的过程中,需要注意系统度量目标的影响因素,见表5-2。

表 5-2 系统度量目标的影响因素

影响因素	内容说明
度量错误	传统的度量方法没有正确解释信息应用的实际输入和输出,目前广泛认可的度量方法有平衡计分卡等
滞后性	传统的度量方法不能正确计量费用与收益之间的滞后差异
重新分配	信息技术通常用于重新分配组织的资源;总产出不发生变化,只是在获取方式上发生改变
管理不当	由于对信息价值缺少精确的度量,这就造成管理者对资源进行不当分配和过度浪费。因此,对于项目管理者和投资者而言,正确的绩效衡量技术将发挥日益重要的作用

(2)明确责任制。通过绩效评估,确定在电子政务建设和运作过程中相关部门的责任,建立相应的监控机制,实现最优的资源配置,确保电子政务建设和运作过程中的有效性,绩效评估结果可作为最重要的参考指标。

(3)增收节支。通过绩效评估,缩减在电子政务建设过程中不必要的开支和投入,以实现增收节支的目标。电子政务建设需要大量资金投入,绩效评估的一个很重要作用就是建立起一个可以衡量比较的体系,这个体系包括了效率、效能、质量、速度等多方面的指标,为各个部门提供了可以借鉴的管理制度、程序和方法,从而摒弃不必要的开支,从而实现节约成本、增加收益的目标。

5.2 电子政务的绩效评价

5.2.1 电子政务绩效评价的定义

电子政务的绩效评估,即是指运用数理统计、运筹学原理和特定指标体系,对照统一的标准,按照一定的程序,通过定量定性对比分析,对电子政务的实施或者实施过程中的某一具体项目,一定期间的效益和结果,做出客观、公正和准确的综合评判。从控制理论的角度,绩效评估就是系统中最关键的反馈环节。绩效评估通过不断地反馈和校正,实现理想的电子政务治理理念,如图5-1所示。

电子政务绩效评估的范畴既包括对"电子"的评估,也包括对"政务"的评估,即电子政务系统建设的完备程度和政府职能的实现程度是电子政务绩效评估的主要衡量内容。也就是说,电子政务绩效评估包括了两个方面的衡量维度:首先是电子政务在"投入"角度所产生的网络设施、应用系统、信息资源、安全系统等电子政务产出的评估;其次是电子政务在"政务"角度所实现的职能,包括公共服务、市场监管、社会管理以及经济调节等电子政务影响的评估。

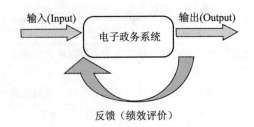

图 5-1　电子政务系统的绩效评价

5.2.2　电子政务绩效评价的原则

进行电子政务绩效评价必须在一定的理论指导下设计指标体系,确定实施方式,并要遵循一定的基本原则,方能保证评估结果有效,有针对性。

1. 科学性

科学性原则主要体现在理论与实际结合和采用科学方法等方面。电子政务绩效评价要有科学的规定性,各个评估指标的概念要科学、确切、有精确的内涵和外延、计算范围要明确、不能含糊其辞、不能有不同的解释、不能各有所取。评估指标必须与绩效、效益的科学概念相一致。

科学性原则还要求评估指标体系要能比较准确地反映在不同情况下所反映出来的不同特点。电子政务的绩效评估,要能反映出政府工作的特点和信息化工作的价值。电子政务的工作内容既不同于企业也不同于传统的政府工作。这些特点决定了对电子政务进行绩效评估的指标体系明显区别于对传统政府部门的评估体系,也区别于一般的信息化评估指标体系。

2. 系统优化

对电子政务进行绩效评估是一个广泛、综合的系统性问题,不能用一二个指标就能解决问题,因此,必须建立若干指标进行衡量,才能评估其全貌。这些若干个指标必须相互联系、相互制约。系统优化原则要求评估指标体系要统筹兼顾各方面的关系,包括统筹电子政务在“经济效益、社会效益、管理效益”等方面的关系,统筹当前与长远之间的关系,整体与局部之间的关系,技术与经济之间的关系,定性与定量之间的关系等。

遵循系统优化的原则就要求在设计评估指标体系的方法时应采用系统方法。例如系统分解和层次分析法(APH法),由总体指标分解成次级指标,由次级指标再分解成次级指标,即常说的目标层、准则层、指标层,并组成树状结构的指标体系,使体系的各个要素(单项指标)及其结构(横向结构、层次结构)能满足系统优化的要求。也就是说,通过各项指标之间的有机联系方式和合理的数量关系,体现出对上述关系的统筹兼顾,并达到评估指标体系的整体功能最优,能够较客观全面的评估电子政务的绩效。

3. 通用可比

电子政务的绩效评估,不仅仅是对同一单位这个时期与另一时期作比较,同时还会涉及到不同单位之间的比较。因此,评估指标体系的设计必须在两个方面具有通用性和可比性:一是对同一单位不同时期进行比较时(即纵向比较),评估指标要具有通用性、可比性;二是对条件不同、任务不同的单位进行横向比较,要根据各单位在实现电子政务过程中的共同点进行设计,同时采取调整权重的方法,适应不同性质、不同类型的单位。

另外,评估指标应尽可能与国内、国际的有关评估指标相一致,评估指标的定义尽可能采用国内、国际标准或公认的概念,评估的内容尽可能剔除不确定性因素和特定条件环境因素的影响。

4. 实用性

实用性的原则体现在以下几个方面:

(1) 评估指标体系繁简适中,计算评估方法简便易行。在能基本保证评估结果的客观性、全面性的条件下,指标体系尽可能简化。计算方法、表述方法简便、明确、易于操作,便于在计算机上进行统计分析。

(2) 评估指标所需要的数据易于采集,各种数据尽可能在现有的统计制度、会计制度中得到。

(3) 各项评估指标及其相应的计算方法、各项数据,都要标准化、规范化。

(4) 在评估过程中体现质量控制原则,依靠评估数据的准确性、可靠性和计算评估方法的正确实施来保证整个评估过程的质量。

5. 目标导向原则

对电子政务进行评估,其目的不是单纯地评出优劣和名次,而是要引导和鼓励电子政务的建设工作朝着正确的方向和目标发展,指标体系在设计过程中就要具有正确的目标导向作用。

贯彻目标导向原则,需要明确电子政务绩效评估的目标,例如一方面要重视成本—收益,另一方面也要重视用户满意度;一方面要把信息技术的应用推广作为目标,另一方面也要考虑到政府机构的安全性原则;此外,提高工作人员的信息化技术水平也应收到足够的重视。

5.2.3 电子政务绩效评价的现状

1. 国外电子政务绩效评估的主流研究

埃森哲咨询公司在2003年在评价电子政府发展水平时采用电子政府"总体成熟度"的概念。总体成熟度包括服务成熟度指标和客户关系管理成熟度指标，两个一级指标分别下设若干二级指标和三级指标。其中，服务成熟度占70％，客户关系管理成熟度占30％。该方法主要聚焦在政府的网站绩效，其优势是：运用"黑箱原理"，将政府网站的绩效拟似为电子政务整体流程绩效的方法，便于测评和量化分析，并且突出了电子政务服务于民的思想；弱势是：测评知识针对网站外在表现，而非电子政务全程的管理实况，可能出现错误评估和不完整评估。

联合国与美国行政学会于2003年联合提出了电子政务绩效评估的指标体系，主要包括三个方面：政府网站状况、基础设施状况和人力资源状况。针对每个方面设计了详细的子指标。该报告从这三个方面计算了衡量电子政务发展水平的"电子政务指数"。该方法的优势是：有利于全面考评电子政务的绩效，得出总体上的结论；弱势是：在原有一手指标的基础上进行的二次加工，在汇总和加权时存在人为增加误差的因素。

哈佛大学国际发展中心在2001至2002年提出了电子政务就绪指数(NRI)研究，包括两部分的分析框架：第一部分是网络使用情况，考察信息通讯技术使用方面的数量与质量问题；第二部分是"加速"要素，具体包括网络获取(信息的基础设施、软硬件与支持要素)，网络政策(信息通讯技术的政策、商务与经济环境)，网络社会(网络学习、机会与社会资本)，网络经济(电子商务、电子政务与相应的基础设施)。该方法的优势是：能够将电子政务的绩效评估进行全面的社会整合，得出更加全面、综合的结论；弱势是：评估的面广、类多，首先面临着评估数据的来源困难问题，其次是数据的精确性问题，再次是数据之间的相关性和整合的问题。

一些国际研究机构从公共管理的视角，提出电子政务绩效评估的基本准则。以OECD为例，提出电子政务应以促进"善治"为准则，细化为：合法；法治；透明、负责、完整；效率；连贯；适应；参与、咨询。该准则借鉴的共识准则为四"E"：经济(Economical)、效率(Efficiency)、效益(Effectiveness)、公平(Equity)和三"R"：责任(Responsibility)、回应(Response)、代表性(Representation)。该方法的优势是：强调公共管理的本质，有助于强化电子政务重在"政务"的建设思路；弱势是：比较笼统、宽泛，无法直接进行定量分析。

2. 国内电子政务绩效评估的主流研究

目前国内学术界对电子政务绩效评估方面的研究还属于理论探索阶段,多数文献主要研究绩效评估的计算模型,或研究电子商务方面的绩效评估指标体系。学术界尚未提出完善的电子政务绩效评估的指标体系;对于国内绩效评估机构而言,以信息产业部赛迪顾问股份有限公司、互联网实验室、广州时代财富科技公司、北京大学网络经济研究中心等为代表的中国电子政务绩效评估机构主要的评估对象仅仅是政府网站。主要以政府网站的网络技术指标、政府网站的信息内容、用户服务项目、网上政务的主要功能等指标来实施电子政务的绩效评估。

国内电子政务绩效评估的理论和方法,也大多局限于对政府网站的评价,而对电子政务在提高公共服务水平、提高内部运作效率的评估研究却很少见到;对于电子政务系统的绩效评估的指标体系,目前国内尚未有系统的、科学的、全面的和可计量的体系;对于评估的保障机制的研究,国内尚属于空白。

3. 我国电子政务绩效评价的实际情况

在我国,很多政府部门和机构的电子政务应用项目已初见成效。在有条件的地方,能够通过政府部门的门户网站,初步实现了面向社会公众和企业的网上事项申报、受理、审批和互动应用。在政府网站的技术指标、网站信息内容和服务项目等方面,北京、上海等地的电子政务处于全国领先,"一站式"服务已见雏形。

目前,我国为了实现信息化战略,积极发展和建设电子政务系统,对电子政务应用项目也是一掷万金。很多政府职能部门建设了自己的门户网站、推动自己的网上办事和行政流程、建设本单位的数据中心,整个电子政务工程缺少统一的建设规划。结果出现了重复建设、资源浪费和"信息孤岛"等负面效应。大量本可以共享的数据、网上信息、流程引擎等被浪费。

因此,我国电子政务的绩效评估对象不能仅仅聚焦门户网站,或只重视 IT 资产投入产出,而将电子政务的内部视为"黑箱",这样的绩效评价无法估计出内部电子政务系统的信息共享程度、协同工作程度、信息标准一致性等等更加深入的问题。

5.3　电子政务的绩效模型

5.3.1　过程构架

绩效评估实际上是一个循环的过程。在评估开始之前,先要对评估作出整体规划,解决好四个前提,即确定决策者的需要、明确问题的性质和范围、制定有效目标和制定全面的考核办法。然后做好评估的技术准备,包括评估指标体系的确定、评估方法的选用等。在此基础上,根据评估的内容和范围收集评估所需要的资料和信息。上述过程完成后,既可以根据需要实施评估。电子政务建设不是一蹴而就的,而是一个不断完善和发展的过程,同样,绩效评估也是一个持续的、周期性的过程,通过不断的反馈和运用结果来实现提高绩效的目的。本文对这个持续的、周期性过程以图5-2加以说明。

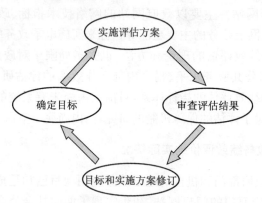

图 5-2　绩效评估的过程

在这个体制中,绩效评估是按照一定的评估标准来衡量、考核、评估评估对象的绩效水平的。一般绩效评估的标准包括两个层次:一是量化标准,主要包括:经济指标与技术指标。经济指标的比较标准可以是历史最高水平、现实水平或本地区或其他地区最高水平;技术指标的标准包括国内标准与国际标准两大类;二是指导性标准,主要是国家法律、法规、各项相关政策与原则。两者要结合使用。尽管评估对象之间的区别使得评估标准不能完全统一,但政府部门应该制定信息化评估规则、发布评估标准、执行委托任务、监督评估质量等,以保证绩效评估工作的健康发展。

从实施主体来看,可以分为三类:

1. 政府评估

主要是政府对电子政务进行的绩效评估。一般由政府委托专门的机构进行,如政府审计部门。

2. 项目内部评估

一般由项目管理人自己组织人员进行信息化绩效评估工作。

3. 中介机构评估

中介机构参与信息化绩效评估工作，可以使监管部门把主要精力放在评估结果的应用和监管决策上，而且因为社会中介机构有丰富的专业经验，可以提高评估工作效率、质量和公正性。

因此每一次具体的电子政务绩效评估的实施过程，将会包括以下几个主要过程：

首先，确定绩效评估项目。绩效评估项目的来源主要有：政府机关下达的任务；各组织内部自行确定；接受委托确定的；其次，组织评估队伍。评估队伍一般要包括财会人员、管理人员、信息技术人员等；再次，收集审核被评估单位数据资料，进行定量评估，并参与定性评估，遵循规定的指标、权数、标准及方法，进行定量指标的计算和打分；最后，归纳、分析、撰写评估报告，如图5-3所示。

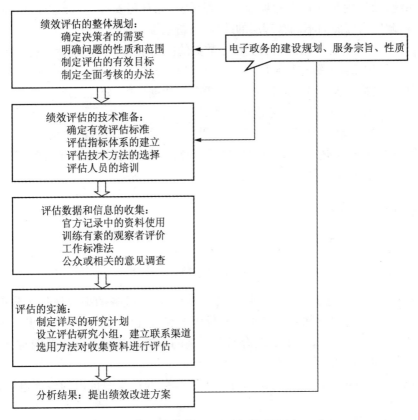

图 5-3　电子政务绩效评估流程图

5.3.2　应用领域

在推动电子政务的过程中,电子政务在不同应用领域通常有不同的表现。按照电子政务涉及的应用领域,绩效评价可细分为几个方面:

(1) 政府为社会提供的应用服务及信息发布。主要包括:通过政府网站发布信息,提供查询;面向社会的各类信访、建议、反馈以及数据收集和统计系统;面向社会的各类项目申报、申请;相关文件、法规的发布、查询;各类公共服务性业务的信息发布和实施,如工商管理、税务管理、保险管理、城建管理等。

(2) 政府部门之间的应用。主要包括:各级政府间的公文信息审核、传递系统;各级政府间的多媒体信息应用平台,如视频会议、多媒体数据交换等;同级政府间的公文传递、信息交换。

(3) 政府部门内部的各类应用系统。主要包括:政府内部的公文流转、审核、处理系统;政府内部的各类专项业务管理系统,如日程安排、会议管理、机关事务管理等;政府内部面向不同管理层的统计、分析系统。

(4) 涉及政府部门内部的各类核心数据的应用系统。主要包括:机要、秘密文件及相关管理系统;领导事务管理系统,如日程安排、个人信息;涉及重大事件的决策分析、决策处理系统;涉及国家重大事务的数据分析、处理系统。

(5) 政府电子化采购,即政府电子商务的运用。

(6) 大力发展电子社区,通过信息手段为基层群众提供各种便民服务。

很显然,针对上述六大应用领域的绩效评估,在实施中应该有侧重、有重点,不可能齐头并进,而是要有选择地逐步推进。

5.4　电子政务绩效的指标

5.4.1　电子政务门户网站的评估指标

为了积极引导电子政务的发展,我国政府对电子政务的绩效评估十分重视。目前,国内对政府门户网站的评估有了较大的突破,已于 2004 年正式出台了《政府门户网站评估指标》,对规范政府门户网站的发展和应用具有重要的意义。出台这一评价指标的主要目的有:

全面了解各地政府门户网站在开展电子政务的过程中推出的各项电子政务网上应用情况。

为深化我国行政管理体制改革,推行电子政务提供决策依据。

为更好地整合政府资源,扩大服务社会范围提供数据支持。

客观评估政府门户网站的电子政务应用的水平,推广优秀电子政务应用。

对政府网上应用的共性和个性问题进行分类研究,全面展示各级政府几年来推行电子政务所取得的成绩。

1. 门户网站评估指标与方法

《政府门户网站评估体系》中的指标分为五个大项,包括网站内容建设、功能应用、网站建设、网站运营、网民评议,其中网民评议作为参考提供给政府,不作为评分项。

(1) 内容建设。这一指标主要用来反映政府门户网站的内容丰富程度,电子政务服务的范围等。具体的评估方法:每个政府门户网站由多人进行访问浏览跟踪,根据内容指标的细项查找网站有无指标内容,针对内容的有无进行评分,最后进行加权统计。

(2) 功能应用。这一指标主要用来反映政府门户网站的建设对民众服务的能力,包括网站的分类架构、网民互动和业务应用系统。具体的评估方法:通过访问政府门户网站来收集网站信息分类、导航的方便性和易用性;通过发送测试邮件来收集网民互动的信息反馈;通过实际操作来确定业务应用系统的实用性。

(3) 网站建设。这一指标主要用来反映政府门户网站建立体系的合理程度,反映电子政务应用的支持程度。具体的评估方法:根据指标体系的硬性指标(包括开通情况、宽带应用、网站语种、域名规范和中文上网等几个方面,通过监测网站获得的客观数据),结合政府网站主管部门填写的调查报告、提供的网站系统建设报告,专家进行客观测评和统计分析,结合以上两项的综合得分得出网站建设得分。

(4) 网站运营。这一指标主要用来反映政府门户网站应用的实际效果。具体的评估方法:使用真实相关性与计量分析方法,评估方设立统计系统,对网站进行区间统计访问调查。按照国际通行惯例,根据本地区网民数量和居民数量,进行加权统计,计算出日均每万人使用政府网站的流量,客观反映政府电子政务应用程度。

2. 门户网站评估指标组成

政府门户网站的评估指标按照以上所分的四个大类,分成了二级指标和指标细项两级。具体组成如下:

(1) 内容建设指标组成。内容建设指标的二级指标和指标细项分别如下:

• 本地概况:包括自然地理、历史沿革、行政区划、人口状况、经济发展、城市建设、社会事业、百姓生活等指标细项；

　　• 政务公开：包括政府领导、政府机构及职能、政府公告与政务新闻等指标细项；

　　• 政策法规：包括地方性政策、法规、规章等指标细项；

　　• 办事指南：包括人口户籍、婚姻生育、文化教育、劳动就业、社会保障、医疗卫生、公安司法、公共事业（水、电、燃气等）、人事人才、证照申领、金融保险、房屋地产、质量消费、邮政通信、车辆交通、民族宗教、工商管理、税务管理、城市建设、环境保护、知识产权、新闻出版、广播影视、信访监察、救灾防灾等指标细项；

　　• 便民服务：包括信息查询（气象、邮编、公交、劳务、殡葬等）、综合修理、预定服务、陪送服务、家政服务等指标细项；

　　• 采购招标：包括招标信息、采购法规、中标公告等指标细项；

　　• 招商引资：包括投资指南、优惠政策、招商项目、服务机构、开发园区等指标细项；

　　• 企业信息：包括当地企业信息指标细项；

　　• 特色内容：包括结合当地具体情况的专题内容，如农业、工业、旅游等信息的指标细项；

　　• 网站介绍：包括"关于我们"的指标细项。

　　(2) 网站功能指标组成。网站的功能指标包括以下二级指标和指标细项：

　　• 导航连接：包括政府机构链接、政府门户网站链接等指标细项；

　　• 数字地图：包括本地的电子地图等指标细项；

　　• 政务邮箱：包括政府公务员专用电子邮箱；

　　• 信息分类：包括按使用者分类和按政府部门分类两个指标细项；

　　• 信息检索：包括检索方式（全文检索、关键词检索、时间检索）、检索内容（政务信息、政策法规、便民信息等）以及网站检索（本站＋网站群）等指标细项；

　　• 交互服务：包括政府/领导信箱、网上举报投诉、网上调查/民意征集、表格下载、网上申报、网上审批、网上查询办事进程状态、网上咨询、网上交纳费用、网上采购、在线招商等指标细项。

　　(3) 网站建设指标组成。网站建设指标包括以下二级指标及指标细项：

　　• 开通情况：包括开通时间等指标细项；

　　• 宽带应用：包括访问速度等指标细项；

　　• 网站语种：包括中文简体、中文繁体、英文及其他语言等指标细项；

　　• 域名规范：包括域名规范等指标细项；

　　• 中文上网：包括中文上网等指标细项；

· 页面设计：包括网站 logo、提供屏幕分辨率与浏览器建议、统一的版面风格、易读性等指标细项。

（4）网站运营指标组成。网站运营指标包括以下二级指标及指标细项：

· 流量统计：包括首页每日平均万人浏览量等指标细项；

· 信息更新情况：包括时间频率（每日/每周/每月）等指标细项；

· 运行情况：包括有无未处理错误指标等指标细项。

（5）网站建设指标（调查问卷部分）组成。网站建设指标（调查问卷部分）指标包含以下指标细项：

· 网站是否采用政务信息发布系统；

· 网站建立后，曾经采用过哪些网站推广措施；

· 网站的主机形式；

· 安全性控制系统；

· 内部局域网建设情况；

· 局域网的覆盖范围；

· 局域网与地、市、州、县的局域网互联状况。

5.4.2　电子政务绩效的参考性评估指标

上节给出的是政府门户网站的绩效评估方法，但是政府门户网站的建设只是电子政务系统建设的组成部分之一，门户网站的绩效评估只是电子政务绩效评估的组成部分之一。在以上研究的基础上，本章根据电子政务绩效评估的现状，在经过经验选择、专家的访谈、问卷调查的基础上，给出一个可以借鉴的、覆盖更为全面、测评更为深入的电子政务绩效评价指标体系。

该指标体系总分为三级，一级指标体现电子政务绩效实现过程中必须具备的关键环节，二级指标为各具体环节应具有的特征，三级指标是各个环节的实际表现。通过对三级指标中的系统实际表现的评估，得出一级指标和二级指标的评估结果，最后采用加权综合评分法，即以实际评估值乘以权重得到相应值。

本章设计了电子政务绩效评估的三级指标体系，为方便理解，表5-3为电子政务绩效指标体系（一、二、三级）的总框架。表5-4至表5-10的内容是该指标体系的明细和内容解释。

这个指标体系总分为三级，一级指标体现电子政务绩效实现过程中必须具备的关键环节，二级指标为各具体环节应具有的特征，三级指标是各个环节的实际表现，见表5-3。

表 5-3 电子政务绩效评估指标体系构成

一级指标	二级指标	三级指标
用户满意度	处理结果的针对性	处理结果与需要相符率
	行政收费	与传统政务处理行政费用比较优势
		电子政务业务宣传比率
	服务水平	业务对象抱怨处理率
		异常事件处理能力
		业务对象查询回复时间
		业务处理反馈
		不符合业务流程的反馈
	可靠性	准时处理信息
		业务对象抱怨率
业务标准协同指标	业务标准相关性	与系统功能的耦合性
		与现有业务能力的相关性
	业务标准准确性	业务活动协同
		管理活动协同
		财务和资金协同
	业务标准灵活性	持续优化机制
		内外标准协同
	业务标准执行力	业务标准是否尽知
		执行控制力
节点网络效应指标	系统覆盖率	协同使用电子政务管理系统
		外部节点覆盖深度
		最低单一节点覆盖面
	节点互动性	是否支持移动应用
		是否信息跟踪和实时提醒
	系统依赖性	业务对系统依赖的程度
		核心业务流程信息化水平
		决策信息化水平
系统适应性	系统拥有成本	一次性投入成本
		使用成本
		升级成本
	系统实现方式	系统建设方式
		系统接入方式
	系统扩展性	系统改进能力
		新增用户能力
		软件使用情况

（续表）

一级指标	二级指标	三级指标
安全性保障指标	安全措施	信息安全制度制定
		数据备份措施
		第三方监理引入情况
		防病毒措施
		防非法侵入措施
	安全意识	安全体系投入比例
		国家标准使用状况
		硬件设备备份
	安全效果	系统被攻击次数/月
		病毒感染系统次数/月
		系统故障平均修复时间
人员信息化能力指标	信息化技能普及	掌握专业 IT 应用技术的员工的比例
		管理层非专业 IT 人员的信息化培训覆盖率
	能力控制	电子化学习
		CIO 职位设置
	依赖程度	决策者的依赖程度
		一般工作人员的依赖程度

说明：用户满意度指标体现了电子政务系统的公平性和回应性，即一方面可以反映出接受电子政务服务的团体或个人是否都受到公平待遇，需要特别照顾的弱势群体是否能够享受到更多的服务，另一方面也可以反映出电子政务系统是否真实反映了特定群体的需要、偏好和价值观。对于政府、企业、个人以及内部业务部门等不同的用户需要也是不同的，其满意度也不尽相同。也就是说，外界输入信息的反应能力如何，最终需要信息的使用者来判断，因此，满意度评价指标是电子政务绩效评估的关键。对于这项指标可以分为四个二级指标、十个三级指标，见表5-4。

表5-4　用户满意度指标体系

二级指标	三级指标	三级指标内容说明
处理结果的针对性	处理结果与需要相符率	反映电子政务系统各节点上的业务部门的工作质量。质量合格率越高，对客户的满足程度越好。计算方式：合格业务处理数量/业务处理的总数
行政收费	与传统政务处理行政费用比较优势	反映在一段时间内，应用电子政务管理系统处理业务信息与传统方式处理业务信息的实效（数量、质量）优势
	电子政务业务宣传比率	反映电子政务系统尤其是核心部门对相关部门的支持力度，是影响客户满意度的重要指标

（续表）

二级指标	三级指标	三级指标内容说明
服务水平	用户抱怨处理率	反映公共管理部门对用户抱怨的反应与处理能力,是电子政务服务水平的主要指标
	异常事件处理能力	旨在反映政府各部门之间的内部反应能力、弹性与信息化技术水准
	用户查询回复时间	反映对用户请求的响应速度、响应能力,是影响用户满意度的重要因素
	业务处理反馈	业务处理结果能否及时反馈给用户,直接影响到用户的根本利益和满意度
	不符合业务流程的反馈	很多业务信息不一定能符合业务流程,但是如不反馈及时同样也会影响用户的根本利益,直接关系到满意度
可靠性	准时处理信息	反映对需求的真实满足能力。计算方式:准时处理率＝准时信息处理次数/总处理信息次数
	用户抱怨率	反映满意度的最直观的指标,也是用户情绪的最直接的表达。计算方法为:用户抱怨次数/总业务量

　　说明:电子政务建设和发展是一项长期的工程,建设网络系统,构筑管理平台,以及业务流转过程中都需要通过业务标准协同规范不同的主体的业务行为和具体操作,这样才能充分发挥电子政务系统的绩效。业务标准的有无、业务标准是否完整科学、业务标准是否得到坚决执行等因素,是决定电子政务绩效水平乃至电子政务系统工程建设的关键。业务标准执行的好,效能有可能越大。该指标包括四个二级指标,九个三级指标,见表5-5。

表 5-5　业务标准协同指标体系

二级指标	三级指标	三级指标体系内容说明
业务相关性	与系统功能的耦合性	指业务标准是规范电子政务管理系统各个节点上各部门围绕政务信息进行业务行为的共同准则。业务标准的直接目标就是保障各个节点上的业务部门能够正常、规范应用平台的功能
	与现有业务能力的相关性	指业务标准必须有助于提升现有业务人员的工作效率,延伸业务人员的工作能力,与现有业务能力之间建立起正相关关系
业务准确性	业务活动协同	指业务标准必须覆盖到所有主要的业务行为,必须能够指导、规范和协同电子政务系统上各个节点部门以电子政务系统功能操作作为对象的业务活动
	管理活动协同	指业务标准也应覆盖相关的管理行为,从而为协同奠定坚实的管理基础,保障协同的稳定性和可靠性

（续表）

二级指标	三级指标	三级指标体系内容说明
业务准确性	财务和资金协同	业务协同、管理协同的前提,必须有相应的资金支持,资金的合理使用,合理的投入与产出比,也是电子政务系统必须关心的问题,因而业务标准必须能够同时覆盖相关的财务和资金行为
业务标准灵活性	持续优化机制	指业务标准根据业务和管理实践的发展变化而及时修订和完善,成为与时俱进的业务标准
	内外标准协同	指为保障电子政务系统内各个部门之间的协同效率,政府部门内部的其他业务标准必须同本部门间的业务标准接轨,并且不违反相关的法律法规规定,不仅能够通过电子政务系统切实提升内部管理水平,同时也为政府不同部门之间的协同提供强有力的保证
业务标准执行力	业务标准是否尽知	业务标准要为电子政务系统上各个节点的业务部门共同遵守,首先要让大家知道、了解业务标准
	执行控制力	指核心部门对业务标准的执行控制力度,能够通过核心部门的力量推动业务标准的执行,促进业务标准的不断完善,并能够得到有效执行

说明:不同的公共管理机关在以机构体系为特征的电子政务网络系统中,形成相对独立的节点,其数量及相互间的互动能力直接反映电子政务绩效内容中的效能指标。电子政务系统具有明确的网络效应,也就是电子政务网络覆盖越广,整个系统的价值越大。该指标包括三个二级指标,八个三级指标,见表5-6。

表 5-6　节点网络效应指标体系

二级指标	三级指标	三级指标内容说明
系统覆盖率	电子政务系统的协同使用	指电子政务通过跨越政府管理流程不同部门的共同的管理协同,来实现在同一电子政务系统中的绩效优化
	外部节点覆盖深度	指电子政务具有明显的网络效应,在同一业务管理系统内,覆盖范围越广,纵向使用者越多,效益越明显,管理水平越高
	最低单一节点覆盖面	电子政务系统应要求所有的节点均进入电子政务系统平台处理业务往来,否则会出现为20%的业务量付出80%的管理成本的情况出现,是一件极不经济的事情,因而针对每一个节点的应用情况就应有最低的要求
节点互动性	是否支持移动应用	高度的协同性、高效性是电子政务系统的本质特征之一,为此最好能让有关人员及时得到相关信息,因而,能够提供实时信息通告服务的移动应用设备,就成为影响电子政务系统绩效水平的关键因素之一

（续表）

二级指标	三级指标	三级指标内容说明
节点互动性	是否信息跟踪和实时提醒	电子政务协同程度的前提是相关信息的过程跟踪和及时获取，是影响电子政务系统绩效的重要因素之一
系统依赖性	业务对系统依赖的程度	业务如果可以完全基于电子政务系统进行运作，可以说是一个理想高效的电子政务系统，因而评价电子政务系统绩效水平的一个核心指标就是在平台上处理的业务数量
	核心业务流程信息化水平	各节点核心业务的信息化可以保证系统绩效的基本发挥
	决策信息化水平	反映机构管理者在进行决策过程中的信息化使用能力

　　说明：电子政务功能的实现基础就是基于应用平台的系统功能，但系统功能必须与公共管理能力相适应，既不能落后于业务能力，也不能盲目超前于业务能力，否则极易酿成电子政务项目的失败，所以应当从建设方式、业务适应能力等角度评估电子政务绩效，这是一项效率衡量和效果质量相结合的指标，该指标包括四个二级指标，八个三级指标，见表5-7。

表5-7　系统适应性指标体系

二级指标	三级指标	三级指标内容说明
系统拥有成本	一次性投入成本	指建设价值确定的电子政务系统的一次性投放成本，是决定电子政务系统绩效的决定性因素之一，也是风险产生的主要环节之一
	使用成本	使用成本指电子政务系统平台建设完成后，政务机构在使用时必须要承担有形或无形的费用支出
	升级成本	系统功能升级是 IT 风险产生的主要环节之一，也是 IT 黑洞形成的主要原因，因而是评估电子政务管理绩效的关键因素之一
系统实现方式	系统建设方式	指建设过程的方式是否采用招投标、是否引入监理等。科学合理的建设方式是降低成本，保证质量有效手段，在系统建设过程必须采用公开的招标和投标的方式进行，并进行监理审计
	系统接入方式	电子政务系统是一个面向公众同时又是跨部门的管理活动，必须提供灵活多样的接入方式来适应不同部门的需要和在不同的条件下都能顺利履行政府职能，是电子政务系统绩效水平的一个重要指标
系统扩展性	系统改进能力	指在系统功能、应用平台自身在装备水平、技术扩展性、功能、性能、性价比方面的改进能力，是关系到电子政务绩效可持续发展的重要因素

（续表）

二级指标	三级指标	三级指标内容说明
系统扩展性	新增用户能力	由于电子政务的发展正处于迅速变化的环境中,因此对于某一系统来说用户的数量是处于一个由少到多的状态之中,也要求一个系统能够快速增加接受服务的用户数量
	软件使用情况	国产软件的使用比例,是关系到电子政务系统安全性的又一关键因素,也是绩效实现的又一屏障

说明:安全管理不只是网络管理员日常从事的管理概念,而是在明确的安全策略指导下,依据国家或行业制定的安全标准和规范,由专门的安全管理员来实施。因此,网络安全管理的主要任务就是制定安全策略并贯彻实施。制定安全策略主要是依据国家标准,结合本单位的实际情况确定所需的安全等级,然后根据安全等级的要求确定安全技术措施和实施步骤。同时制定有关人员的职责和网络使用的管理条理,并定期检查执行情况,对出现的安全问题进行记录和处理。由于电子政务的公共管理性质,其对于安全性要求更高于其他信息系统,同时对于安全体系的建设也相应更高。否则再好的电子政务系统也无法正常运行,绩效更难实现。安全体系的建设共性为安全措施、安全意识及安全结果等指标,其核心是对于电子政务效果质量的衡量,该指标包括三个二级指标,11 个三级指标,见表5-8。

表 5-8 安全性保障指标

二级指标	三级指标	三级指标内容说明
安全措施	信息安全制度制定	是否制定安全制度是关键的安全管理措施,制定并认真执行安全制度是电子政务系统安全的基本保障
	数据备份措施	数据备份措施是电子政务保持持续性的有效手段,能否建立多样性的数据备份措施影响到电子政务系统的绩效的稳定性。基本的数据备份措施包括:本地实时备份,本地定时备份,异地实时备份,异地定时备份
	第三方监理引入情况	在电子政务建设过程中,通过专业的监理机构以第三方的身份进行项目监理,可以保证系统建设的质量和相关建设资料完备,为安全性提供外在保障
	防病毒措施	病毒是影响电子政务功能的最大障碍,目前最有效的防病毒措施是安装杀毒软件,包括安装:企业级杀毒软件和单机版杀毒软件等
	防非法侵入措施	电子政务系统极易收到非法侵入,从而影响到系统的正常运行。目前常用的措施包括:安装防火墙,采用公钥加密技术,安装邮件加密系统、政府的内网和外网分离等

（续表）

二级指标	三级指标	三级指标内容说明
安全意识	安全体系投入比例	对于安全建设的投入体现了是否重视安全意识,其投入比例为用于信息安全的费用占全部信息化投入的比例(%)
	国家标准使用状况	标准的使用是安全运行的基准,目前在信息化建设过程中,部分项目建立健全了国家标准,但有些领域并未建立国家标准,对于建立国家标准的应以国家标准为依据,未建立国家标准的应以国际标准为依据
	硬件设备备份	电子政务系统中的档案服务器、网络服务器、防火墙等相关硬件设备的备份,同样体现了安全意识
安全效果	系统被攻击次数/月	所有安全措施只能是一种预防手段,但目前最好的安全措施也不能根本上杜绝电子政务系统受攻击的现象。不同的机构对于安全的要求等级不同,受关注度也不同,安全效果的体现应受到重视
	病毒感染系统次数/月	对于信息系统来说,病毒感染如同人类疾病一样,同样也是很难杜绝的现象,而感染次数一定程度上体现了系统安全的现状
	系统故障平均修复时间	系统故障是系统安全的重大隐患,无论故障来源于外部攻击还是病毒感染,或者系统本身的硬件和软件故障。无论故障大小,如能及时快速修复,都说明系统处在一个安全的环境中

说明:电子政务的实现和推广除了技术和管理制度上的要求外,更重要的是人的因素,人的因素已经成为影响的电子政务绩效的"瓶颈"。公共管理机构的决策者和业务执行者的信息化能力以及相应的学习和使用水平,与电子政务绩效的实现息息相关,是反映电子政务绩效的一个关键指标。该指标分为三个二级指标,六个三级指标,见表5-9。

表5-9　人员信息化能力指标

二级指标	三级指标	三级指标内容说明
信息化技能普及	掌握专业 IT 应用技术的员工比例	是指电子政务建设机构的正式员工中,掌握专业 IT 技术的员工占全部正式员工的比例,即专职或兼职担任技术支持的人员比例
	管理层非专业 IT 人员的信息化培训覆盖率	其中管理层包含高层管理者、中层管理者和基层管理者,需接受过 2 小时以上的正式培训,方可进入培训覆盖的范围
能力控制	电子化学习	反映机构中的学习能力和文化的转变,以可供选择的学习领域的覆盖率为基准。可学习的内容包括:管理、技能、规章制度、政策法规等
	CIO 职位设置	能否设置 CIO 职位反映出对于人员信息化过程中的控制程度

（续表）

二级指标	三级指标	三级指标内容说明
依赖程度	行政领导的依赖程度	使用时间超过平均 2 小时/日以上的行政领导所占比例
	一般工作人员的依赖程度	使用时间超过标准为平均 4 小时/日以上的一般工作人员比例

5.4.3　部门信息化的绩效评估指标

1. 总体指标

政府门户网站绩效评估和电子政务应用平台的绩效评估是微观层面的具体评估。下面给出一个考核部门信息化水平的绩效指标体系。该体系主要从三个方面进行绩效考评，包括电子政务的基本建设情况、应用与效果和组织管理情况。

基本建设情况主要考核网络与信息安全、内部管理信息化、业务信息化、机构和培训四项内容，从总体上考核各部门政务资源信息化的程度和有效利用的程度，以及电子政务建设对单位政务和业务的支持能力和支持效度。

应用与效果方面主要考核政务公开、公共服务、社会管理、信息共享、资金与成本、服务满意度六项内容，从总体上考核各部门电子政务建设的公众服务能力和决策支持能力，以及电子政务的投资效益和资源利用情况。

组织管理方面主要考核电子政务的组织保障和目标实现两项内容，从总体上考核各部门电子政务建设的组织协调和监管效果。

2. 各项指标

（1）网络与信息安全。网络建设和应用情况，重点考核局域网与政务专网连接情况和基于政务专网的应用情况；信息安全风险评估、等级保护的情况主要考查各单位负责的应用系统是否进行信息安全风险评估，是否进行了定级工作；网络与信息安全应急预案健全程度，主要考查保证网络畅通和信息安全的预案是否健全，能否起到作用；数字证书推广应用情况，主要考查各单位推进数字证书使用，和按照全市统一部署的应用系统，如公文传输、公务员门户中应用等，数字证书的应用情况。

（2）内部管理信息化。公文、资产、人事、档案等内部管理信息化实现情况，主要考查各单位内部日常办公、管理是否实现信息化；知识产权保护制度执行情况，主要考查对软件和信息资源版权的保护情况。

（3）业务信息化。业务梳理和管理创新情况，主要考查是否进行了业务梳理，对管理创新、业务流程再造或优化等突出的部门将给予加分;基础数据情况,主要是指部门信息资源中的数据准确率问题;核心业务信息化实现情况,是指按照部门职责应完成的行政许可、行政审批等服务和管理业务的信息化实现率。

(4) 机构和培训。信息化行政机构和运维机构情况,主要考查是否有信息化主管部门,或赋予信息中心行政业务协调的职责;公务员通过电子政务培训情况,是指各部门公务员电子政务培训工作完成的情况。

(5) 政务公开。政务公开目录编制情况,是指编制本部门政务公开目录的情况;政务公开内容建设情况,是根据政务公开目录对目录内容建设的完整性、更新的及时性等情况。

(6) 公众服务。网上审批应用情况,是指有行政许可和审批事项的部门通过网络提供表格下载、网上受理、网上办理、网上反馈、公示等情况;网上信息服务和服务渠道多样化情况,主要考查通过网络、短信、呼叫中心、信息亭、数字电视等多种渠道向公众提供信息服务情况。

(7) 社会管理。领导决策和应急指挥信息化情况,主要考查领导决策信息服务情况,以及开展应急指挥方面的建设情况;城市管理信息化情况,是指各部门在城市管理方面通过信息化手段的实现情况。

(8) 信息共享。跨部门信息共享和跨部门协同办公情况,是否按照业务关联部门的需求提供数据;部门内部共享情况,指的是各部门内部是否形成了信息共享机制。

(9) 资金与成本。基础设施、应用系统、信息资源等方面重复建设情况,是从规划总体看,是否存在重复建设、重复采集、重复录入等问题;项目资金利用情况,主要考查电子政务项目资金是否合理使用,保证项目质量的相关工作如安全测试、软件测试的资金是否有保障;信息化运维资金落实情况,主要考查各部门信息化运维资金是否有保障,渠道是否顺畅。

(10) 服务满意度。公众对政府部门服务质量的评价。

(11) 组织保障。"一把手"领导落实情况,是指主要领导的重视程度,是否将信息化工作列入本部门的议事日程等;工作机构协调推进情况,是指信息化工作机构执行领导决策、发挥行政协调作用和积极推动情况等;规章制度建设,是指各项规章制度是否健全,以及落实情况等。

(12) 目标实现。主要考核单位是否有电子政务建设的规划,以及规划落实情况,和电子政务重点任务的完成情况。

3. 部门绩效考评指标

部门绩效考评指标见表5-10。

表 5-10　部门绩效考评指标

一级指标	二级指标	三级指标
基本建设情况	网络与信息安全	网络的建设和应用情况
		信息安全风险评估、等级保护的情况
		网络与信息安全应急预案健全程度
		数字证书的推广应用情况
	内部管理信息化	公文、资产、人事、档案等内部管理信息化实现情况
		知识产权保护制度执行情况
	业务信息化	业务梳理和管理创新情况
		基础数据情况
		核心业务信息化实现情况
	机构和培训	信息化行政机构和运维机构情况
		公务员通过电子政务培训情况
应用与效果	政务公开	政务公开目录编制情况
		政务公开内容建设情况
	公众服务	网上审批应用情况
		网上信息服务和服务渠道多样化情况
	社会管理	领导决策指挥信息化情况
		城市管理信息化情况
	信息共享	促进跨部门、为区县信息共享实现工作情况和跨部门协同办公情况
		部门内共享情况
	资金与成本	基础设施、应用系统、信息资源等方面重复建设情况
		项目资金利用情况
		运维资金落实情况
	服务满意度	公众服务满意度
组织管理	组织保障	"一把手"领导落实情况
		工作机构协调推进情况
		规章制度建设取得实效情况
	目标实现	电子政务规划的实现情况
		市电子政务重点任务完成情况
		本部门年度电子政务计划完成情况

案例

美国电子政务的绩效评估案例

电子政务是政府信息管理与信息资源管理(在信息时代借助电子技术)的延

伸,电子政务绩效评估则是政府绩效评估的最新组成。因此,考察美国政府的电子政务绩效评估,应该上溯到它的两个源流:信息资源管理和政府绩效评估。

若以政务内涵来划分,政务绩效评估又可以分为两类。一类是针对"政府项目"的评估,大体上类似于对企业投资的评价;另一类是针对"政府行政"的评估,大体上类似于对企业日常经营管理的诊断。

一、联邦政府项目的费用-效益分析

美国联邦政府项目的绩效评估,在机制上主要是受制于国会监督,在管理上主要是基于根深蒂固的费用-效益分析。

在美国,从整个国民经济角度来确定政府投资的费用和效益,最初开始于1902年根据《河港法》评价水域资源工程项目。费用效益分析的正式定型则在30年代,当时美国政府运用它来评定一些水域资源开发工程是否合算;此外一些州政府还用它来评价某些公路建设方面的投资项目。1936年,美国《全国洪水控制法》规定所有提出来的洪水控制和水域资源开发等项目,都要符合一项标准:"不论受益者是谁,项目的预期效益必须超过其预计费用。"这样,费用效益分析正式成为评价工程项目的一种方法。

第二次世界大战期间,费用效益分析被美国政府用来指导有关资源分配方面的决策。因为战时资源紧张,必须通过选择来将它们用在更有效的地方,也就是说,使有限的国民经济资源得到最有效的利用。

战后,人们又研究费用效益分析在其他领域的应用,逐步把它推广到交通运输、文教卫生、人员培训、城市建设等方面的项目评价上。1950年,美国政府机构"联合江河流域委员会"的费用效益小组发表了"绿皮书",概述了确定效益费用比率的原则和程序。

20世纪60年代后期,联邦政府开始实行"设计计划预算制度"。该制度要求从费用效益的角度来审查政府的各级计划项目是否合算。由于政府的活动范围日益扩大,各种不同形式的费用效益分析亦日益受到重视;对于编制计划预算工作的人员来说,进行费用效益分析,已成为愈来愈重要的一项职责。

以美国的战略石油储备项目为例。政府根据费用效益分析确定石油战略储备技术路线和储备量。石油储备的效益表现为中断石油供应可能带来的损失。据美国能源部的分析,石油价格增长1倍,GDP将下降2.5%左右;每桶石油价格上升10美元,将给美国经济造成1年500亿美元的损失,经济增长率将减少约0.5个百分点。石油储备的费用包括储备设施的一次性投入、采购石油所需资金、运行维护费用等。(吕薇,2002)

不仅边界清晰的政府项目要做费用效益分析,而且政府采取的经济措施(减免税等)也要做费用效益分析。费用效益分析先后被卡特政府的总统行政命令

12044、里根政府的总统行政命令12291、克林顿政府的总统行政命令12866所要求。其中,里根政府的总统行政命令12291要求,所有联邦机构提交给联邦管理与预算局OMB的主要条例,都要进行"条例影响分析"。主要条例的定义是,每年对经济的影响超过1亿美元,或具有其他主要成本或价格影响。

根据"Stevens修正案","2001财年国库券和一般行政拨款法案",国会要求OMB要定期提交关于联邦条例的效益和费用的报告。

二、政府行政的绩效评估

政务绩效评估在很大程度上可以而且应该纳入公共财政预算绩效评估。

1. 预算绩效评估

自1921年起,美国共进行了五次预算改革,最近一次(1992)推行的是"企业化预算制度",或可称为"绩效基础预算"。20世纪80年代以后的预算危机,促使各国政府纷纷对预算制度进行改革,例如英国的"财务管理方案"、澳大利亚的"财务管理改善计划"、新西兰的"财政法",以及美国的"首席财务官法"与"政府绩效与结果法"等,都可以算是"企业化预算制度"的兴起例证。

财政预算绩效评估体系是公共财政框架的重要组成部分之一,是将现代市场经济的成本——收益理念融入到政府财政的预算管理之中,使政府预算能像企业财务计划一样,对政府的行为进行内控,并通过这种内控,保障政府目标的实现,提高政府运行效率,促进政府职能转变,提高政府与市场的协调能力。

2. 政府绩效与结果法

20世纪80年代,美国政府成立了一个全国绩效评估委NPR,由副总统亲自领导,对政府的行政过程和效率、行政措施与政府服务的品质进行全面评估。NPR开展了大量的调查研究,访问了第一线的联邦雇员,直接收集了多达1200项具体意见和建议,于1993年提出《创建经济高效的政府》和《运用信息技术改造政府》两份报告,认为借助信息技术进行再造工程,能使政府运作更加顺畅,并能够节约成本。

美国审计总署1992年发表的一份报告总结出实施信息资源管理有11种障碍,并将其分成三大类:第一类是知识障碍,第二类是制度障碍,第三类是政治障碍。该报告中还引述了这样一句话:"摒弃信息资源管理就是自动数据处理这种非常狭隘的观点的时代已经到来。"

在一系列工作的基础之上,1993年出台了《政府绩效与结果法》,其他的配套措施也相应出台。其中最重要的是《联邦绩效检查》,其主要内容包括:①服务标准——创立了近2000个社会公众标准,该标准是绩效计划、绩效报告中有关绩效目标的灵魂;②绩效协议——总统与部长之间签订的关于承诺完成绩效目标与结果的协议,个人考评与激励机制紧密相连;③绩效管理的"再发明实验室"——给予管理者充分弹性,消除不必要的控制;④绩效合作伙伴——关注联邦资金的价值及其使用效果,赋予地方政府在项目管理上更多的弹性,并突出他们在绩效管理及其结果上的责任。

三、联邦政府电子政务及其绩效评估的制度基础

从技术方面看,电子政务当然缘起 IT 产业的发展。从制度方面看,如前所述的"政府信息资源管理"、"政府项目的费用-效益分析"、"政府行政的绩效评估"这三条主脉络,为电子政务及其绩效评估奠定了制度基础。这些制度包括法律、政策、政策咨询、机构与管理四个层面。

1. 法律层面

从 1889 年的《通用记录处理法》开始,相关法律有《预算和审计法案》(1921)、《联邦报告法》(1942)、《记录处置法》(1943)、《信息自由法》(1966)、《隐私权法》(1974)、《文书削减法》(1980、1995)、《信息科学技术法》(1981)、《国际通信重组法》(1981)、《政府绩效与结果法》(1993)、《电信竞争与放松管制法》(1995)、《电信法》(1996)、《文书工作消失法》(1998)等。许多授权或拨款议案中也有大量的指导政府机构信息活动的条款。

2. 政策层面

OMB 自 1985 年起不断发布 A-130 通报《联邦信息资源管理》,对实施政府信息资源管理和推进电子政务起到巨大作用;所发布的其他通报包括《联邦声像活动的管理》、《政府文书削减法的实施》、《机构间共享个人数据指南》、《建立政府信息定位服务》、《联邦咨询委员会的管理》等。

3. 政策咨询层面

从 19 世纪末到 20 世纪 80 年代初,美国国会先后成立了八个专业委员会,负责对联邦政府的记录管理情况进行调研并提出具体措施,其中包括对引入信息资源管理概念和制定《文书削减法》作出直接贡献的联邦文书委员会(1975 年成立)。联邦政府的审计总署、内务委员会、全国绩效评估委等,非政府机构的洛克菲报告、萨蒙报告等,都曾做过大规模调研并提出政策建议。

4. 机构与管理层面

设立预算局(OMB 的前身,1921)、建立美国国家档案馆(1934)、开发联邦信息定位系统(1980)、开发政府信息库存定位系统(1993)等。

自 1993 年美国前总统克林顿和副总统戈尔在其任期内首倡电子政务之后,在联邦政府内逐步形成了一整套管理体系,概要来说包括以下几个子系统。

(1) 领导与管理层。"电子政务"(E-Governmnet)计划是由总统管理委员会(PMC)领导、由总统行政办公室及 OMB 两个部门联合执行的,主要由 OMB 负责。

日常事务由 OMB 专管信息技术和电子政府的副主任直接来抓。副主任对主任负责,主任则向总统管理委员会报告事务进程以及获得相应的批准。总统管理委员会也关注政府机构间的组织和程序的变革,促进以公民为中心的改革,这与电子政务项目的宗旨是一样的。

由此,总统管理委员会成为联邦政府转型为 E-Government 的关键的管理部门。OMB 对推进电子政务、开展绩效评估起着举足轻重的作用。

(2) 信息主管 CIO 制度。美国政府建立了信息主管制度,联邦政府的首席信息官由 OMB 第一副局长兼任,政府各部门也同时设立首席信息官,各州政府也都有相应的首席信息官。CIO 委员会在来自其他联邦管理委员会的成员参与下,形成"业务指导委员会",关注 E-Government 的四大业务,即 G2C、G2B、G2G 和联邦政府内部的效率和效力。

(3) 政策制定。为了推动电子政务计划,OMB 成立"电子政务特别工作组",于 2001 年 8 月正式开始工作。它由来自 46 个政府机构的成员组成,由 OMB 负责信息技术和电子政务的副主任领导。该小组 2001 年 9 月围绕"为取得电子政务的战略性进展应采取的重点行动"提出了建议,10 月总统管理委员会讨论并通过了这些建议。随后,各机构的项目小组会同 OMB 制定了电子政务计划实施框架,并将其列入 2003 财年预算。各机构都制定有详细的电子政务项目计划,并为投资和实施这些项目建立了伙伴关系。

要注意的是,这个工作组只是一个政策的主要制订者,而具体的电子政务项目实施则依赖于外部力量。在美国目前的 46 个机构部门中,每个部门参与的人数不等,多则 3～4 人、少则一个人,这些人统一听从 OMB 的调配,参与相关的项目研究。

(4) 技术推动。在联邦政府下面或自发组织、或由政府及一些公益性团体组织,共组成 10 个推动政府信息化的机构,冠以一个总名称——政府技术推动组。这些机构主要有:政府信息化促进协会联盟、IT 产业顾问协会、州级信息主管联盟、国家电信信息管理办公室、政府评估组、首席信息化小组等。

政府技术推动组负责全国的政府信息化管理指导工作,包括技术推进、法规政策建议、管理投资、业绩评估等。

四、对联邦政府电子政务绩效的一次内评估

2001 年 8 月即 2002 财政年度开始前一个月,布什总统公布了他的总统行政管理议程(PMA)——联邦政府改革行政管理的一个五点计划。在这个议程中,布什总统承诺了一个以绩效为导向的、基于市场的以及以公民为中心的政府。

总统行政管理议程提出的五个全政府行动计划分别为:把绩效整合到预算中;以公民为中心的电子政务;改善财务管理;人力资本的战略性管理;竞争性来

源。所有五个目标都是彼此相关的,绩效是它们的共同的思路。

总统行政管理议程明确指出,"电子政务不是把大量的政府信息表格和纸张搬到网上,更确切地说,它是关于政府更好地利用技术来更好地服务于公民和提高政府效率,缩减政府决策的时间,从数周或者数月缩减为几小时或者几天。"

2003 年 10 月底,美国的绩效学会、理性公共政策学会、国家公共管理学院等机构联合发布了题为"建立一个基于绩效的电子政务"的报告。从文件性质看,这是一份围绕总统行政管理议程所做的电子政务的年度白皮书。从文件内容看,由于立题就是"基于绩效",评论对象(PMA)的指导思想也是绩效,所以大部分篇幅都涉及到绩效评估的理念和实际操作。

在这一报告中,展示出此次电子政务绩效评估的几个侧面。

1. 评估主体

进行此次绩效评估的调查研究小组,是由"优秀的政界人士组成的团体"形成的。项目由著名的政府绩效管理专家 Carl D DeMaio 设想和领导,由绩效协会、富士通咨询公司和 Reason 基金会提供人员配备。

项目显然得到了联邦政府的支持,所以才能要求"反馈的资料送到联邦政府的信息技术职位的 3500 个联系人手中",才能"与每一个部门级的 CIO 办公室进行了多次联系,要求政府机构提供电子政府行动计划的名称和业务案例信息",才能"采访了多组来自 23 个联邦政府机构的 IT 员工——调查他们的程序表、他们的行动计划和他们关于电子政府的绩效测量标准"。事实上,首席信息官委员会向它的会员发布了关于该项目的报道。

大体上可以判断,此次评估是一次得到政府支持与配合的内评估,类似于内部审计,但政府未必有所资助,审查的内容也不是财务而是绩效。

2. 评估对象

总统行政管理议程提出的五个目标都是全政府行动计划,所以评估的对象就是联邦政府的全部 25 个机构,对它们如何推进五个目标之一——"以公民为中心的电子政府"——进行评价。

3. 调研和评估的内容

评估主体根据总统行政管理议程的要求,确定了调研和评估的四个关键任务。调查的方法主要是大量的采访和案例研究。

第一,明确定义"以市民为中心"的IT——什么构成一个"以公民为中心的电子政府行动计划"。

第二,确定决定性的成功因素——确定指导性的实践,提高"以公民为中心的行动计划"的设计、调整、测量和管理上的成功。

第三,提供关于成本节省和项目绩效提高的测量标准的证明文件。

第四,认可 IT 的"绩效领导者"。

4."绩效领导"裁定

由于总统行政管理议程提出了电子政府记分标准,各机构也有电子政府记分卡,所以优胜者标准是比较明确的。

研究小组基于评估,提出五个政府机构当选为电子政府的"绩效领导",获得特殊褒奖。在 2002 财政年度,"全面绩效管理"的优胜者是美国劳动局,"实现成本效益"的优胜者是海军部和国家科学基金会,"提高项目执行成效"的优胜者是财政部的美国国内税局,"跨机构行动计划的合作关系和行政管理的有效使用"的优胜者是小企业管理局。

5. 总体评估结论

通过绩效评估,对 2002 财政年度的电子政府行动计划归纳出 10 个结论,既有肯定的内容也有批评的内容;对未来的发展提出 27 条政策建议,其中有些建议相当具体且可操作性极强。

主要结论有两条:

第一,尽管某些方面仍然有待于改进,政府以及 OMB 因为它们在电子政府行动计划中的强有力的领导作用而受到表扬。对于政府在电子政府中的重要地位存在明确的认同。另外,总统的行政管理议程在每一个政府机构中受到越来越明显的关注。

第二,机构通常不能用与任务密切相关的 IT 绩效测量来调整、管理和评价电子政府的成功。在大多数情况下,研究小组不能获得它们进行的案例研究的有效绩效测量标准。事实上,一些机构汇报说没有测量电子政府绩效的方法,缺乏一个健全的、系统性的程序来收集和汇报绩效管理数据。

因此,研究小组认为,"大多数政府机构普遍不能有效地测量它们的电子政府绩效,这也许最终会妨碍在电子政府领域取得最初的成果。对于 2002 财政年度在信息技术上支出的 480 亿美元,本次调查表明:这些支出中的大多数没有通过与任务密切相关的绩效测量标准加以合理化调整。这一实践代表着一种'高风险'的商业做法,可能导致 IT 项目的失败,以及对于纳税人的浪费。"

第6章 电子政务的业务流程

6.1 流程的概述

经济的国际化和全球化加剧了企业间的竞争,随着信息技术的广泛应用,对传统的运转机制和组织体制产生了强烈的冲击。于是,建立在劳动分工理论和职能分工理论基础上的"科层制"管理模式的弊端已经逐渐演变为组织的无形障碍。

正是在这种背景下,流程管理作为一种全新的管理模式应运而生。流程管理作为一种管理理念和管理模式,经历了流程重组和流程改进,逐渐成熟。流程管理是从粗放式管理走向精细化管理的重要标志。

6.1.1 业务流程

流程(process)一词在英国朗文(Longman)出版公司出版的《朗文当代英语词典》中解释为"一系列相关的人类活动或操作,有意识地产生一种特定的结果"。美国前 MIT 教授 Hammer and Champy 将流程定义为:业务流程是指一系列活动,这一系列的活动将一种或多种输入进行转换,创造出对顾客有价值的产出。他们的定义包括三方面:有组织的活动,相互联系,为顾客创造能够带来价值的效用。首先业务流程是一组活动,而不是一个单独的活动;其次,整个业务流程中的各项活动各有特点,不允许随意安排,它们之间相互关联,结构严密;其三,业务流程中所有的活动必须在一起进行,向着同一个目标。显然,业务流程本身不是最终目的。它的目的是把所有的活动整合起来,形成一个有机的整体;它要超越每个活动实现的单个目标,始终盯着最终目标。此外,协作和组织是业务流程有效率的两个重要因素。实施业务流程意味着将所有的片段以合理的方式连接成一个完整的流程时必须进行结构性的设计。

美国管理专家 Hammer M 和 Champy J 在 20 世纪 90 年代初提出了业务流程重组(BPR)的思想,倡导对企业的流程进行根本性的再思考,并做重新设计,以达到成本、质量、服务和速度等关键绩效指标的巨大提高。传统的业务流程重组的概念关注于企业内部的流程,主要是通过信息技术和组织结构对企业内部的关键业务流程进行分析,并且去除那些不增值或不必要的活动,以达到流程优化的目的。流程再造已经被视为公共管理、大企业管理的一种正常的活动。

BPR的基本内涵就是以业务流程为中心,摆脱传统组织分工理论的束缚,提倡顾客导向、组织变通、员工授权及正确地运用信息技术,达到适应快速变动的环境的目的。

"流程(Process)"观点,即集成从订单到交货或提供服务的一连串作业活动,使其建立在"超职能"基础上,跨越不同职能与部门分界线,依赖管理和流程重建。其中评价、诊断并重新设计流程阶段的步骤包括:组建和培训团队,找出流程的结果和联系,评价并量化度量现有流程,诊断环境条件,标杆瞄准最佳实践,重新设计流程,运用系统化改造或全新设计方法,或两种方法并用,评审新流程设计对人员的要求,评审新流程设计对技术的要求,检验新流程设计。

业务流程是一系列连续有规律的活动,以确定的方式执行,导致特定结果的实现。流程的特性在于:①目标性,流程必然服务于特定的目标和任务;②事务性,对于任何流程都可以概括为:输入了什么资源,输出了什么结果,中间的一系列活动是怎样的,输出为谁创造了怎样的价值;③整体性,流程既然要"流转",必然至少包含两个具有协同关系的活动,才能建立结构和关系。④动态性,流程是按照一定的顺序徐徐展开的。

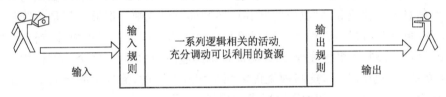

图6-1 业务流程的定义

流程是由活动构成的,弄清楚活动的以下几个要素有利于全面理解和把握流程:①活动的主体是谁? ②活动的实施对象是什么? ③活动实施的方法和手段;④活动发生的环境和场所;⑤执行活动的时间。即从Who、What、How、Where、When等角度对业务流程进行逐层分解和细化。流程中活动的分解应该关注协同、适可而止,如果一系列活动步骤完全依靠单个岗位的人员技能就能完成的话,那么这就是人力资源管理的问题,而不属于流程的问题。

6.1.2 流程管理

流程管理(Business Process Management,BPM)是 种以规范化的业务流程为中心,以持续的提高组织业务绩效为目的的系统化方法。流程管理的核心是流程,流程管理的本质是构造卓越的业务流程。流程管理要求流程必须是面向顾客的流程,流程中的活动都应该是增值的活动。

在某些情况下不做根本性的变革,而作更稳妥的连续业务流程改进(Business

Process Improvement,BPI),更好地实现平滑过度,也会取得良好的经济效益。英国学者J·佩帕德和P·罗兰认为 BPR 是一种改进(improvement)管理。佩帕德和罗兰将一个企业中高层组织流程划为三类:战略流程、经营流程、保障流程,如图6-2所示。

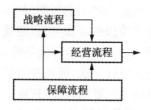

图 6-2　组织流程图

　　战略流程也即决策流程,组织完成一系列分析和认定现有内外部利益格局、制定战略规划和相关政策的活动步骤,解决"做什么"的问题;操作流程是执行决策的过程,通过它们维持组织的日常运作,实现主要的职能,解决"怎样做"的问题;

　　保障流程则为战略流程和操作流程的顺利实施提供必要的条件,如人力资源管理、信息系统管理等,对组织的顺利运转同样不可或缺。根据流程是否跨越组织边界,可分为组织内流程和组织间流程。组织内流程仅在组织内部进行运作,如组织内部计划、人事管理等;组织间流程则跨越组织边界,与多个外部机构直接发生联系。一般情况下,这两种流程之间是相互关联的,流程中的活动呈现出直流、分流、合流和回流等四种衔接形式,如图6-3所示。

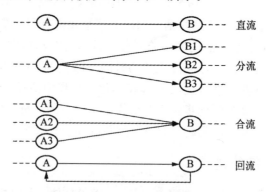

图 6-3　流程活动的四种衔接形式

　　业务流程改进是指使组织显著提高业务流程运作水平的一种系统的方法体系。业务流程改进包括五个阶段,其中流程评价和控制阶段的目标是设立一个系统来评价和控制正在改进的流程。包括:设立流程内的目标和测评指标,建立一个反馈系统,定期审核流程,建立一个低质量成本系统。

政务流程再造的关注重点是操作流程和组织间流程。因为战略流程往往不可避免地受到政治和法律因素的影响,充满了利益群体之间的权力、冲突和博弈,稳定性不如操作流程,也不容易实现人为的流程调整。组织间流程突出体现了不同岗位之间的协作问题,是流程管理的症结所在,也是目前许多组织最迫切需要进行优化的部分。

6.1.3　政府流程

政府流程的概念 1908 年由 Bentley Arthur Fisher 在《政府流程:社会压力研究》一书中首先提出。他把社会运动和政府流程解释为"一个团体的活动,一种利益的表现以及一种压力的行使"。30 年代,Merriam Charles Edward 和 Lasswell Harold Dwight 明确提出:政府流程是对政府活动的行为、运转、程序以及各构成要素,特别是社会各利益团体之间以及他们和政府之间的交互关系的研究。国内以往对政府流程的研究侧重于政策过程,也即战略流程的研究,而电子政务流程讨论的主要是面向企业和公众的政府事务性操作流程。

电子政府的基本运行模式是"前后台、一站式",它的基本思想在于创造一个虚拟的、统一对外的服务窗口,能够超越职能完成集成式的服务。公民只需向前台清晰地描述出要求,由其统一协调政府内部相关环节的处理工作并一次性返回服务结果,而不必逐一与相关部门交涉、了解许多尚未公开甚至自身都不明确的政府服务规定,浪费时间和精力。企业、公众与政府间的相互接触发生在前台。公众无论通过什么方式,网页、电话、还是到一站式大厅中办理业务,都直接或间接地与政府发生了接触,因而前台是公众接受电子服务,衡量政府绩效的窗口。后台则是政府将管理寓于服务实现过程的环节,为达到向前台提供有效支持和顺畅递送服务的目的,政府内部的业务流程和组织结构有目的地进行了重组,从而改善了电子服务的质量。电子政府后台的规模和范围是灵活的,是随着提高公共服务质量的要求变动和扩展的,并不局限于政府部门内部。

业务流程中与服务对象直接接触的活动属于外部流程,运行在电子政府的前台;与外部流程衔接的政府作业流程称为内部流程,运行在电子政府的后台。内部流程是基础;外部流程是内部流程的表征,体现着公共服务的质量。外部流程和内部流程通过一系列流程设施联结,如政府网站、社区服务网点、自助缴费终端、一站式服务大厅等,这些流程设施起到两方面的作用:帮助政府准确地识别公民和企业需求,同时,政府提供的公共服务也得以及时投递给外界。外部流程、内部流程和流程设施共同构成了电子政务的一般业务模式,如图6-4所示。

传统状况下的政务流程根据政府社会管理的职能需要设置,以政府业务的稳

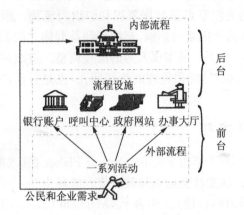

图 6-4　电子政务的一般业务模式

定实现为前提,较少顾及公共服务的效率和公众的需求,存在严重的问题:

(1) 政府流程体系庞杂、分割严重。公共服务的信息流和价值流被肢解为多个部门、多个层级,处于无法控制的分散状态,信息传递过程中的失真现象在所难免。

(2) 流程的封闭性明显,政府工作人员只关心自己管辖范围内的局部业务,而不关心整个业务流程活动的最终效果,职能分割和层级节制使公共组织缺乏对外界需求以及环境变迁信息的整体感知能力以及采取整体措施回应的能力。

(3) 政府流程机械而僵化,各个部门严格按照制度规定按部就班地工作,不关心具体业务的轻重缓急,政府职员抱着例行公事的冷漠心态,无视服务对象的感受和工作质量的提高。

内部流程的庞杂、封闭、分割反映到外部流程上,给服务对象造成的感受是:

(1) 流程的模糊性。许多政府部门的办事程序混乱不堪,甚至根本不存在,经办人员甚至都搞不清楚流程中具体涉及几个环节,先后次序怎样,需要办事群众在不同委办局之间来回往返穿梭,自己去发现流程。

(2) 流程的分散性。一项审批手续要盖上几十个公章才能完成,群众在城区中四处奔波,寻找散布在各个角落的办事部门,耗费大量的时间和精力。比如房地产建设项目前期审批流程包括项目建议书、可行性报告、规划方案设计、用地审批、初步设计方案审查、施工图审查、施工许可等 7 个步骤 20 几个审批环节,服务流程涉及发改委、规划委、房地局、国土局、环保局等多个职能交叉的政府部门,经办过程非常复杂繁琐。

(3) 流程中潜规则过多。比如某些申报材料需要中英文对照本,然而办事部门不公开说明,事到临头才要求临时更改,严重影响做事的进度,造成群众的不满。

要消除传统政府流程的缺点,再造便民、高效、优质的公共服务流程,必不可少地需要借助信息技术的力量,由电子政务的进一步发展推动完成。

6.1.4　电子政务和流程再造

1. 电子政务推动政府流程优化

电子政务对政府流程的影响主要表现为:

(1) 缩小业务流程的规模。业务流程的规模取决于业务内容,代表了流程的复杂程度,也就是流程包含的活动步骤的多少。有些流程仅由一个或几个非常简单的环节组成,而有的则可能包含许多个复杂的、相互关联的环节。由于信息技术的使用,原来需要经历多个环节的流程可以大大缩减,甚至缩短成一个环节。

例:杭州市网上数字档案馆的建立实现了档案局与全市各个政府机关的档案室之间、下属区县档案馆之间的数据双向共享和交流,纸质档案材料扫描后进行数字化存储,利于保存更利于社会各界查阅。原先到档案局查阅资料需要经历填写申请单、等待审批、接收通知并在规定的时间段内到档案局查阅、归还文档等流程环节,实施电子政务后简化为两个环节:在档案局的网页上查询所需资料并下载。

(2) 扩大业务流程的范围。业务流程的范围指流程穿越的职能部门或专业岗位的数量。电子政务促进了政府部门间的信息共享、政务协同和工作流整合,削弱了部门之间严格划分的职能界线,使更多的部门和岗位能够在同一条连贯的业务流程链条上开展工作,使分工协作更加默契、更有效率。

例:中国电子口岸是海关总署等国务院十二个部委在因特网上联合共建的公共数据中心,2001 年 6 月开始在全国各口岸推广实施。海关总署、商务部、国家税务总局、中国人民银行、国家外汇管理局、国家出入境检验检疫局、国家工商行政管理局、信息产业部、公安部、交通部、民航总局、铁道部等单位原先分别管理的进出口业务信息流、资金流、货物流等电子底账数据统一存放到公共数据中心。各委办局可以依据相关职能和管理需要进行跨部门、跨行业的联网数据核查和行政审批,企业也可以在网上办理各种进出口业务。

(3) 降低业务流程的中介度。业务流程的中介程度反映了组成流程的各活动的序列化程度,中介度高的流程有许多顺序化的活动步骤,中介度低的流程中的活动没有固定的次序,可以直接作用于最后结果。电子政务使流程中不同活动的并列进行成为可能,在组成活动不变的情况下,表现为流程中输入和输出的活动减少,活动的序列化程度降低,中介度降低。

以政府的户籍管理流程为例(如图6-5所示),从接受请求、核对材料、审批答复到最后的户口动迁,所有环节组成了一个完整的流程。传统方式把这一流程细分为很多步骤,每个部门和岗位只做其中一部分,而且相对独立进行,完成本部门的工作后才将结果交给下一部门,不同工序被割裂开来,导致整个流程支离破碎,活动不连贯、流程不通畅,如图6-5(a)所示)。电子政务使活动的并行处理成为可能,如图6-5(b)所示,待迁入的派出所审核申请人信息时,待迁出的派出所同时通过网络提供证明材料),大大提高了服务效率,方便了办事人员。

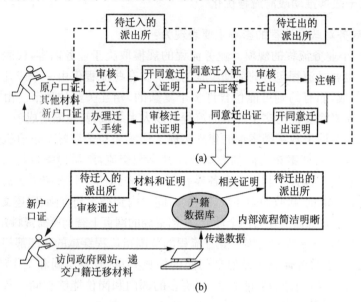

图 6-5　电子政务降低业务流程的中介度

6.2　政府流程再造

6.2.1　政府流程再造的定义

政府流程再造(Government Processes Reengineering, GPR),是参照企业BPR 而提出的。其广义的概念是指对政府业务流程进行根本性的再思考和彻底的重新设计,以使政府提供的服务在质量、效率等关键绩效方面获得显著提高。

GPR 的成功实施必须坚持以政府业务过程为中心,其首要前提和基础是对政府业务过程进行辨析和识别,然后将先进的政府管理服务流程计算机化,应用计算机网络和数据库技术将其平滑地连接起来,实现信息、数据和其他资源的共享,以加强政府各个部门之间的协调与合作,所以 GPR 也是电子政务的先导工程。

6.2.2　政府流程再造的模式

在传统的公共服务中,不同政府部门分别面对公众提供服务,如图6-6(a)所示。"单窗口——一站式"的电子政务服务模式使公众只需要和政府前台进行交互,而无需深入了解政府内部的组织结构和业务流程,对政府而言,也意味着原有部门窗口职能的打破和统一重组,相对于传统公共服务是一种流程再造,如图6-6(b)所示。随着电子服务的进一步推向深入,电子政务的前台和后台之间信息交换的程度增加,越来越要求后台的政府部门根据前台服务的需要进行组织的重构,最终冲淡各个部门之间的界限,不同部门电子政务的后台表现为一个统一的整体,同时流程再造的程度也得以深化,如图6-6(c)所示。

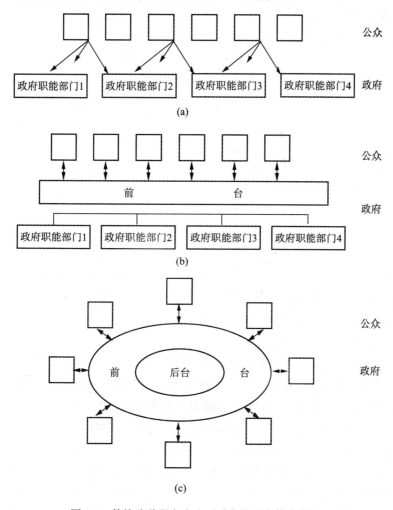

图 6-6　传统公共服务向电子政务的服务模式转换

进一步来看,电子政务后台的流程再造又可细化为八种模式:

(1) 信息共享型再造。在这种情况下,电子政务的后台不发生变动,仅仅通过虚拟前台将不同部门连接起来。最简单的情况，只要把某些现存的流程自动化，通过一个虚拟前台建立组织之间的网络联结，设立共享数据库就可以办到。这种情况适用于公共部门原有的组织结构较为简单、或者已经整合得很好的情形，可以节省流程变革的费用，避免不必要的政治动荡。只需要赋予虚拟前台较强的信息共享能力，对存储在电子政府后台的公民和企业数据进行搜集、处理、定位就可以实现流程再造。

（2）后台的深度再造。这种再造模式需要信息技术的强大支持，电子政府后台的工作流发生了显著变革。与（1）的区别见表6-1。一般出现在电子服务的能力明显无法满足用户需要，后台供给能力严重不足的情况下，并且往往伴随着组织结构、与其他部门协作方式的调整。深度再造的困难大，面临技术和管理上的许多难题，但长期效益比较显著。

表 6-1　信息共享型再造与后台深度再造的区别

（1）信息共享型再造	对政府部门提出的要求	（2）后台的深度再造
信息系统	整合的对象	工作流网络
信息资源规划	基本战略	业务流程再造
较广，可以有很多参与者	合作的范围	有限的流程主体
获取数据的权限，信息质量	主要的考虑方面	流程主体的权责，工作流控制
较低	整合后表现出的绩效	较高
较弱	整合的力度，协作的程度	较强
较少	投入资金	较多

（3）缩小的后台和扩张的前台。在信息集成、数据挖掘、互操作技术的支持下，电子政府的后台日趋集中，政府的工作效率更高、作业更趋专业化。这种情况也面临部门利益冲突的阻挠，但挑战性比（2）小。与此相反，由于信息沟通的渠道增加，前台不断扩张，扩张的形式由业务的特定需求决定。缩小的后台尤其指隶属于不同地区的同一行政级别的公共组织，可以无障碍地实现公共服务信息的交换。比如现在已经出现的公民社会保障基金的跨省际征缴和发放。

（4）在电子政府后台的不同部门间成立专门的协调机构。数据库虽然实现了各部门原始数据的集中存放，但在数据交换机制和不同部门的互操作协议上较为复杂，需要达成很多技术标准和管理上的共识。协调机构的建立使来自各部门的信息能够更好地兼容、智能化地分配，从而降低了流程协同和整合的成本。协调机构是为了实现更加良好的再造而专门设立的，没有特定的政府功能。例如政府采购中心将不同部门的采购要求集中处理，但本身不具备行政职能。

（5）建构电子服务的通用业务模型。不同种类的电子服务虽然内容差异很大,在原理上却存在诸多共通之处。比如都包括使用者提供个人身份信息、下载和返还政府部门的表格、提出需求、在线支付账单等等,而后台工作人员提供服务的作业过程也非常类似。可考虑提供一套通用的业务模式,同时适当保证不同部门使用的灵活性,以实现规模经济效应。

(6) 单一入口的构建。单一入口一般表现为提供一站式综合服务的政府网站,服务之间存在逻辑联系,可以互相交换信息,并按照便利使用者的方式组织起来。

(7) 主动型服务的提供。在传统状况下,电子服务起始于公民向政府提交服务请求,主动式服务在电子政府后台强大的数据仓库、联机分析处理、决策支持、数据挖掘技术的基础上,能够在恰当的时间和地点向最需要该项服务的公民提供准确的电子服务,为使用者带来极大的方便。例如现在国外某些税务部门主动向公众邮寄报税单,公众只有在报税单存在错误的情况下才和税务部门联系。

(8) 用户的自助式服务。在某些预先设定的情境下,用户对电子政府后台存储的数据有较大的操纵权,可以自由控制服务的进程,选择最适合的服务提供方式。对政府部门来说,则大大节省了人力、时间和成本。例如高校的学生手动选课系统、政府网上公共图书馆等。

6.2.3　政务流程再造的程序

1. 流程的识别

流程是一系列活动的集合,活动的识别必然涉及和它相关的实体、政府的基本结构单元——岗位,而任何岗位的设定都应该有一定的行政职能依据。所以岗位、职能和流程的识别实际上是一个一体化的分解过程,如图6-7所示。岗位具有

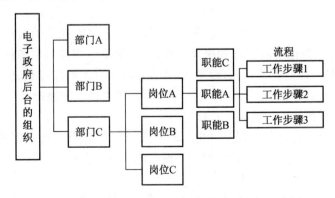

图 6-7　体现职能、岗位、流程三者联系的分工组成树

与其指代对象的若干职能相一致的一整套权利、义务的规范,并且由此约定了处于该岗位人员的特定行为模式。在行政组织目标、理念、权利的制约下,不同的岗位之间通过协作,实现了对职能要求完成的业务的程序化运作,形成了业务流程。

识别政府流程主要有三个思路:

(1) 以功能定流程。从流程的观点来重新审视现有的组织结构,很重要的一点就是抓住流程必定贡献于某项政府使命和功能这个特点,通过分析当前各部门的功能来识别主要流程。具体可用"流程结构表"来表示,表中列出流程涉及到的所有部门、岗位和主要职能的名称。这种方法的优点是可以非常明确地确定每个流程的责任主体,并且很容易把各部门从事的活动都涵盖进来,不会有所遗漏;缺点是不同部门列出的流程与活动之间的层次有时会不一致(由于划分的细致程度不同),流程和活动之间缺乏逻辑性,难以把两者有机地联系起来。

(2) 通过"工序分析表"。"工序分析表"列出完成某项业务所需要的全部工序及其责任主体,并附上辅助部门。优点是所描述的流程完全按照活动的实际的顺序进行记录,有非常强的逻辑性,缺点是在流程描述层次较为简单的情况下,某些辅助流程以及责任主体很难在流程中体现。

(3) 按照服务对象识别流程。政府流程往往极为繁杂,流程的路径和范围都有一定的伸缩性,弄清楚业务主线非常不易。可以从弄清服务对象,以及流程的输入条件和输出结果入手,然后围绕这些因素寻找相关的活动,并且进一步确定活动之间的关系,进而识别出整条流程。需要注意的是,流程的服务对象可能是物理对象也可能是信息对象,对流程服务对象的操作行为包括管理行为、运行行为、传递行为等。流程的实体主要指组织中的相关部门和岗位。

2. 流程优化的基本原则

在政府流程识别的基础上,政府业务流程重组优化大致分为三个过程:战略上精简分散的过程,职能上纠正错位的过程,执行上消除冗余的过程。流程再造的基本原则是:强化政府管理和决策的作用,将决策性事务与事务性工作业务分开;简化中间层管理,扩大授权,扁平化;流程步骤按自然顺序排列;源头一次捕获信息,信息进行共享;流程要具有灵活性和动态改进性。依据政务流程再造的思想和原则,流程再造可以按以下程序进行:

第一步:对原有政务流程从功能、效率、可行性等方面进行全面的分析,发现其存在问题。具体方法可以是根据政府现行的政务业务流程,绘制细致的业务流程图,并分析现行业务流程中所存在的问题。

第二步:新的政务流程改进方案的设计与评估。在设计新的流程改进方案时,要对流程进行简化和优化。流程简优化可从以下几方面来考虑:将没有必要的工作组合合并为一；业务流程的各个步骤按其自然顺序进行；权利下放，压缩管理层次；为某种工作流程设置多样化的进行方式；工作应当超越组织的界限，在最适当的场所进行；变事后管理为事前管理，尽量减少检查、控制、调整等管理工作；尽量改串行工程为并行工程。

第三步：制定与业务流程改进方案相配套的组织结构、人力资源配置和业务规范等方面的改进规划，形成系统的业务流程重组方案。政府业务流程的实施是以相应组织结构、人力资源配置方式、业务规范、沟通渠道甚至政府文化作为保证的。

第四步：组织实施与持续改善。实施业务流程重组方案，必然会触及政府原有的权利和利益格局。因此，必须领导重视并亲自主持、精心组织、谨慎推进，要克服阻力，在组织内形成共识，才能保证业务流程重组的顺利进行。

3. 流程再造的系统规划

基于政务流程再造的系统规划就是要突破以现行职能部门为基础的分工式流程的局限，从企业、公众的需求出发，确定政府信息化的长远目标，选择核心业务流程为再造的突破口，在业务流程创新及规范化的基础上进行系统规划与功能规划。

基于业务流程再造的电子政务系统规划主要步骤可归纳如下：

第一步：系统战略规划阶段。主要任务是识别和定位有待优化的流程，了解政府的管理、服务、决策模式；进行政府业务流程调查，识别与确定成功实施政府战略的关键成功因素，并在此基础上定义业务流程远景和电子政务系统战略规划，以保证政务流程再造、电子政务系统目标与政府的目标保持一致，为未来工作的进行提供战略指导。

第二步：系统流程规划阶段。面向流程进行电子政务系统规划，是电子政务系统数据规划与功能规划的基础环节。主要任务是选择核心业务流程，并进行流程分析，识别出关键流程以及需要再造的流程，并勾画再造后的业务流程图，直至流程再造完毕，形成系统的流程规划方案。

第三步：系统数据规划阶段。在流程重构的基础上识别和分类由这些流程所产生、控制和使用的数据。对数据进行分类可以按业务过程进行，即分别从各项业务过程的角度，将与该业务过程有关的输入数据和输出数据按逻辑相关性整理出来归纳成数据类。对数据进行规划可以按不同的数据性质归类，比如按时间长短可以将数据分为年报数据、月报数据、日报数据等，按数据是否共享可以分为协同共享数据和部门数据。

第四步：系统总体结构规划阶段。规划系统总体结构的目的是刻画未来电子政务系统的框架和系统各部分间的逻辑关系,主要工作是划分子系统和确定系统结构。

第五步:确定总体结构中的优先顺序。即对电子政务系统总体结构中的子系统按先后顺序排出开发计划。

第六步:系统设计和实施阶段。电子政务系统设计、实施与系统规划是一个连续的过程,系统设计和实施是在规划所确定的建设目标、总体构架内,进行技术体系结构设计,并根据项目优先顺序来进行具体实施。

6.3　绩效驱动的政府流程再造

6.3.1　政务流程绩效

20 世纪 30 年代,Merriam Charles Edward 和 Lasswell Harold Dwight 明确提出:政府流程是对政府活动的行为、运转、程序以及各构成要素。政务流程的目标是提供更优质、便捷的公共服务;实现跨部门的协同办公、信息共享及公共服务一体化,协助政府提高办事效率和透明度,实现我国政府由职能型向服务型的转变。

政务流程绩效的定义如下:以公务人员素质和满意度评估、流程评估、创新评估、财务评估、顾客满意度评估为五个维度,通过科学的政务流程设计所达到的行为和结果。因为,科学的流程设计能够灵敏地对顾客的需求作出反应,它是流程有效性的根本保证;高效的管理和创新则能激发公务人员的工作热情,促使公务人员尽其所能,促进他们不断超越自我。政务流程绩效可以为政务的决策制定和流程的持续改进提供依据。

流程绩效评价可以帮助衡量和提高流程的优化程度。流程绩效做出全面、有效、系统的评价,并为流程的改进提供依据和指明方向,图6-8描述了政务流程

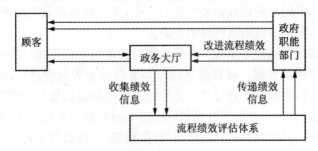

图 6-8　政务流程绩效评价系统

绩效评价系统。它是持续提升流程绩效的一个工具，可以将政务流程的目标转变为绩效指标体系，并收集相关数据，对政务流程绩效进行不断评价和分析的系统。

政务流程绩效评价系统可以让流程相关人员了解流程的执行情况和执行效果。为了对流程进行持续的改善，对业务流程绩效的实时跟踪和评价，而不只是对流程最终绩效的评价。系统对评价结果进行分析，将所设的流程绩效评价指标和具体的流程活动加以联系，分析实际绩效值，从而为流程的改进提供依据和指明方向。

借助信息技术，将使流程绩效评价更为简单、方便、有效和具有可操作性。政务流程绩效评价系统将有效地支持政府部门的流程再造：

（1）有助于部门内部明确流程的目标及发展方向。战略和使命对于提供整体的引导和方向定位非常有效，但具备可操作性的绩效指标能够给所有员工一个更为清晰的理解和行动指南。它为交流业务流程的目标提供有力的帮助，当战略目标和业务流程绩效指标之间的关系变得更为明显时，将有助于部门内部的合作和学习。

（2）帮助部门识别流程的改进方向。通过这些指标收集业务流程绩效的现有值，将绩效指标的现有值与目标值和历史值进行比较，判断差距变化，指明发展趋势。将指标结果（现有值、历史值、目标值）传递给流程相关人员以采取正确的行动（如流程更改、IT 支持、培训等）来得到提升流程绩效。这一点是目前任何其他任何系统所不能实现的。

（3）保证部门内部流程信息的正确流动。流程的执行者可以直接得到反馈信息，并根据他们的流程目标和需要来处理信息，进而避免了不同经理人员根据个人标准对信息加以过滤。这种以流程为关注中心的直接的信息流动将有助于流程管理小组和流程相关人员对流程目标和任务形成共识和理解。

此外，还可以通过提供流程目标及流程绩效方面的信息来大大减少传统报表的数量，真正辅助相关人员实施流程管理。很多部门内部已经拥有许多种信息系统来支持各项行动，由于对不同的信息系统的使用，产生了大量的数据报表，流程相关人员需要从众多的数据报表中分析出与流程密切相关的信息并对之加以处理，往往使人们显得有些无所适从，容易偏失方向和遗漏重要信息。

总之，政务流程绩效评价系统的主要目标是提供有关业务流程绩效全面、及时的信息。流程小组人员可以直接利用该信息进行交流和讨论流程的目标以及流程的现有绩效水平，进行合理的资源分配以提高流程输出，分析和诊断流程的缺陷所在，确定是否需要采取正确的行动来优化和再造流程。

6.3.2 政务流程绩效的基本要素

根据政府绩效全面性和科学性、可行性和可操作性、灵活性和目标导向性的原则,政务流程绩效可以分为以下六个基本方面:

(1) 政务流程的目标。由于业务流程的使命是实现流程的目标进而实现部门的目标,实现跨部门的协同办公、信息共享及公共服务一体化,协助政府提高办事效率和透明度,实现我国政府由职能型向服务型的转变。政务流程绩效的确定应该根据业务流程目标来加以识别,因此有必要预先阐明和确定政务流程的目标。

(2) 流程时间和质量绩效。流程目标不具有可操作性,需要为其设立具体的绩效。通过流程时间和质量绩效,可以从定量角度衡量流程目标实现程度,我们既要着眼于降低行政流程时间,又要重视改善政府流程质量。降低行政流程时间和提高流程质量,说到底是为了服务和便利于公众和企业,它们是衡量政府流程服务质量的一个重要标准。

(3) 公务人员绩效。在流程中,公务人员需要具备多种相关知识和技能水平来适应政府流程优化和重组工作的需要,特别是在电子政府中,更需要利用现代信息技术更好地使政府服务于公众。

(4) 信息资源的共享。在全球化和信息化时代,广大公民和企业对政府管理的要求日益提高,政府只有通过不断的行政改革,才能逐步满足他们的愿望,政府信息资源的共享的目的也是为了改善公共服务,提高政府效率。受惠者主要不是政府公共部门自身,而是广大的公民和企业。它的结果通常对社会有着广泛而深刻的影响。

(5) 财务绩效。虽然政府不同于企业,政府产出的回报不能用金钱来计算。但政府提供公共产品和公共服务,既要保证质量,又要尽可能地降低成本。"以最小的代价,获取最大的效益",也是政府公共管理的法则。在政务流程中也要综合考虑其经济有效性。政府流程财务方面的数据收集和评价难度较大、成本较高,而相对带来的收益则较小,可这也是政务流程绩效非常重要的方面。

(6) 顾客满意绩效。评价政府流程效益的主要标准是公民对其产品和服务的满意程度。政务流程改善的关键也是公民对政府流程的满意程度。

6.3.3 政务流程绩效评估指标

流程绩效评估是对政务在流程时间、流程质量、顾客满意度、人员协同能力、财务与成本、信息共享等方面进行评价,如图6-9所示。流程时间评估主要是指对顾客在办理审批业务时所花费的时间进行评估,以提高流程效率,如业务反馈时间、业务调查时间等;流程质量评估是对政务工作情况进行评估,主要指业务的处理程度和业务准确性;顾客满意度评估是对顾客的抱怨率、顾客覆盖、个性化服务等方面进行评估;人员协同评估,是对流程工作人员自身素质的评价、协调工作的评价,评估的目的是测量流程工作人员是否能够胜任其岗位,是否具有胜任岗位所需要的能力,其内容包括对多种技能的学习情况、参与管理和团队合作能力等方面的评估;财务与成本评估,是对政务流程工作的成本效益进行量化评估,衡量流程中的直接成本和间接成本,是否减少了顾客在金钱、时间、精力等方面的消耗。其内容包括业务总成本、业务节约成本、业务总收入等;信息共享评估,是指跨部门流程信息资源是否深度整合、按需共享。包括信息公开分享程度、信息维护程度等。

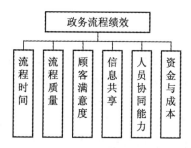

图6-9　政务流程绩效的总体指标

1. 流程时间评估

对流程时间进行评价,是提高政府效率、深化流程改革的必然要求。流程时间评估主要是对面向顾客的政务流程处理的时间进行评估,对流程工作进行监督、找出欠缺和不足之处。这对于加强流程持续有效地运作,促使流程工作人员提高服务水平和提高顾客满意度起着极其重要的作用。

流程时间是一项反映政务流程系统效率的指标。流程的运作情况是影响流程绩效的关键环节。政务流程系统建立了一个业务处理渠道,工作方式的改进、顾客业务处理时间的缩短是政务流程系统对外部环境快速反应的集中体现。流程时间的评估要针对不同的政务流程模式来进行。

根据整个流程中的主要环节,参考相关学者对类似问题的研究,结合各地评价的实际情况和指标设置情况,可以找出影响流程时间的各相关因素,最终设置以下流程时间评估指标体系,该指标可以分为如下三个二级指标、五个三级指标,见表6-2。

表 6-2　政务流程时间指标体系

二级指标	三级指标	三级指标内容说明
核心业务流程时间	核心业务的总处理时间	核心过程是满足顾客的重要需求,缩短核心业务的总处理时间利于流程绩效的提高
业务完成时间	业务处理等待时间	对顾客询问做出反应的及时程度
	业务现场调查时间	衡量顾客业务需要现场勘察的时间
业务协调时间	业务协调时间	是衡量上下游或平行业务部门之间业务协调响应能力的重要指标之一
	业务交费时间	是衡量业务处理的一项重要指标

2. 流程质量评估

提高流程质量,也是优化政务流程的必然要求。政务流程优化整合是一项长期的工程,需要协调不同部门间的业务行为,才能充分提升政务流程的绩效。业务处理程度和业务的准确性等因素,是决定政务流程绩效水平建设的关键。这对于加强流程持续有效地运作,促使流程工作人员提高服务水平和提高顾客满意度起着极其重要的作用。不同的政务流程模式,有不同的流程质量的评估。其中,及时性响应指标、服务质量指标、业务协同指标、业务标准指标是非常重要的度量因素。

参考相关学者对类似问题的研究,结合各地评价的实际情况和指标设置情况,对流程质量进行客观评价,设置以下流程质量评估指标体系,该指标包括两个二级指标,五个三级指标,见表6-3。

表 6-3　政务流程质量指标体系

二级指标	三级指标	三级指标体系内容说明
业务处理程度	业务处理差错率	反映公共管理部门对工作失误的反应能力,是政务流程过程中服务水平的主要指标
	业务及时反馈能力	对业务的反馈速度、响应能力,是影响流程的重要因素
流程协同性	业务活动协同	指各部门之间的业务行为,能够协同进行
	业务标准覆盖率	业务标准对流程业务的覆盖率
	业务标准的统一度	指跨部门的流程使用统一的流程业务标准

3. 人员协同能力评估

有关研究表明,现在的组织里,75%以上的价值是由无形资产,特别是人力资本创造的。组织的培训在塑造员工的态度和行为方式中能够发挥重要的影响作用。员工的能力和满意程度将直接影响他们的工作行为。多种技能和知识水平是组织提高服务和管理能力的基础。培养整个组织的学习气氛,有利于提高组织应变的能力。顾客需求通过业务流程得到满足。因此流程工作人员素质和能力决定了产品或服务的质量、效率、周期和成本。组织中员工积极地参与管理、良好的团队合作能力和积极行动的环境氛围有助于彼此间的知识分享并且可以更好地合作,提高为顾客服务的水平。无论是内部流程还是跨部门流程,员工的学习和成长能力和流程的优化不可分的。

公共管理机构员工的技能水平和能力及他们的满意程度,与政务流程绩效的实现息息相关,是反映政务绩效的一个关键指标。因此,对流程工作人员的能力素质进行评估,是展开有效政务工作的基础。其目的是测量一个人是否具有流程中顺利完成某项业务的能力和本领,是否具有流程中所需要的多种技能和知识水平、合作管理能力。

综合各类参考文献,通过对流程工作人员特点的归纳总结,并参考相关研究成果,可构建流程人员协同能力评估指标体系,该指标分为三个二级指标,四个三级指标,见表6-4。

表 6-4　人员协同能力指标体系

二级指标	三级指标	三级指标内容说明
技能程度	培训人员覆盖率	员工所接受的培训情况,衡量政务流程中员工的素质和对多种技能和知识的整体学习成长情况
协同工作能力	人员合作能力	反映流程中员工的积极性和成员之间的凝聚力
满意程度	内部公平程度	个人是否都受到公平待遇,有利于积极性的发挥
	内部规则透明程度	反映内部员工的竞争,利于流程的整体绩效

4. 信息资源共享评估

政务流程优化最容易触及并产生阻力的是一些既得利益者和部门利益者,流程优化必须把政府的体制、结构和新的文化结合起来,以促进政府改进管理,否则会造成流程优化的失败。政务信息资源的深度整合和按需共享是政务流程优化的关键。打破部门之间的信息收集"分立"现状,跨部门流程的所有结点在同一平台下工作,有助于形成反应灵敏、运转协调的流程运作模式。

通过对流程中的信息资源进行评估,可以不断改进流程,增强行政能力和管理水平,不仅可以把提高行政效率与改善政府服务质量有机结合起来,而且可以提高政府对外界环境的适应性。

结合各地评价的实际情况,政务流程绩效中的信息共享问题可以从流程创新程度、流程支持程度等角度来评估,这是一项效率和效果质量衡量相结合的综合指标,该指标包括两个二级指标,六个三级指标,见表6-5。

表6-5　信息共享指标体系

二级指标	三级指标	三级指标内容说明
平台共享	基础信息共享	主要用来衡量跨部门的流程使用公共基础数据库的情况
	部门之间信息共享	分布在各个部门的信息进行协同共享的情况
	信息公开程度	信息公开透明程度和及时跟踪获取程度
共享支持	统一平台	流程工作结点是否在统一的电子政务平台协同工作
	流程协调机构和人员设置	配置专门的流程协调机构和人员。这也是政务流程改进的基础
	领导的支持程度	流程负责人在政府中的职务和高层领导参与管理的程度。这是用来衡量领导对流程的重视程度和政务流程运作的持续改进能力

5. 财务与成本指标

财务与成本评估基本上通过财务数据来评估,在时间上较为滞后,无论业务正常开展还是业务流程的修改或重新建立都是需要花费成本。财务的计算相对比较复杂,其中具有定量和定性的成分,可以根据不同流程的特性确定不同的分摊原则,大致地测算出各类业务流程的成本和效益,为业务评估提供依据。

政府流程需要货币资源和非货币资源来为顾客提供服务和创造价值,在政务流程中,应减少顾客在金钱、时间、精力等方面的消耗,并设法消除或降低服务过程中影响最大的顾客成本,尽量使顾客成本最小化。不仅可以提高顾客的满意程度,而且还可以增加政府收入。以最低成本提供服务,会提高政府形象,所以成本是流程评估中重要的指标。财务指标可以被视为顾客满意的强化剂或组织发展的限制条件,但财务指标与高质量服务并没有矛盾。通过此指标的分析,可以了解过去和现在的成本情况,并能预测未来成本的变化趋势。

结合各地评价的实际情况和指标设置情况,并加以归纳整理,最终可以设置以下财务与成本评估指标体系,该指标包括两个二级指标,三个三级指标,见表6-6。

表 6-6　财务与成本指标体系

二级指标	三级指标	三级指标内容说明
成本总量	业务总成本	业务处理的直接费用支出和间接费用支出
	业务单位成本	即业务总成本与总业务量比值
收入总量	业务总收入	业务处理的所有收入

6. 顾客满意度评估

顾客满意度反映的是顾客的一种心理状态,它来源于顾客对某种产品或服务消费所产生的感受与自己的期望所进行的对比。也就是说"满意"并不是一个绝对概念,而是一个相对概念。顾客满意度评价具有多维性和综合性的特点,决定了不能通过简单的直接观测或经验而直接评价,而是评价产品或服务与顾客期望、要求等吻合的程度如何。从侧面反映了对顾客服务的质量。

随着服务型政府的倡导建立,政府的工作内容会以职能为导向演变为以工作流程和结果为导向,以顾客为导向。实时倾听顾客的抱怨,了解顾客的不满,积极采取行动,使失望的顾客获得满意。政务流程系统是围绕顾客和流程进行优化重组的,是否最大限度地满足顾客的要求,是否方便、快捷,流程的绩效需要顾客来判断。

因此,顾客满意既是政务流程的出发点又是落脚点。它不仅是政务流程关注的焦点,也是政务流程的最终目标。满意度评估的分析结果,可以指导组织更好地配置资源,从而有效地提高政务流程绩效。顾客满意度评价指标是政务流程绩效评估的重要指标。

综合各类参考文献,通过对流程工作人员特点的归纳总结,并参考相关研究成果,最终可以设置以下顾客满意度评估指标体系,见表6-7。

表 6-7　顾客满意度指标体系

二级指标	二级指标内容说明
服务满意度	衡量顾客对政务流程整体服务质量的评价
顾客覆盖程度	被服务的顾客数/潜在的顾客数
顾客抱怨投诉率	抱怨事务没有处理好而投诉的比率

综合上述几个方面,我们可以得到表6-8和表6-9的政务流程绩效评价指标体系。该体系结合政务工作的通用的审批流程给出了财务、顾客、流程时间、流程质量、人员协同和信息共享六个方面的一些常用指标。指标的确定是一个在探讨中逐步完善的动态过程。政府部门在实施流程绩效评价时可以以之为参考,结合实

际运作情况,加以修正来构建。

表6-8 政务流程绩效评估一级指标体系构成

序 号	一级指标	二级指标	三级指标
1	顾客满意度指标	2个	2个
2	流程时间指标	3个	5个
3	流程质量指标	2个	6个
4	财务与成本指标	2个	3个
5	人员协同能力指标	3个	4个
6	信息共享指标	2个	6个

表6-9 流程绩效评估二、三级指标体系构成

一级指标	二级指标	三级指标
流程时间指标	核心业务流程时间	核心业务的总处理时间
	业务完成时间	业务处理等待时间
		业务现场调查时间
	业务协调时间	信息协调时间
		业务交费时间
顾客指标	顾客满意度	对政务流程整体满意程度
	顾客覆盖程度	被服务的顾客数/潜在的顾客数
	顾客抱怨投诉率	抱怨事务没有处理好而投诉的比率
流程质量指标	业务处理程度	业务处理差错率
		业务及时反馈能力
	业务准确性	业务活动协同
		业务标准覆盖率
		业务标准的统一度
成本指标	成本总量	业务总成本
		业务单位成本
	收入总量	业务总收入
人员协同能力指标	技能程度	培训人员覆盖率
	能力	公务人员合作能力
	满意程度	内部公平程度
		内部规则透明程度
信息共享指标	平台共享	基础信息共享
		部门之间信息共享
		信息公开程度
		平台的统一共享程度
	共享支持	领导的支持程度
		流程协调机构和人员的设置

6.4 电子政务流程绩效评估的保障机制

考虑目前中国电子政务建设的水平和现状,按照事物发展规律,设计三阶段的电子政务流程绩效评估的保障机制与方案。

第 1 阶段:评估数据通道机制

在电子政务的绩效管理过程中必须保证全面的、完备的评估数据收集保障。绩效评估指标体系中所涉及的很多资料相关政府部门的数据。在我国电子政务系统目前的情况下,绩效评估需要的重要数据分散在各个政府部门中,形成"信息孤岛",难以共享而为评估所用。因此,本章提出数据通道机制,目的在于建立绩效评估机构与各个局、委、办的"信息通道",使得需要的评估数据能够及时获取或定期报送。

在该阶段,我国应该在软机制上保障数据收集渠道的畅通,主要通过授予绩效评估部门相应的数据访问权限,消除部门的信息垄断,甚至在立法上明确电子政务的信息公开与保密范畴,使该公开的更透明,该保密的更安全。

第 2 阶段:评估数据仓库机制

我国各级地方政府应该建设一个专门为电子政务绩效评估服务的数据仓库,它是统一的评估数据平台,这个数据平台能够将与绩效评估有关的各项数据集成、存储和管理起来。这些数据包括政府各个委、办、局在电子政务的建设和管理过程中的数据,企业和社会公众的反馈数据,专家提供的数据等等。打造面向绩效评估主题的、不可更新的、随时间不断变化的、稳定的数据集合,为电子政务绩效评估提供及时、准确的数据基础。

建设数据仓库是一项长期、艰巨而复杂的系统工程。需要针对我市目前的电子政务系统中的各个"信息孤岛"进行数据整合。按照统一的数据标准,将来自不同信息源的数据通过收集、清理、转换然后集成整合到数据仓库中。

第 3 阶段:绩效评估信息系统机制

我国各级地方政府应着手规划电子政务绩效评估的信息系统,建立以数据仓库为核心的绩效评估决策支持系统。其主要技术内容包括数据仓库、联机分析处理(OLAP)和绩效模型库,如图6-10所示。

数据仓库:数据仓库——面向评估分析的数据中心,是基于绩效评估主题的、不可更新的、稳定的、随时间不断变化的数据集合。其数据源是政府流程运行数据、专家考评数据、政府门户数据等等。

数据集市:按照不同政府部门来组织和存储绩效评估数据,是部门级的数据仓库。

OLAP:是一种强大的查询分析引擎,它以多维度、多角度、多侧面的方式对数据仓库中的绩效数据进行快速的查询。例如统计分析、多维查询等功能。

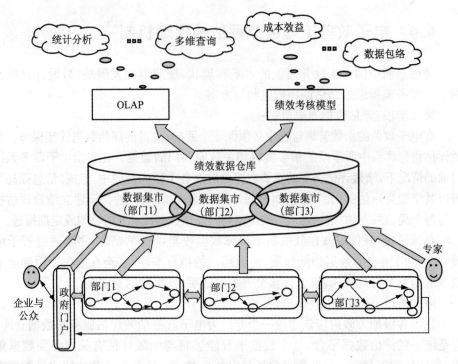

图 6-10 绩效评估信息系统的总体架构

考核模型:存储大量绩效评价的数学模型,例如成本效益模型、数据包络模型等等。

案例

电子政务业务流程设计案例

一、业务功能需求描述

1. 系统使用对象范围

(1)信访群众。在北京市首都之窗网站和信访办网站设置"市长信箱"栏目,群众可以通过这个栏目进行信访,并可通过多种手段对信件的办理进展情况以及答复进行查询。

(2)市信访办办信人员。使用系统进行信件分类、办理、转发工作,对下级单位办理情况的监督,信访情况的统计,信件的查询等。

(3)区县、委办局、总公司。使用系统进行信件分类、办理、转发工作,对下级单位办理情况的监督,信访情况的统计,信件的查询(各种条件的复杂查询)等。

(4)乡镇街道、区县属委办局、总公司下属分公司。使用系统进行信件分类、办理工作,可能涉及到的单位有区县 18 个、委办局 56 个、总公司 100 余个。

2. 业务流程描述

图6-11描述了北京市信访办业务流程。

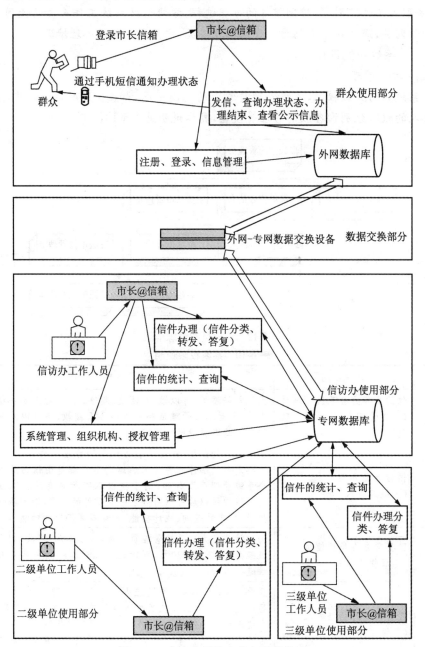

图 6-11　北京市信访办业务流程描述

二、技术路线选型

系统拟采用微软架构,windows server2003＋SQL server 2000。采用B1S结构,并引入工作流引擎,控制信件的办理过程,方便信访系统工作人员的使用。使用短信网关,通过短信向信访人发送办理情况,方便群众知晓办理情况。

三、系统功能设计

1. 权限管理

系统分为五级权限,各级管理员管理的范围不同,如图6-12所示。其中,各级经办人的权限分别由各级的管理员设置,具体说明见表6-10:

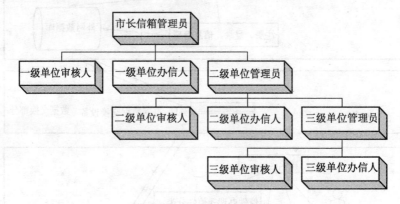

图6-12　管理员的组织框架

表6-10　系统权限说明

序号	级　别	说　明
1	信访业务办公系统管理员（一级管理员、信访办管理员）	系统初始添加,可以添加、修改、删除二级管理员和一级经办人,并对二级管理员和一级经办人授权,还可以对一级的一些基本属性进行维护
2	信访办经办人（一级经办人）	主要分为两大类:一类是经办人专门办理信件的人员,另一类是审阅函件的签发人。这两类人都是由信访业务办公系统管理员添加的,由于授权不同所具有的权限就不同。经授权以后可以有办理一级信件的权限,审阅函件的权限,一级的查询、统计功能,一级审阅函件的功能
3	区县及委办局管理员（二级管理员）	由信访业务办公系统管理员添加,可以添加、修改、删除二级经办人、三级管理员,同时还可以对二级的一些基本属性进行维护
4	区县及委办局经办人（二级经办人）	主要分为两大类:一类是经办人是专门办理信件的人员,另一类是签发人,二级签发人并没有实际在网上的操作,主要是为了办信的人员,在信件办理时选择网下真正办理时签发意见的领导。由委办局管理员添加,可以办理由信访办发往二级的信件,还可以对信件进行查询统计

序号	级　　别	说　　明
5	三级管理员	由委办局管理员添加,可以添加、修改、删除三级经办人,同时还可以对三级的一些基本属性进行维护
6	三级经办人	主要分为两大类:一类是经办人专门办理信件的人员,另一类是签发人,三级签发人并没有实际在网上的操作,主要是为了办信的人员,在信件办理时选择网下真正办理时签发意见的领导。由三级管理员添加,可以办理由二级发往三级的信件,还可以对三级信件进行查询统计

2. 一级系统管理功能

只有拥有信访业务办公系统管理员权限的角色才能具有该功能,它主要包括以下几个功能:组织结构管理、岗位管理、人员管理、分配业务功能、分配管理权限、编辑节假日等。

（1）组织结构管理。主要包括:添加、修改、删除系统组织结构,有相应权限的管理员职能编辑他所属部门下的组织结构。

（2）岗位管理。主要包括:添加、修改、删除岗位,有相应权限的管理员职能编辑他所属部门下的岗位。

（3）人员管理。主要包括:添加、修改、删除人员,有相应权限的管理员职能编辑他所属部门下的人员。

（4）编辑节假日。由于网上信访办公系统对回复群众信件有时间的限定。比如在多少个工作日内必须对群众问题做出相关的答复。而工作日每年并不是相同的,因此需要在此模块设置节假日,在控制程序中会根据这里的设置来判别对群众的信件是否超期处理。

（5）两办内容维护。本模块主要是对两办分类的维护性操作,主要是修改两办分类的名称,调整两办分类的顺序。

（6）用户信息管理。本模块主要查看信访业务办公系统注册用户信息,可以得到用户的详细资料。

（7）本办内容分类维护。本模块主要是对本办分类的维护性操作,主要是添加、修改、删除本办分类的名称,调整本办分类的顺序。

（8）群众公告管理。群众公告管理可以管理发布公告、通知等信息,群众登录网上信访办公系统即会看到这类信息。

（9）热点问题维护。对当前社会热点问题的分类进行维护管理,以便进行查询和统计。

（10）单位扩展信息维护。维护单位资料性信息,包括详细名称、地址、电话、联系人等。

(11) 参考案例维护。管理员根据注册用户常提问题,总结出该类问题的答复规律,建立的一个某类问题的回答模板。

3. 二级系统管理功能

只有拥有二级系统管理权限的角色才能赋予该功能,它主要包括以下几个功能:单位扩展信息维护、参考案例维护。功能同一级系统管理。

4. 三级系统管理功能

只有拥有三级系统管理权限的角色才能赋予该功能,它主要包括以下几个功能:单位扩展信息维护、参考案例维护。功能同一级系统管理。

5. 群众使用功能

(1) 群众注册。群众登录市长信箱网站,填写一些必填信息,注册成为网上信访办公系统的用户。必须设置密码、填写相关信息。群众忘记密码后,可以通过密码提示问题找回密码。群众可以将自己的手机号码登记,系统会将信件的办理状态通过短信及时通知群众。已用户可以随时更改注册信息。

(2) 群众信息修改。群众可以及时修改他的联系方式等必要的信息。

(3) 写信。群众登录系统以后,即可写信。信件可以附带图片附件,数量不限。群众可以选择该封信件是否可以作为案例被公示。

(4) 查询办理状态。群众登录系统以后,可以查询所发信件的办理状态以及答复结果。

(5) 查看案例选登。群众可以查看信访系统公示的典型的案例,进行参考。

(6) 查看相关法规及公告通知。群众可以查看系统的通知公告、法规等信息。

(7) 信访部门使用功能。

6. 总体要求

(1) 超时未打开群众邮件。信访办要求转发给二级的邮件经办人在1个工作日内必须对群众邮件进行浏览。否则,将变成超时未打开邮件。主要目的是监控二级经办人的办事效率。

(2) 超时未上报结果。信访办在向二级发送函件的时候会规定一个上报时间(按自然日计算),当二级经办人上报结果超过了这个期限时则为超期未上报,这主要是为了监控二级经办人而使用。

(3) 超期未回复群众。信访办对于群众信件的网上办理,必须在一定时间内给以答复,这个时间要求是在各级收到信件以后,到作出答复之间的时间间隔不能超过 30 天(自然日)。

(4) 函号。函号要求每年从1开始计算,年份从发函的签发时间获得,同一封信件的多个函件的函号应当相同。函号当签发函件的时候正式生成。

（5）邮件编号。邮件编号要求每年从 1 开始计算，年份从发信时间获得，邮件编号当群众发信的时候正式生成。

7. 信件办理流程

流程图如6-13所示。

（1）一级信件办理。群众发信后信访办经办人还没有处理时，信件存储在待办件里。待办邮件以列表的形式显示，列表按时间顺序显示，列表项包括：发信日期、主题、姓名、办理环节名称。点击邮件主题进入后，显示邮件的详细信息页面，经办人可以通过详细信息页面开始正式办信。当信访办人员开始办信以后，前台发信人就不能再修改信件内容了。

具体要求：转办和函转应当可以转给两个以上承办单位，而且转给不同承办单位的处理形式也可能不同。可以打印信访业务办公系统邮件登记表。

具体办信分为六种处理形式：转办、函转、既转办又函转、自处、不处、直送。

• 当处理形式为"转办"时：点击保存，流转。系统流程图列出转办分支，选择相应下级单位，选择后信件流走；

• 当处理形式为"函转"时：点击保存，流转。系统流程图列出函转分支，选择拥有拟写函件功能的操作员名称，选择后信件流走；

• 当处理形式为"既转办又函转"时：点击保存，流转。系统流程图列出函转分支和转办分支，在函转分支选择拥有拟写函件功能的操作员名称；在转办分支选择相应下级单位。选择后信件流走；

• 当处理形式为"自处"时：点击保存，流转。系统流程图列出自处分支，选择具有回信功能的操作员，选择后信件流走；

• 当处理形式为"不处"时：点击保存，流转。系统流程图列出结束标志，选择后信件办理完成；

• 直送。重要邮件需要市领导进行批示时选择此种办理形式。拟写办理意见，领导审核，录入市长批示，在按照市长的批示进行办理。

（2）一级回复信件。在一级信件办理中信件处理形式为自处的信件，将转入回复信件列表。回复信件以列表的形式显示，列表按时间顺序显示，列表项包括：办理日期、主题、办理环节名称。点击邮件主题进入后，显示邮件的详细信息页面，经办人可以通过详细信息页面开始回复信件。回复完毕点击保存，流转。系统流程图列出结束标志，选择后信件流走，如果认为上级环节办理信件有问题，选择回退信件流回上级环节。

（3）一级拟写函件。在一级信件办理中信件处理形式为函转的信件，将转入拟写函件列表。拟写函件以列表的形式显示，列表按时间顺序显示，列表项包括：办理日期、主题、办理环节名称。点击邮件主题进入后，显示邮件的详细信息页

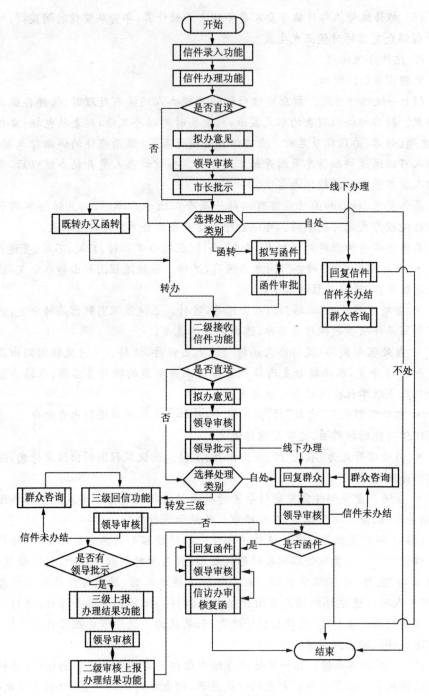

图 6-13　信件办理流程

面,经办人可以通过详细信息页面开始拟写函件。拟写完毕点击保存,流转。系统流程图列出函件审批分支,选择后信件流走,如果认为上级环节办理信件有问题,选择回退信件流回上级环节。

(4) 一级审批函件。从拟写函件流出的信件将转入函件审批列表,列表按时间顺序显示。列表项包括:办理日期、主题、办理环节名称。点击邮件主题进入后,显示邮件的详细信息页面,经办人可以通过详细信息页面开始审批函件。审批完毕点击保存,流转。系统流程图列出二级接收分支,选择相应二级单位后信件流走,如果认为上级环节办理信件有问题,选择回退信件流回上级环节。

(5) 一级审批二级回复函件。二级回复函件后,信件将转入一级审批二级回复函件列表。列表按时间顺序显示。列表项包括:办理日期、主题、办理环节名称。点击邮件主题进入后,显示邮件的详细信息页面,经办人可以通过详细信息页面开始审批函件。审批完毕点击保存,流转。系统流程图列出结束分支,如果认为上级环节办理信件有问题,选择回退信件流回上级环节。

(6) 二级单位接收信件。从一级单位流转下来的信件转入二级单位信件列表,列表按时间顺序显示。列表项包括:办理日期、主题、办理环节名称。点击邮件主题进入后,显示邮件的详细信息页面,如果该信件带有函,则详细信息中将会显示函件内容。操作员进行信件办理,具体办信分为三种处理形式:自处、重要邮件、转发三级。

• 当处理形式为"自处"时:点击保存,流转。系统流程图列出自处分支,选择具有回信功能的操作员,选择后信件流走,如果认为上级环节办理信件有问题,选择回退信件流回上级环节;

• 当处理形式为"重要邮件"时:点击保存,流转。系统流程图列出重要邮件分支,选择有签发领导函功能的操作员。选择后信件流走,如果认为上级环节办理信件有问题,选择回退信件流回上级环节;

• 当处理形式为"转发三级"时:点击保存,流转。系统流程图列出转发三级分支,选择相应的三级单位。选择后信件流走,如果认为上级环节办理信件有问题,选择回退信件流回上级环节。

(7) 二级单位回信。在二级信件办理中信件处理形式为自处的信件,将转入回复信件列表。回复信件以列表的形式显示,列表按时间顺序显示,列表项包括:办理日期、主题、办理环节名称。点击邮件主题进入后,显示邮件的详细信息页面,经办人可以通过详细信息页面开始回复信件。回复完毕点击保存,流转。系统流程图列出结束标志,选择后信件流走,如果认为上级环节办理信件有问题,选择回退信件流回上级环节。界面关闭回到列表页面。信件回复完毕后需要二级审核人进行审核,审核通过以后发信群众才可以查阅答复内容。

　　(8) 二级单位签发二级领导函。在二级信件办理中信件处理形式为重要邮件的信件，将转入领导函列表。列表按时间顺序显示，列表项包括：办理日期、主题、办理环节名称。点击邮件主题进入后，显示邮件的详细信息页面，经办人可以通过详细信息页面开始录入领导意见。领导函拟写完毕点击保存，流转。系统流程图列出三级接收分支，选择后信件流走，如果认为上级环节办理信件有问题，选择回退信件流回上级环节。界面关闭回到列表页面。

　　(9) 二级单位审批三级回复领导函。二级单位审批三级回复领导函以列表的形式显示，列表按时间顺序显示，列表项包括：办理日期、主题、办理环节名称。点击邮件主题进入后，显示邮件的详细信息页面，经办人可以通过详细信息页面了解三级单位如何回复领导函，如果确认点击流转，系统列出结束标志。如果三级回复不完整选择回退，信件将流回上级环节。界面关闭回到列表页面。

　　(10) 二级单位上报函件。当带有函件的信件被处理完毕后，将转入二级单位回复函件列表。列表按时间顺序显示，列表项包括：办理日期、主题、办理环节名称。点击邮件主题进入后，显示邮件的详细信息页面，经办人可以通过详细信息页面开始回复函件。回复完毕点击保存，流转。系统流程图列出审批二级回复函件分支，选择后信件流走，如果认为上级环节办理信件有问题，选择回退信件流回上级环节。界面关闭回到列表页面。

　　(11) 三级单位回信。二级单位流转下来的信件，将出现在三级单位回信列表中。列表按时间顺序显示，列表项包括：办理日期、主题、办理环节名称。点击邮件主题进入后，显示邮件的详细信息页面，经办人可以通过详细信息页面开始回复信件。如果该信件携带二级领导函，在详细信息业面将会显示领导函内容。回复完毕点击保存，流转。系统流程图列出结束标志，选择后信件流走，如果认为上级环节办理信件有问题，选择回退信件流回上级环节。界面关闭回到列表页面。

　　(12) 三级单位回复领导函。三级单位回复信件完毕后如果该信件带有领导函，则该信件间出现在回复领导函列表。列表按时间顺序显示，列表项包括：办理日期、主题、办理环节名称。点击邮件主题进入后，显示邮件的详细信息页面，经办人可以通过详细信息页面开始回复领导函。回复完毕点击保存，流转。系统流程图列出审批三级回复领导函分支，选择后信件流走，如果认为上级环节办理信件有问题，选择回退信件流回上级环节。界面关闭回到列表页面。

　　8. 信访办查询功能

　　信访办查询主要是对信访办办理过的信件进行查看。主要包括：邮件基本情况查询、邮件内容分类查询、邮件办理情况查询、二级办理情况查询、文稿情况查询、办理结果情况查询。

　　(1) 邮件基本情况查询。该查询包括发信人姓名、是否同意选登、发信日期、邮件序号、人数、发信人单位、发信人地址、E-mail 地址、电话、主题条件,可以将其中的一个或多个条件输入后添加到查询列表,并根据添加后的查询列表进行查询。

(2) 办理情况。办理情况条件包括承办承办单位、办理形式、经办人、转办日期。其中根据列出的条件选择或者填写,然后添加进入查询列表,供整体查询使用。

(3) 二级办理情况。二级办理情况是专门查询二级经办人相关的信件内容,条件包括经办人和接收日期,可以添加进查询列表。

(4) 办理结果。办理结果的条件内容包括是否已答复群众、答复日期、是否已投诉、结果已选登、已经办结。将条件选择或填写后可以添加进查询列表。

9. 信访办统计功能

一级信访办统计包括电子邮件情况、各单位来信情况、网络单位办理情况和一级经办人工作量统计四部分组成。

(1) 电子邮件情况统计。统计年度电子邮件的综合情况,通过添加统计条件,查看相应统计结果。统计条件从信访办分类中选出,可以任意组合多选。

显示结果包括:信量、联名信、转办、函转、直送、不处、自处等几个统计类别与信访办分类组合,显示出总计及大类别的小计情况。

(2) 各单位来信情况统计。统计各归口各类别邮件情况。设置查询条件,点显示统计结果查看统计信息,统计条件分信访办类别、归口类别和统计时间。

显示结果为信访办类别和归口组合形式。

(3) 函件办理情况统计。统计条件为归口类别和统计时间。显示形式为联名信、转办、函转、超期情况、投诉、发回修改与城区口组合。

(4) 一级经办人工作量统计。统计出在一定时间内一级经办人的工作情况。统计条件:统计时间。显示结果:经办人、与其对应的转办、函转、自处、不处和总计数。

10. 流程管理功能

工作流对业务流程的设计、执行、监控、分析、改进提供全面支持。在业务过程中,全面记录过程流、协作流、信息流的内容,依据流程运行的事实和结果,进行有效的流程分析,以优化过程流的环节。

(1) 流程设计。支持流程建模,包括流程路径、业务逻辑规则、流程协作规则、任务协作规则、事件规则、时间规则等等,如图6-14所示。

(2) 流程监控。实现工作流程的实时自动记录,允许规定的权限内,跟踪、参与和控制业务流程,满足业务流程实时和动态的管理要求。

(3) 流程分析。依据过程流、协作流、信息流的内容,进行有效的流程分析,依据流程运行的事实和结果,优化过程流的环节,并实现流程的改进。

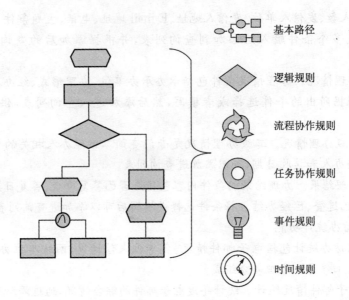

右侧图例：
基本路径
逻辑规则
流程协作规则
任务协作规则
事件规则
时间规则

图 6-14　流程设计框架

四、系统的建设意义

网上信访系统建设的意义在于办公效率的整体提高,具体体现在以下三个方面:

首先,缩短了群众信访的时间。普通邮件到达信访部门办信人员的手里需要至少七天以上的时间,而利用信访工作网上业务办公系统,只需点击一下鼠标即可将信访邮件和所附照片送达信访办办信人员的手里,提高了数十倍的工作效率。随着人民群众生活水平的提高,能够上网的人越来越多了,这种方式会越来越被群众所欢迎。随着手机短信技术的应用,系统考虑加入手机信访的功能。

其次,缩短了信访部门与委办局等职能部门之间办信的流转时间,提供了多种沟通手段。通过网上信访办公系统可以轻松地在信访部门和各个委办局等职能部门之间流转群众的信访邮件和各单位与信访部门之间公函。系统目前实现三级单位的信件流转办理。并且提供信访系统内部的日常应用系统,例如:邮件、日程管理、备忘录、论坛等。

再次,缩短了答复群众的时间。普通的答复方式是用电话直接答复信访人,或者直接找到信访人面谈,费时、费力、耽误工作,而使用网上信访办公系统,群众可以通过互联网查询信件的办理进度,查询信件的答复。其中的办理进度可以通过手机短信通知群众。

图6-15和6-16表现了两种办理方式在用时方面的差别。使用信访业务办公系统办理信件将大大地节约信件投递和往返各部门的时间,使信访工作的效率提高了4~5倍。

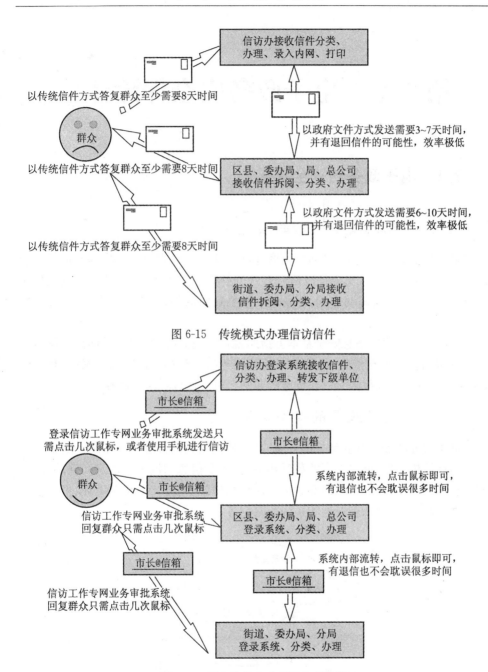

图 6-15 传统模式办理信访信件

图 6-16 网上信访办公系统办理信件

第7章　电子政务安全保障体系

7.1　电子政务的安全需求

7.1.1　信息安全概念的演变

早期的信息安全指的是"通信保密"阶段，该阶段以实现信息传输通信的内容保密为主；中期的信息安全是以信息自身的静态防护为主；近期的信息安全处于"信息保障"阶段，强调动态的、纵深的、全生命周期的、全信息系统资产的信息安全。

目前我们所说的信息安全基本上指的就是"信息保障"，它的目标是抵制电子政务系统的各类潜在威胁，保障数据及其服务的完整性、机密性、可用性、真实性（交互双方的身份和权限、数据、设施的鉴别）、可控性（监控、审计等）。

7.1.2　电子政务的安全环境

电子政务的安全既受到外部环境的威胁，也受到内部环境的威胁。例如网上黑客与计算机犯罪、网络病毒的蔓延和破坏、机要信息的流失与信息间谍的潜入、网上恐怖活动与信息战争、内部人员的违法和违规、临近式的恶意破坏、安全产品软硬件的缺陷、网络的脆弱性和系统的漏洞等，如图7-1所示：

图 7-1　电子政务系统的安全威胁

7.1.3　电子政务的安全需求

按照国家安全与保密的要求：信息系统必须提供以下几种安全性控制服务，即：

1. 权限控制

权限控制（Access Control）即只允许经过授权（Authorized）和经过验证（Authenticated）的用户存取某一信息资源。对资源存取控制可以由资源拥有者赋予，或者是由信息系统根据某种规则赋予。权限控制的内容包括：谁可以存取、存取方式、何时存取、存取条件等。

2. 身份识别与验证

身份识别与验证（Identification and Authentication）目的是确认访问者的身份。访问者可能是人或者程序，识别与验证就是验证它们提交的身份识别标志。身份验证是权限控制的基础和必要条件。身份识别与验证的技术包括：口令字、智能令牌（Smart Token）、智能卡（SmartCard）和生物测量法（如指纹、基因等）。

3. 保密性

保密性（Confidentiality）目的是保护敏感信息。当敏感信息被保存在本地时，必须使用权限控制或加密技术，使之得以保护；当敏感信息在网络上传输时，应该被加密。

4. 数据完整性

数据完整性（Data Integrity）目的是保证信息未经非授权的修改。用户或程序在使用数据时，或者数据在网络上传输时，必须有手段保证和检测信息未被非法修改过。

5. 不可篡改性

不可篡改性（Non-repudiation）可以看成是身份识别与验证的延伸。一般情况下用于电子传输，目的是确认信息传送双方，即保护信息的接收方防止发送人否认已发出信息，保护信息的发送方防止接收方否认已收到信息。

针对以上信息系统安全性需求的分析，一个科学完整的通用安全平台的安全性控制要求，一般包括：防止非法用户侵入、权限控制、安全审计。

7.1.4　电子政务信息安全域的划分

"三网一库"即机关内部办公网络(内网)、办公业务资源网络(专网)、公共管理与服务网络(外网)。

机关内部办公网(简称"内网"):指各个行政机关内部的行政办公局域网。内网与办公业务资源网(专网)之间采用逻辑隔离。

办公业务资源网络(简称"专网"):通过联结各部门、各地方的内网,形成覆盖从国务院到各部门、各地方的政务资源网络。专网与公共管理与服务网络("外网")之间采用物理隔离,以确保内部政务办公、决策指挥等系统的运行安全性。

公共管理与服务网络(简称"外网"):面向企业和社会服务的公共管理与服务网。它通过应用支撑平台与公共互联网络为接口,与其他政府部门的外网实现安全的互联和信息交换。公共管理与服务网可以提供公众政务服务的访问功能,并通过后面的应用网关实现 Web 服务系统与公共互联网之间的逻辑隔离,以确保内部业务系统的运行安全性。

"三网"的电子政务安全边界划分如图7-2所示。

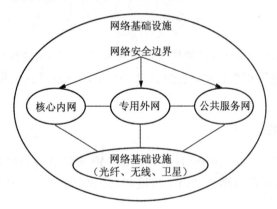

图 7-2　电子政务的网络安全边界

7.2　电子政务安全保障体系框架

电子政务的安全保障是一个复杂的系统工程,不仅仅依靠技术,也要依靠管理。构建电子政务安全保障体系的总体框架应该从四个方面来考虑:技术保障体系、运行管理体系、社会服务体系和安全基础设施建设,如图7-3所示。

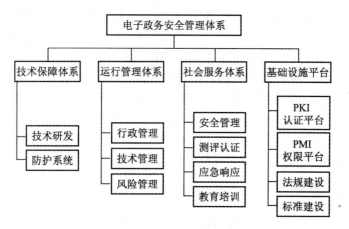

图 7-3 电子政务安全保障体系

7.3 电子政务安全技术保障体系

7.3.1 数据加密技术与数字签名

信息安全技术中数据加密技术是最为核心的安全技术之一。自20世纪50年代以来,数据加密技术已逐渐发展成熟。在网络应用中一般采取两种加密形式:对称密钥体制和非对称密钥体制。对于对称密钥体制,其常见加密标准为分组密码加密和序列密码加密。而非对称密钥体制主要是指公开钥匙加密。

1. 对称密钥体制

(1) 分组加密。分组加密以字节、字或计算机位数(及其倍数)为加密单位,在设计原则上强调扩散和混合。所谓扩散,就是输入明文分组的每一个比特和输入密钥的每一个比特,其作用必定要扩散到输出密文分组的每一个比特上去;所谓混合,就是输出密文分组的每一个比特,一定是输入明文分组的所有比特和输入密钥分组的所有比特的共同作用的结果。分组加密适于现代信源环境,便于实现快速运算,不仅可以用于数据加密,还适用于计算消息验证,也可用于构造单向函数和伪随机数发生器。由于分组密码具有用途广泛、实现方便、计算速度快等诸多优点,因此,在当今的信息安全领域仍扮演着重要的角色。

(2) 序列加密。序列加密建立在现代信息论和统计学的基础之上,以比特字母为加密单位,能够满足大规模数据加密的需求,广泛应用于军事、政治和外交等方面,是需要自同步、强纠错的移动通信、卫星通信中保护信息安全的重要密码之一。序列加密具有理论基础分析透彻、空间和时间复杂度计算精确的特点，所以使用起来让人放心。或者说，虽然所有的序列加密一定都可以被破译，但是，在一定的条件下和一定的时间内序列加密的破译是很难做到的。

在分组加密和序列加密的体制中，加密密钥和解密密钥通常是相同的，或者很容易由其中的一个推导出另一个，因此，称之为"对称密钥体制"。对于这种体制，加解密双方所用的密钥都必须保守秘密，而且需要不断更新，新的密钥总是要通过某种秘密渠道分配给使用方，在传递的过程中，稍有不慎，就容易泄露。因此，密钥的分发与管理是其最薄弱且风险最大的环节。

2. 非对称密钥体制——公钥密钥体制

公开密钥(public key)密码体制是一种非对称的密码技术，它最主要的特点就是加密和解密使用不同的密钥，它们成对出现，但却不能根据加密密钥推出解密密钥。在这种体制中，加密密钥是公开信息，用作加密，而解密密钥需要由用户自己保密，用作解密。通常情况下，加密密钥又称公钥，解密密钥又称私钥。公钥密码体制有以下特点：

（1）密钥分发简单。由于加密密钥与解密密钥不能互推，使得加密密钥表可以像电话号码本一样由主管部门发给各个用户。

（2）需要秘密保存的密钥量少，网络中每个成员只需秘密保存自己的解密密钥，N 个成员只需产生 N 对密钥。

（3）互不相识的人之间也能进行保密对话。一方只要用对方的公开密钥加密发出，收方即用自己密藏的私钥脱密，而任何第三方即使知道加密密钥也无法对密文进行解密。

（4）可以进行数字签名。发信者用他掌握的秘密密钥进行签名，收信者可用发信者的公钥进行验证。

公钥密码解密密钥是秘密的，由用户自己保存，不需要往返交换和传递，大大减少了密钥泄露的危险性。可以说，公钥密码的提出，开创了现代密码发展的新纪元。如果没有公钥加密，那么在大型、开放的电子网络环境中建设具有普适性的信息安全基础设施则是一件不可想像、无法实现的事。另外，在网络通信中使用对称密码体制时，网络内任何两个用户都需要使用互不相同的密钥，才能保证不被第三方窃听，因而 N 个用户就要使用 $N(N-1)/2$ 个密钥。在大型网络中，如果有 100 万个用户，则要使用 4 950 万个密钥，密钥量太大，难以管理，而且使用起来非常麻烦。采用公钥密码体制，N 个用户只需要产生 N 对密钥。仍以 100 万个用户为例，只需 100 万对密钥，需要秘密保存的仅 100 万个私钥，两者相差近 50 倍，数量大大减少，而且分发简单，安全性好。由此可见，只有公钥加密才能方便、可靠地解决大规模网络应用中密钥的分发和管理问题。

图7-4示意了公钥密钥加密体制。

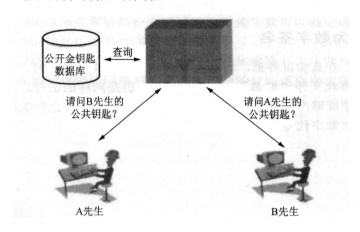

图 7-4　公钥密钥加密体制

3. 数字签名

数字签名技术是实现信息安全的核心技术之一,它的实现基础就是加密技术。其基本原理和作用如同传统的签名或印章是一样的。以往的书信或文件是根据亲笔签名或印章来证明其真实性的。但在计算机网络中传送的报文是如何盖章呢?这就是数字签名所要解决的问题。

数字签名必须保证以下几点:接收者能够核实发送者对报文的签名;发送者事后不能抵赖对报文的签名;接收者不能伪造对报文的签名。

现在已有多种实现各种数字签名的方法,但采用公钥加密算法要比常规算法更容易实现。具体而言,一段消息以发送方的私钥加密之后,任何拥有与该私钥相对应的公钥的人均可将它解密。由于该私钥只有发送方拥有,且该私钥是密藏不公开的,所以,以该私钥加密的信息可看做发送方对该信息的签名,其作用和现实中的手工签名一样有效而且具有不可抵赖性。

一种具体的数字签名做法是:认证服务器和用户各持有自己的证书,用户端将一个随机数用自己的私钥签名后和证书一起用服务器的公钥加密后传输到服务器;使用服务器的公钥加密保证了只有认证服务器才能进行解密,使用用户的密钥签名保证了数据是由该用户发出;服务器收到用户端数据后,首先用自己的私钥解密,取出用户的证书后,使用用户的公钥进行解密,若成功,则到用户数据库中检索该用户及其权限信息,将认证成功的信息和用户端传来的随机数用服务器的私钥签名后,使用用户的公钥进行加密,然后,传回给用户端,用户端解密后即可得到认证成功的信息。

7.3.2　电子政务的安全防护技术

1. 反病毒技术

计算机病毒是某些人利用计算机软、硬件所固有的脆弱性,编制具有特殊功能的程序。反病毒系统是防范病毒的主要工具,通常是一种软件系统。

计算机技术发展越来越快,使得计算机病毒技术与计算机反病毒技术的对抗也越来越尖锐。我们现在的反病毒技术是针对计算机病毒的发展而基于病毒家族体系的命名规则、基于多位 CRC 校验和扫描机理,启发式智能代码分析模块、动态数据还原模块、内存解毒模块、自身免疫模块等先进的解毒技术,较好地解决了以前防毒技术顾此失彼、此消彼长的状态。

作为新一代反病毒软件应做到以下几点:

(1) 全面地与互联网结合,不仅有传统的手动查杀与文件监控,还必须对网络层、邮件客户端进行实时监控,防治病毒入侵。

(2) 快速反应的病毒检测网,采用虚拟跟踪技术,识别未知病毒和变形病毒。

(3) 完善方便的在线升级服务,对新病毒迅速提出解决方案。

(4) 对病毒经常攻击的程序提供重点保护。

2. 防火墙技术

网络防火墙技术是一种用来加强网络之间访问控制,防止外部网络用户以非法手段通过外部网络进入内部网络,访问内部网络资源,保护内部网络操作环境的特殊网络互联设备。它对两个或多个网络之间传输的数据包,按照一定的安全策略来实施检查。以决定网络之间的通信是否被允许,并监视网络运行状态。目前的防火墙产品主要有堡垒主机、包过滤路由器、应用层网关(代理服务器)以及电路层网关、屏蔽主机防火墙、双宿主机等类型。

防火墙技术的发展大概经历四个阶段:

(1) 第一代是基于路由器的防火墙。由于路由器具有分组过滤功能,使得网络控制功能可以通过路由控制来实现,所以具有分组过滤功能的路由器被称为第一代防火墙。但这类防火墙安全防护能力很差。

(2) 第二代是用户化的防火墙工具包,它将过滤功能从路由器中分离出来,加上审计和安全警告功能,并针对用户需求提供模块化的软件包。但这类软件产品的技术要求高,在处理速度、差错率等方面仍有不足。

(3) 第三代是建立在通用操作系统上的防火墙。它可以实现分组过滤功能,配有专有的代理系统,监控所有协议的数据和指令,保护用户编程空间和可配置内核参数的设置。因此安全性和处理速度都大大提高了,但由于操作系统的源码是保密的,而多数防火墙厂商并不是通用操作系统厂商,因此用户要依赖防火墙厂商和操作系统厂商的两方面支持。

(4) 第四代是具有安全操作系统的防火墙。此类防火墙就是一个操作系统,防火墙厂商具有操作系统的源代码,可实现安全内核,对服务器、子系统都作了安全处理,一旦黑客攻破一个服务器,将被隔离在这个服务器中,不会对其他部分造成威胁。

防火墙的发展方向是:

(1) 火墙将从目前对子网或内部网管理的方式向远程上网信中管理的方式发展。

(2) 过滤深度会不断加强,从目前的地址、服务过滤,发展到 URL(页面)过滤、关键字过滤和对 Active X、Java 等的过滤,并逐渐有病毒扫描功能。

(3) 利用防火墙建立专用网是较长一段时间用户使用的主流,IP 的加密需求越来越强,安全协议的开发是一大热点。

(4) 单向防火墙(又叫做网络二极管)将作为一种产品门类而出现。

(5) 对网络攻击的检测和各种告警将成为防火墙的重要功能。

(6) 安全管理工具不断完善,特别是可以活动的日志分析工具等将成为防火墙产品中的一部分。

3. 虚拟专用网络(VPN)

虚拟专用网不是真的专用网络,但却能够实现专用网络的功能。虚拟专用网指的是依靠 ISP(Internet 服务提供商)和其他 NSP(网络服务提供商),在公用网络中建立专用的数据通信网络的技术。在虚拟专用网中,任意两个节点之间的连接并没有传统专网所需的端到端的物理链路,而是利用某种公众网络资源而动态组成的。

虽然实现 VPN 的技术和方式很多,但所有的 VPN 均应保证通过公用网络平台传输数据的专用性和安全性。在非面向连接的公用 IP 网络上建立一个逻辑的、点对点的连接,称之为建立一个隧道,可以利用加密技术对经过隧道传输的数据进行加密,以保证数据仅被指定的发送者和接收者了解,从而保证了数据的私有性和安全性。

在安全性方面,由于 VPN 直接构建在公用网上,实现简单、方便、灵活,但同时其安全问题也更为突出。必须确保其 VPN 上传送的数据不被攻击者窥视和篡改,并且要防止非法用户对网络资源或私有信息的访问。

目前 VPN 主要采用四项技术来保证安全,分别是隧道技术、加解密技术密钥管理技术、信息认证和身份认证技术:

(1) 隧道技术。隧道技术是 VPN 的基本技术类似于点对点连接技术,它在公用网建立一条数据通道(隧道),让数据包通过这条隧道传输。隧道技术必须有专用的隧道协议作为支撑。

(2) 加解密技术。加解密技术是数据通信中一项较成熟的技术,VPN 可直接利用现有技术。

(3) 密钥管理技术。密钥管理技术的主要任务是如何在公用数据网上安全地传递密钥而不被窃取。

(4) 信息认证和身份认证。鉴别用户的合法身份,提供访问控制,为不同用户设置不同访问权限。

4. 入侵侦测技术

入侵侦测就是对计算机网络和计算机系统的关键节点的信息进行收集分析,检测其中是否有违反安全策略的事件发生或攻击现象,并通知系统安全管理员。一般把用于入侵检测的软件、硬件合称为入侵检测系统。

概括起来,入侵侦测就是对指向计算机和网络资源的恶意行为的识别和响应过程。具体的入侵检测模式包括模式匹配和统计分析。

(1) 模式匹配。使用一套静态的模式,在通信节点截获数据包,然后将会话特征与知识库保存的攻击特征进行对比,提供防止包序列和内容攻击的保护。

(2) 统计分析。该方法首先给系统对象(如用户、文件、目录和设备等)创建一个统计描述,统计正常使用时的一些测量属性(如访问次数、操作失败次数等),即统计过程来侦测反常事件。

入侵检测还分为基于主机的和基于网络的。网络型入侵检测系统的数据源是网络上的数据包。主机型入侵检测系统往往以系统日志、应用程序日志等作为数据源,从所在主机收集信息进行分析。防火墙内部的 Web、DNS 和 E-mail 等服务器是大部分非法攻击的目标,这些服务器应安装基于主机的入侵检测系统,以提高整体安全性。

5. 物理隔离技术

网络中增加防火墙、防病毒系统,对网络进行入侵检测、漏洞扫描等都属于软隔离技术,这些技术无法提供某些机构(如军事、政府、金融等)提出的高度数据安全要求,它们只是基于软件层面的保护,是一种逻辑机制。

所谓"物理隔离"是指内部网不直接或间接地连接公共网。物理安全的目的是保护路由器、工作站、网络服务器等硬件实体和通信链路免受自然灾害、人为破坏和搭线窃听攻击。只有使内部网和公共网物理隔离，才能真正保证党政机关的内部信息网络不受来自互联网的黑客攻击。

物理隔离的解决思路是：在同一时间、同一空间，单个用户是不可能同时使用两个系统的，只要使两个系统在空间上物理隔离，就可以使他们的安全性相互独立。

物理隔离技术发展至今大致经历了以下几个阶段：

（1）双网双机技术。工作原理：配置两台电脑，分别连接内外两个网络。这种方式存在的主要缺点是投资成本高、占用办公空间大、网络设置复杂、维护难度大。一旦出现问题，对效率要求较高的部门影响很大。

（2）双硬盘物理隔离卡技术。工作原理：一台计算机上安装两块硬盘，并使用物理隔离卡来实现物理隔离，两块硬盘分别对应内外网，用户启动外网时关闭内网硬盘，启动内网时关闭外网硬盘。这种方式的主要缺点是对于一些配置比较高、原有硬盘比较大的机器造成了无谓的成本浪费，而且频繁地加电和断电容易对原有硬盘造成损坏。

（3）单硬盘物理隔离卡技术。工作原理：单个硬盘通过对磁道的读写控制技术物理分割为两个分区：一个为公共区（Public）；另一个为安全区（Secure），这两个分区无法互相访问，它们分别安装两个互相独立的操作系统。当主机使用硬盘的公共区与外部网（如 Internet 连接时，硬盘的通道被封闭，与内部网的连接自动断开。当主机使用硬盘的安全区与内部网连接时，硬盘的安全检查区被封闭，与外部网的连接自动断开。操作者可以根据自己的需要在内部网与外部网中自由切换，并且在任何一种网络环境下，用户只能对特定网络环境中的信息进行处理，即在同一时间只能有一个系统有效。

（4）基于服务器端的物理隔离技术。工作原理：采用基于服务器的物理隔离设备来连接两个网络，在同一时刻这两个网络没有物理上的连通，但又可以快速分时地处理并传递数据。

6. 安全审计技术

（1）审计技术。电子数据安全审计技术可分三种：了解系统，验证处理和验证处理结果。

- 了解系统技术。审计人员通过查阅各种文件如程序表、控制流程等来审计；
- 验证处理技术。该技术一般分为实际测试和性能测试，实现方法主要有：①事务选择。审计人员根据制订的审计标准，可以选择事务的样板来仔细分析。样板可以是通过软件随机的选择，扫描一批输入事务；②测试数据。这种技术是程序测试的扩展。通过某些独立的方法，可以预见正确的结果，并与实际结果相比较。用此方法,审计人员必须通过程序检验被处理的测试数据。另外,还有综合测试、事务标志、跟踪和映射等方法;③并行仿真。审计人员要通过应用程序来仿真操作系统的主要功能。当给出实际的和仿真的系统相同数据后,来比较它们的结果。仿真代价较高,借助特定的高级语音可使仿真类似于实际的应用;

· 验证处理结果技术。①如何选择和选取数据。将审计数据收集技术插入应用程序审计模块(此模块根据指定的标准收集数据,监视意外事件);扩展记录技术为事务,建立全部的审计跟踪;借用于日志恢复的备份库(如当审计跟踪时,用两个可比较的备份去检验账目是否相同);通过审计库的记录抽取设施(它允许结合属性值随机选择文件记录并放在工作文件中,以备以后分析),利用数据库管理系统的查询设施抽取用户数据;②抽取数据后,审计人员可以检查控制信息(含检验控制总数、故障总数和其他控制信息);检查语义完整性约束;检查与无关源点的数据等。

(2)审计范围。审计范围包括操作系统和各种应用程序。

操作系统审计子系统的主要目标是检测和判定对系统的渗透及识别误操作。其基本功能为:审计对象(如用户、文件操作、操作命令等)的选择;审计文件的定义与自动转换;文件系统完整性的定时检测;审计信息的格式和输出媒体;逐出系统、报警阀值的设置与选择;审计日态记录及其数据的安全保护等。

应用程序审计子系统的重点是针对应用程序的某些操作作为审计对象进行监视和实时记录并据记录结果判断此应用程序是否被修改和安全控制,是否在发挥正确作用;判断程序和数据是否完整;依靠使用者身份、口令验证终端保护等办法控制应用程序的运行。

(3)审计跟踪。通常审计跟踪与日志恢复可结合起来使用,但在概念上它们之间是有区别的。主要区别是日志恢复通常不记录读操作;但根据需要,日记恢复处理可以很容易地为审计跟踪提供审计信息。如果将审计功能与告警功能结合起来,就可以在违反安全规则的事件发生时,或在威胁安全的重要操作进行时,及时向安检员发出告警信息,以便迅速采取相应对策,避免损失扩大。审计记录应包括以下信息:事件发生的时间和地点、引发事件的用户、事件的类型、事件成功与否。

审计跟踪的特点是:对被审计的系统是透明的;支持所有的应用;允许构造事件实际顺序;可以有选择地、动态地开始或停止记录;记录的事件一般应包括以下内容:被审讯的进程、时间、日期、数据库的操作、事务类型、用户名、终端号等;可以对单个事件的记录进行指定。

按照访问控制类型,审计跟踪描述一个特定的执行请求,然而,数据库不限制审计跟踪的请求。独立的审计跟踪更保密,因为审计人员可以限制时间,但代价比较昂贵。

（4）审计的流程。电子数据安全审计工作的流程是：收集来自内核和核外的事件，根据相应的审计条件，判断是否是审计事件。对审计事件的内容按日志的模式记录到审计日志中。当审计事件满足报警阀的报警值时，则向审计人员发送报警信息并记录其内容。当事件在一定时间内连续发生，满足逐出系统阀值，则将引起该事件的用户逐出系统并记录其内容。

常用的报警类型有：用于实时报告用户试探进入系统的登录失败报警以及用于实时报告系统中病毒活动情况的病毒报警等。

7. 防水墙技术

防火墙有效地监控了内部网和 Internet 之间的任何活动，保证了内部网络的安全。但是，很明显，对于企业内部网的安全问题，防火墙起不到任何作用。

防水墙是由中国软件通用产品总公司首先提出的，是用来加强信息系统内部安全的重要工具，它处于内部网络中，是一个内网监控系统，可以随时监控内部主机的安全状况。其着重点是用技术手段强化内部信息的安全管理，利用计算机口令字验证、数据库存取控制技术、审计跟踪技术、密码技术等对公司机密文件、重要的行业数据、科学发明专利等机密信息，防止对信息的非法或违规的窥探、外传、破坏、拷贝、删除，从本质上阻止了机密信息泄漏事件的发生。

通过一系列的事前预防、事中监督和事后审计等措施，构建严密的内网安全防范体系，有效地防止内网安全事件的发生。

7.4　电子政务安全运行管理体系

7.4.1　电子政务安全行政管理

1. 安全组织机构

该机构应由主要领导直接主管，不隶属于其他机构。建立安全组织机构的目的是：统一规划各级网络系统的安全，制定完善的安全策略和措施，协调各方面的安全事宜。

2. 安全人事管理

其遵守的原则是——多人多责原则、任期有限原则、职责分离原则、最小权限原则。

3. 安全责任制度

安全责任制度包括系统运行维护管理制度、计算机处理流程控制管理制度、文档资料管理制度、操作和管理人员管理制度、机房安全管理制度、定期检查与监督制度。

7.4.2　电子政务安全技术管理

1. 实体安全管理

电子政务的实体安全管理，就是要保护计算机和网络设备、设施免受一些外界因素的破坏。具体而言，实体安全应该包括环境安全（如不间断供电、消防报警、防水、虫等）、设备安全（设备的维护保养）和存储媒体（存储介质的管理）安全三个方面。

2. 软件系统管理

软件系统管理（操作系统、网络系统、驱动、数据库、应用软件等）——包含以下几方面的内容：

（1）保护软件系统的完整性（防止软件破坏和篡改、漏洞检测、软件加密）。

（2）保证软件的存储安全（压缩存储、保密存储、备份存储）。

（3）保障软件的通信安全（安全传输、加密传输）。

（4）保障软件的使用安全（授权使用、按规程操作）。

3. 密钥管理

密钥管理涉及到密钥自产生到最终销毁的整个过程，包括密钥的产生、存储、备份、装入、分配、保护、更新、控制、丢失、销毁等内容。

安全的密钥管理要求：一是密钥难以窃取；二是密钥有使用范围和使用时间的限制；三是密钥的分配和更换过程对用户透明，而用户不需要亲自掌管密钥。

7.4.3　电子政务安全风险管理

电子政务系统安全风险管理的目的是保障政府组织活动的正常运转，而非仅仅保证其中的 IT 资产的安全。所谓风险管理是控制、降低或消除可能影响信息系统的安全风险的过程。

如图7-5所示，风险管理过程可以分为风险评估和风险控制两个阶段。在风险评估阶段通过识别、度量和分级等手段达到风险认知的目的，并据此制定风险管理策略。在风险控制阶段应根据风险管理策略,采取规避、转移和降低等手段使风险达到可接受的水平。

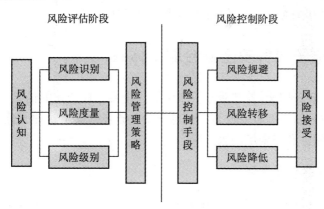

图 7-5　风险管理的过程

1. 安全风险评估

安全风险评估是确定电子政务系统面临的风险级别的过程,是风险控制的前提和基础。风险评估阶段的基本实施步骤应该是:

(1) 识别风险。一方面根据电子政务自身特点,明确风险分析对象,标识系统边界及其所包含的资源,确定风险范围;另一方面找出系统本身的薄弱环节,分析威胁的来源、类型、级别、出现概率等,以此达到风险识别的目的。

(2) 进行风险度量。即确定风险对组织或系统的影响和损失程度。

(3) 确定风险级别。风险取决于威胁发生的概率及相应的影响,可事先定义好不同范围、程度的风险级别,划分风险等级。

(4) 风险策略。制定相应的风险管理策略来降低风险,为风险控制提供指导。

2. 安全风险控制

安全风险控制是根据风险评估阶段的结果,采用一定的方法和手段,对已标识的风险采取相应措施,将电子政务系统的安全风险降低到可接受的水平。

选择风险控制手段——预防手段(消除系统缺陷)、限制手段(限制威胁的影响范围)、检测响应手段(主动进行入侵检测):

· 采取风险规避手段——如外网隔离、实施恶意软件控制程序;

· 实施必要的风险转移措施——如商业保险等来保障 IT 资产的安全;

· 降低威胁的影响程度——建立并实施持续性的安全管理计划,包括对应急、备用、恢复等活动的安全要求;建立并实施对系统进行监控的程序,以主动探

测威胁,抑制其扩大;

·对剩余风险的接受——系统绝对安全是不可能的,应该在一定程度上接受剩余风险。对其中无法接受的风险,应考虑再增加控制。

7.5 电子政务安全社会服务体系

保障电子政务安全,外部服务机制也极为重要。社会化的信息安全服务体系是保障电子政务安全的重要环节。信息安全服务包括安全管理服务、安全测评服务、应急响应服务和安全培训服务等。

1. 信息安全管理服务

随着电子商务、电子政务等领域的日益发展,信息安全管理服务的外包服务变得越来越重要。目前,一些信息安全管理服务提供商(MSSP)正在逐步形成,其中有的是专门从事安全管理服务达到增殖目的的,有的是从 IT 集成或咨询商发展而来提供信息安全咨询的。MSSP 包括:

(1) 信息安全咨询服务。包括整个电子政务系统构建和运行前的整体安全策略、从安全需求分析和安全环境设置到安全防护系统的软硬件组合的安全解决方案咨询,以及全面地为用户提供安全规范、安全制度等的咨询。

(2) 安全技术管理服务。主要是对安全系统的管理,如对网络系统的入侵监测、防火墙/VPN 的监管、防病毒、数据加密等的服务。

(3) 数据安全分析服务。数据分析需要一定的深度,因为数据中包含可能的攻击。MSSP 事先建立自己的知识库,通过知识库来分析数据中是否隐藏着攻击行为,并判断威胁的级别。

(4) 安全管理评估服务。根据安全管理措施的适用性和效率,要进行定期的评估,它可以帮助用户及时调整安全管理措施。

2. 信息安全测评认证

信息安全的测评认证解决的是对信息产品自身的基本安全防护性能的评价问题,以及从产品设计的角度和实现的角度分析产品中存在的安全隐患、安全漏洞、并考虑采取安全防护和抵御攻击的方法。

信息产品的安全测评主要针对两类对象:

(1) 开发者。信息产品开发者在试图开发符合用户安全需求产品时,必须遵循一定的要求和规范。评价产品的安全性能,指出产品实现中的不足,确定产品的安全等级。

（2）最终用户。不同用户搭建的信息系统安全目标不同,需要不同级别的安全产品。因此用户需要产品安全性能指南,以满足安全需要并降低系统建设成本。

我国信息安全测评体系由三部分组成:国家信息安全测评认证管理委员会、中国信息安全产品测评认证中心和授权测评机构,如图7-6所示。

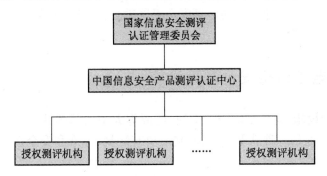

图 7-6　中国信息安全测评认证体系

· 中国国家信息安全测评认证管理委员会是经国务院产品质量监督行政主管部门授权,代表国家对中国信息安全产品测评中心的测评认证活动实施监督管理的机构;

· 中国信息安全产品测评认证中心是国家级认证机构,对外开展四种国家信息安全认证业务:产品认证、信息系统安全认证、信息安全服务资质认证和信息安全专业人员资质认证;

· 授权测评机构是中国信息安全产品测评认证中心根据业务发展授权成立的、测试结果作为国家认证中心的认证基础。

3. 信息安全应急响应服务

应急响应是计算机或网络系统遇到突发安全事件(如黑客入侵、网络恶意攻击、病毒感染和破坏等)时,能够提供的紧急响应和快速救援和恢复服务。1988年,Morris 蠕虫程序破坏事件,直接导致了计算机网络应急服务组织的诞生。CERT(Computer Emergency Response Team)是应急处理组织的国际用语。

我国信息安全应急响应的策略是:基础信息网络和重要信息系统建设要充分考虑抗毁性与灾难恢复,制定和不断完善信息安全应急处置预案。灾难备份建设要从实际出发,提倡资源共享、互为备份。加强信息安全应急支援服务队伍建设,鼓励社会力量参与灾难备份设施建设和提供技术服务,提高信息安全应急响应能力。

4. 信息安全教育服务

安全教育和培训信息系统参与者一项很重要的学习任务,是有效管理、应用和维护信息系统的重要基础。大量的信息系统安全问题的根本原因是人员对安全知识安全技术和安全管理等方面的缺乏。

信息安全问题的日益突出,信息安全教育服务应该一方面着重专业的信息安全人才,包括专业技术人员、安全管理人员、专业研究人员和高级战略人员;另一方面应该普及对非专业人员的信息安全素养教育,包括政府部门领导、信息管理人员、普通公务员等。

7.6 电子政务安全基础设施

所谓基础设施,通常指的是像交通、能源等大型的基础性物资设施。电子政务安全基础设施是一种软基础设施,它需要有法规、标准和安全认证三大基础设施的支撑。

7.6.1 公钥基础设施(PKI)

1. 公钥基础设施的概念

公钥基础设施是一个用非对称密码算法原理和技术来实现并提供安全服务的、具有通用性的安全基础设施。在电子政务建设中,PKI 实际上提供一整套的、遵守标准的密钥管理基础平台。

数字证书认证中心 CA(Certificate Authority)、审核注册中心 RA(Registration Authority)、密钥管理中心 KM(Key Management),还有证书查询验证服务系统——LDAP(Lightweight Directory Access Protocol)和 OCSP(Online Certificate Status Protocol)为其提供证书的存贮和状态查询服务,它们都是组成 PKI 的关键组件,如图7-7所示。

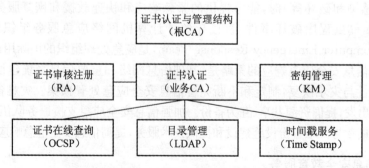

图 7-7 PKI 信任服务体系结构

（1）密钥管理中心 KM 是整个 PKI 的基础，为非对称密码技术大规模应用提供支持。密钥管理中心负责向 CA 中心提供密钥服务，包括密钥的产生、登记、分发、查询、注销、归档及恢复等服务，同时向授权管理部门提供特殊密钥的恢复功能。

（2）证书认证中心 CA 是证书服务系统的核心业务节点和基本单元，主要提供下列服务：证书的签发和管理，证书撤销列表的签发和管理，证书/证书撤销列表的发布和管理，证书审核注册中心的设立、审核及管理，向密钥管理系统 KM 申请密钥对。CA 颁发的证书相当于网上的身份证，可以唯一确定网上各种实体的身份。

（3）审核注册中心 RA 是用户和 CA 之间的中间实体，它所获得的用户标识的准确性是 CA 颁发证书的基础。RA 中心是证书服务系统的用户注册和审核机构，管理用户资料，接受用户申请。RA 中心由 CA 中心授权设立并运作，由 CA 中心统一管理。RA 中心提供如下服务：用户数字证书申请的注册受理，用户真实身份的审核，用户数字证书的申请与下载，用户数字证书的撤销与恢复，证书受理核发点的设立、审核及管理。

（4）电子政务中需要证书查询验证服务系统 LDAP 和 OCSP 提供备份存贮和在线进行查询。证书生成后，必须存储以备后用。为减少终端用户将证书存储于本地，CA 通常使用一个证书目录，或中央存储点。基于 X.500 标准的目录正被广泛接受，它除了可以充当证书库外，还可以给予管理员个人属性信息入口的集中点。通过轻量级目录访问协议 LDAP，目录客户端可定位条目项及它们的属性，使用非常方便。而 OCSP 可以提供在线证书状态查询验证的服务，可用来检查在用户证书是否有效。

2. PKI 的管理

PKI 的管理可以归纳为证书管理和密钥管理两个部分，如图7-8所示。

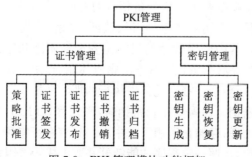

图 7-8　PKI 管理模块功能框架

（1）证书管理。包括策略批准、证书签发、证书发布、证书撤销、证书归还等几个方面。

策略批准。在实现认证操作之前，必须生成各种认证策略以指导认证过程。策略主要包括：操纵策略——阐明有关个人、设备和应用事宜；签发策略——检查用于签发证书的准则。

证书签发。证书签发需要以下步骤：检查公开密钥信息的正确性。计算公开密钥信息的签名；签名与公开密钥信息一起生成证书；CA在证书签发过程中的行为应该被记录。

证书发布。签发后的证书将被放在数据库中，以便第三方或证书用户访问。数据库一般采用 LDAP X.500 的目录系统。数据库应该有各种访问控制，以便证书等数据的安全存储。

证书归档。数字签名文档的有效期比证书有效期长，因此为了确保失效的证书仍可以访问，就必须对证书、证书撤销表等数据进行长期归档。

证书撤销。证书撤销主要涉及下列方面：撤销证书的归档，无论证书是过期还是被撤销，旧证书的拷贝应由可信的第三方保留一段时间，时间长度由具体情况确定；撤销证书的公布，CA 维护并定期发布证书撤销列表，让用户利用下载 CRL 或 OCSP 在线查询证书状态来了解证书撤销的情况。

（2）密钥管理。密钥管理主要指密钥对的安全管理。密钥管理的功能主要包括以下方面：

密钥产生。密钥可由用户自己产生，也可由 CA 产生。在初始化客户端时，必须通过安全信道或某些分发机制来安全的分发密钥。

密钥备份及恢复。用户遗忘密钥的保护口令，用户丢失密钥或者用户调离工作岗位时仍可访问密钥及加密的数据；应用户或有关部门的要求，对某些加密数据进行检查（密钥的托管）；应用户要求，恢复加密密钥。

密钥更新。任何密钥都不能长期不变。密钥必须定期更新。更新的周期取决于 CA 或相关的策略需求，CA 应配备相应的密钥更换规程。

密钥管理中心是对密钥的产生、登记、认证、注销、分发、归档、撤销和销毁等服务的实施和运用。其中密钥管理的目标是安全地实施和运用这些密钥管理服务功能。密钥管理程序必须依赖于基本的密码体制、预定的密钥使用以及所用的安全策略，密钥管理还包括在密码设备中执行的那些功能。以中心不在其任何设备保存用户的私有密钥。在需要托管密钥时，密钥管理（KM）中心对用户托管的加密密钥进行加密处理，存储在密钥管理中心。只有在征得用户同意或者国家有关部门根据法律规定，按照一定程序才能解开并取出托管密钥。

3. PKI 的服务

PKI 提供的服务分为核心服务和附加服务。

核心服务一般有三个：

(1) 认证服务。向一个实体确认另一个实体确实是自己。即身份识别与鉴别。

(2) 完整性服务。即确认数据未被修改(在传播与存储过程中)。

(3) 保密性服务。就是要确保数据的秘密,向一个实体确保除了接受者,无人能解读数据的关键部分。

附加服务也称 PKI 支撑服务,通常建立于 PKI 核心服务之上:

(1) 可否认服务。可否认服务是指从技术上保证实体对他们行为的诚实性。例如对数据的来源、传输、接收的不可否认。

(2) 安全时间戳。安全时间戳就是一个可信的时间权威,它用一段可认证的、完整的数据表示时间戳。

(3) 公证服务。公证服务其含义是"数据认证",CA 机构中的公证人通过一定的验证方式来证明数据的有效性。

7.6.2　特权基础设施(PMI)

随着网络应用的扩展和深入,仅仅能确定网络身份的公钥基础设施(Privilege Management Infrastructute,PKI)已经不能满足需要,安全系统要求提供能够确定使用权限的技术,即某人是否拥有使用某种服务的特权。为了解决这个问题,特权管理基础设施(PMI)应运而生。

1. 属性证书的定义

属性证书是由 PM 的属性权威机构 AA (Attribute Authority)签发的包含某持有者的属性集(如角色、访问权限及组成员等)和一些与持有者相关信息的数据结构。由于这些属性集能够用于定义系统中用户的权限,因此作为一种授权机制的属性证书可看作是权限信息的载体。属性权威 AA 的数字签名保证了实体与其权力属性相绑定的有效性和合法性。

由于属性证书是一个由属性权威签名的文档,因此其中应包括这些属性:

(1) 名字。特权验证者 PV(Privilege Verifier)必须能够验证持有者与属性证书中的名称的确是相符的。宣称具有该属性的实体应该提交一个公钥证书,并证明自己是相应的公钥拥有者。

(2) 一个由签发者与序列号共同确定的、特定的数字签名证书。属性验证者必须能够确保该宣称者与证书中私钥的真正持有者是同一个人。

2. 属性证书的存储与撤销

当属性权威 AA 根据用户的请求给其颁发属性证书时,同时也将产生的证书缓存到属性证书库中(即 LDAP 目录服务器)。当系统再次需要时可直接从证书库中取得。另外,当用户的属性证书丢失后,可向 LDAP 服务器索要证书的备份。

属性证书的撤销与公钥证书 PKC 相似,也是通过证书撤销列表(Certificate Revocation List, CRL)来实现。对于有效期较长的属性证书系统,通常需要维护 ACRL(Attribute Certificate Revocation List)。但由于大部分属性证书的有效期一般较短,所以通常不需要撤销,它们会因过期而简单失效,同时失效的属性证书也将因证书库的更新而自动从目录服务器中删除。

3. 属性证书与公钥证书

作为权限管理体系 PMI 的授权实现机制,属性证书及其属性授权机构 AA 考虑的是基于属性的访问控制,而不像公钥证书考虑的是基于用户或 ID 的身份鉴别。公钥证书 PKC 如同网络环境下的一种身份证,它通过将某一主体(如人、服务器等)的身份与其公钥相绑定,并由可信的第三方,即证书权威机构 CA 进行签名以向公钥的使用者证明公钥的合法性和权威性。

而属性证书 AC 则仅将持有者身份与其权力属性相绑定,并由部门级别的属性权威 AA 进行数字签名,再加上由于它不包含持有者的公钥,所以这一切都决定了它不能单独使用,必须建立在基于公钥证书的身份认证基础之上。由此可见,尽管一个人可以拥有好几个属性证书,但每一个都需与该用户的每个公钥证书相关联,与公钥证书结合使用。

7.6.3　电子政务安全法规建设

除了技术层次的保障外,人们越来越认识到电子政务法律保障的重要性,并把信息安全的法规建设看作是一项重要的基础设施。信息安全的法规保障体系包括以下几个层面:

(1)国家宪法应对各类法律主体的有关信息活动涉及国家安全的权利和义务进行规范,形成国家关于信息安全的总则性法规。

(2)针对各类计算机和网络犯罪,制定直接约束各社会成员的信息活动行为规范,并形成防范体系。

(3)对信息安全技术和产品的授权审批,应制定相应法规,形成对信息产品和技术的安全审批与监控体系。

（4）制定相应的法规，形成信息内容的审批、监控和保密体系。

（5）从国家安全的角度，网络信息预警与反击体系等。

就我国的电子政务安全而言，当前重点建设内容是：

（1）CA 认证体系的规范化。CA 认证是当前电子政务信任框架的基础。由于电子政务的相关信息对安全性的严格要求，对 CA 中心的设立程序和设立资格必须有严格的法律规定，明确其法律义务和责任，制定对其监管的立法、监督的机制以及处罚的措施等。

（2）电子文档的立法。电子文档在电子政务中的应用面极为广泛，要消除传统法律的瓶颈，扩大书面形式、签名和证件等概念的范畴，确保电子文档与传统书面的等效性，保证能查明数据来源和内容的有效性的法律效力。

（3）政府信息保密与公开的立法。在电子政务的模式下制定相关规范，引入数字签名等技术手段，将政务活动分级，根据不同的安全要求绑定相应的安全要素，使得该保密的更安全，该公开的更透明。

案例

应急信息系统的安全体系

一、总体目标

应急指挥系统安全体系的总体目标有两个方面：从网络和应用系统方面，要保障通信网络、应用系统的可用性（运行过程中不出现故障，若遇意外打击能够尽量减少损失并尽快恢复正常）、可控性（营运者对网络和信息系统有足够的控制和管理能力）、可计算性（保证准确跟踪实体运行达到审计和识别的目的）；从信息方面，要保障信息的完整性（证信息的来源、去向、内容真实无误）、保密性（信息不会被非法泄露）、不可否认性（保证信息的发送和接收者无法否认自己所做过的操作行为等）。从而保障应急指挥系统在各种情况下的正常运行，有效应对各种不可预知的突发事件。

二、安全体系结构

安全体系结构如图7-9所示。

应急指挥系统安全保护体系对应系统层次结构，划分为三个保护范围，分别是：网络和基础设施保护，系统边界和计算环境保护，应急指挥应用安全保护。

应急指挥系统计算环境指由相关单位内部的信息处理、传输和存储设备，和运行在这些设备之上的各种信息系统构成。应急指挥系统边界是应急指挥系统子网与其他网络连接的边界。应急指挥系统子网内的系统通过系统边界与外部的系统交换信息。

应急指挥应用安全保护，包括基础信息资源、应急指挥公共服务平台和应急

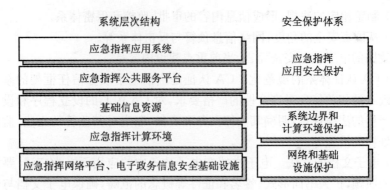

图 7-9　安全体系结构图

指挥应用系统的安全保护。

三、信息安全基础设施

应急指挥系统的建设,应依托统一的信息安全基础设施实施,不搞重复建设。全市信息安全基础设施为提供统一的安全支撑环境,为进行安全的信息交换和共享提供保障,主要包括:公钥基础设施(数字证书中心)、信息安全服务(应急支援)中心、异地容灾备份中心、信息安全测评中心等。

应急指挥系统建设开发,应依托数字证书中心的数字证书服务,以 PKI 技术为基础,构建统一信任体系。

城市的异地容灾备份中心为应急指挥系统提供统一的系统备份与灾难恢复服务,保护信息系统和数据的可用性,保障在灾难发生的情况下系统业务的连续性。

信息安全服务中心负责提供信息安全风险评估,信息安全应急响应和信息安全技术支持等安全服务。

信息安全测评认证中心负责信息安全系统和信息安全产品的安全测评,以评价系统是否达到相应等级的安全保护要求。测评结果是信息安全产品选型和信息系统是否可投入运行的重要依据。

四、安全保护技术要求

1. 总体要求

为保障北京市应急指挥系统整体安全,其涉及到的各个专业子系统应采用相同级别的安全策略,满足《北京市党政机关信息系统安全测评规范》(以下简称《测评规范》)安全类型Ⅲ的相关安全技术要求和安全管理要求。

2. 网络和基础设施保护

(1) 应急指挥数据网络平台安全。

物理安全。

• 有线网络。物理安全保护范围包括：应急指挥有线网络通信骨干网基础设施(包括有线通信线路,各级节点机房环境及网络设备)和网络基础服务系统。应当保护计算机系统设施,通信网络设施免受自然灾害造成的破坏、人为操作失误及各种计算机犯罪行为导致的破坏。(机房和物理环境保护可参考国标 GB2887-89《计算站场地技术条件》、BG9361-88《计算站场地安全要求》、设施物理安全可参考 BG 4943-1995《信息技术设备的安全》);

• 无线网络。物理安全保护范围包括：无线应急指挥网络基础设施(包括各级节点机房环境、基站、交换机等无线网络设备)和网络基础服务系统。应当保护计算机系统设施,通信网络设施免受自然灾害造成的破坏、人为操作失误及各种计算机犯罪行为导致的破坏。(机房和物理环境保护可参考国标 GB2887-89《计算站场地技术条件》、BG9361-88《计算站场地安全要求》、BMB3-1999《处理保密信息的电磁屏蔽室的技术要求和测试方法》;设施物理安全可参考 YD5068-98《移动通信基站防雷与接地设计规范》、GB9159-1988《无线电发射设备安全要求》、BG 4943-1995《信息技术设备的安全》等);

信道安全。

• 有线网络。市应急指挥网络平台的核心链路传输应当采用 ATM 虚电路的安全传输技术,为各应用系统提供安全的虚拟专网服务。

区县应急网络平台,如果租用电信或其他企业的线路,应尽可能采用专用设备,不能采用专用设备的,应采用 VPN 技术保护通信的安全。

针对各应用系统对安全性的不同要求,可以采用相应的加密技术和设备,对信息进行加密传输;

• 无线网络。无线网络应当采用认证和加密技术,确保信道安全。其中,无线局域网信道安全应当遵循 GB15629.11-2003《信息技术系统间远程通信和信息交换局域网和城域网特定要求第 11 部分：无线局域网媒体访问控制和物理层规范》,在 MAC 层进行认证和加密。

(2) 应急指挥语音网络平台安全。应急指挥语音网络主要用于险情的上报和指挥调度。对于有线语音网,如果通信涉及到机密内容,应当避免使用普通线路,而使用专线进行通信。对于无线语音网,出于安全考虑,应当避免使用无线模拟通信技术,而使用无线数字通信技术,可通过使用端到端加密等技术保证涉及机密内容的通信安全。

• 物理安全。有线网络：在参考有线数据网物理安全要求之外,有线语音网络的物理安全要求还应参考如下标准：邮电部《通讯产品入网检定认证细则》。

无线网络：无线语音网络的安全要求同无线数据网络。

• 信道安全。有线语音网络：应急指挥有线语音网络平台的核心链路传输应当采用双路由、双线路,确保信道的高可用性。对于涉及到机密信息的语音通信,需要采用专线和专用设施。

无线语音网络:无线语音网络的信道安全要求等同无线数据网。

(3)网络基础服务系统安全。网络基础服务系统为应急指挥网络提供基础公共服务,包括域名服务、目录服务、网络管理等。对基础服务的保护应重点保证服务的可用性。

3．系统边界和计算环境保护

应急指挥系统的系统边界和计算环境安全保护,应满足《测评规范》安全类型Ⅲ的相关安全技术要求和安全管理要求。

(1)安全隔离。为保护应急指挥系统边界的安全,指挥系统所涉及的各单位信息网络与因特网,信息网络与应急指挥网络平台接口应采取相应的安全隔离措施进行边界保护,以保证外部用户访问时必须通过隔离设备,并且只能访问指定的服务。

拨号接入包括直接通过远程访问服务器接入和通过因特网 ISP 服务接入两种方式。拨号用户接入需要对用户进行身份认证,认证协议必须保证用户身份信息不在网络上以明码形式传输。应采用相应的保密措施,以保证敏感数据的机密性与完整性。

(2)检测与监控。通过采用 IDS 等设备,建立有效的检测与监控系统,及时发现网络和系统入侵等安全事件,实施有效的响应。

(3)物理安全。计算环境物理安全是计算环境信息安全保护的基础。应加强对机房和主机设备、通信线路和设备、信息媒介等的物理安全保护。

(4)虚拟子网划分。应急指挥网络子网内部,应当根据部门或者使用群体不同等实际情况,划分相应的虚拟子网(VLAN),通过 VLAN 的划分对不同的系统和用户进行隔离。

(5)关键主机保护。对系统中的关键主机,可以采取以下安全保护措施加强安全保护:对于计算环境中的关键服务器,单独划分虚拟子网,其所在的网段与其他子网互联的接口应当采取隔离和监控措施;采用基于防火墙、入侵监测、安全扫描工具来确保关键主机的安全。加强对于关键主机的操作和访问行为的安全审计。

(6)操作系统安全。服务器操作系统和数据库系统的安全等级应达到《测评规范》规定的Ⅲ类以上安全类型的安全技术要求。对于应急指挥网络中使用的各种操作系统,均需采用安全扫描工具定期检查操作系统的安全隐患,并及时进行安全修补。

(7)数据库安全。数据库系统的安全等级应达到《测评规范》规定的Ⅲ类以上安全类型的安全技术要求,并及时进行安全修补。

(8) 病毒防范。病毒防范主要包括预防病毒、检测病毒、清除病毒等功能。应急指挥网络平台接口边界设备要采取相应的病毒防范措施,防止系统遭受病毒和恶意代码攻击。

(9) 计算环境可用性。根据系统安全类型,为保证计算环境的可用性,应当建立相应的容错、备份和恢复机制。备份可以采用冗余备份、系统备份和数据备份。重要系统应当依托北京市异地容灾备份中心建立备份和灾难恢复机制,保证数据和系统的安全性与可用性。

4. 应急指挥应用安全保护

应急指挥应用系统安全保护,应满足《测评规范》安全类型Ⅲ的相关安全技术要求和安全管理要求。应急指挥应用系统实现以下基本的安全功能要求:

(1) 安全审计。审计点:应用平台系统、数据库系统和应用系统。各子系统应明确说明每一审计点的审计内容与范围。在系统的设计和实施方案中应明确说明审计数据的来源。在应急指挥系统的设计和实施方案中应明确说明审计数据的预处理和后处理。

(2) 通信。通信在实体之间进行,应急指挥系统中的通信实体包括:用户、进程、主机。应用平台通信应利用标准网络应用协议实现,通信实体应当使用标准协议提供的标识方式进行身份标识,并提供对通信的双方实体的通信行为不可抵赖性的保证。

(3) 可信路径/信道。应当在通信实体之间建立不会对信息的保密性、完整性构成威胁的信息传输信道。

(4) 密码支持。在应急指挥系统中使用密码技术,应严格按照国家密码主管部门的要求进行使用和管理。

(5) 用户数据保护。应急指挥系统的用户数据存储在服务器、单机以及备份媒体上,应当保证这些数据的保密性、完整性和可用性。

(6) 标识和鉴别。在应急指挥系统中,"用户标识"在不同的应用系统、不同的层次中可能采用不同的形式,而相应的用户管理方式、标识方法和鉴别机制也可能不同。应对系统中存在的所有用户进行标识和鉴别。

应急指挥应用系统的身份认证采用集中统一策略,系统最终用户的身份认证采用统一基础设施中的数字证书中心颁发的电子证书为身份认证的基础。

(7) 访问控制。应急系统的访问控制采用分布式的基于角色的访问控制策略。各用户所对应的角色,可以由应急系统管理单位根据统一规定来分配。各角色所能够访问的资源,则由各子系统分别定义。

(8) 安全管理。应急指挥系统中,安全管理主要包括:安全功能的配置管理;

安全事件的管理；安全功能的故障管理等。

（9）安全功能保护。安全功能包括公共应用平台系统和应用系统提供的信息安全保护功能、机制。应急指挥应用系统应提供安全功能相关数据的保护。系统中各安全功能相关的软件和子系统之间也需要进行安全相关的数据交换。

（10）系统访问。应保证公共应用平台系统、应用系统建立用户会话过程的安全。

附录1 系列金字工程

1993年底,我国正式启动了政府信息化的起步工程——"三金工程",即金桥、金关和金卡工程,这标志着我国的电子政务的实施进入了一个重要阶段(即管理部门的信息化工程)。除了三金工程以外,我国还相继开展了其他金字系列工程——如金税工程、金盾工程、金信工程、金交工程、金智工程和金旅工程等,这为我国的政府信息化进程打下了坚实的基础。

所谓"三金"工程,即"金桥"工程、"金卡"工程和"金关"工程。它们是为加速中国国民经济信息化进程,提高宏观经济调控和决策水平,推进金融体制改革和信息资源共享,由原电子部协同银行、原邮电等有关部委推出的建设工程。

"三金"工程之间有内在联系,即三金一网,共用金桥网。"金桥"工程以"金关"工程为起步,"金关"工程作为"金桥"工程的一期工程,二期工程通过"金卡"工程来实施,采取分步实施,逐步完善,建成国家公用信息基干网"中速国道",实现各个专业网互联互通,信息资源共享。

在"三金"工程之后,中国以"金字"打头的电子政务工程如雨后春笋般涌起,2002年国务院17号文件明确提出"十二金"的概念。17号文件指出,要加快十二个重要业务系统建设:继续完善已取得初步成效的办公业务资源系统、金关、金税和金融监管(含金卡)四个工程,促进业务协同、资源整合;启动和加快建设宏观经济管理、金财、金盾、金审、社会保障、金农、金质和金水等八个业务系统工程建设。业务系统建设要统一规划,分工负责,分阶段推进。业界把这十二个重要业务系统建设统称为"十二金"工程。

从"十二金"工程立项来分析,"十二金"工程又可以分为三类:一类是对加强监管、提高效率和推进公共服务起到核心作用的办公业务资源系统、宏观经济管理系统建设;第二类是增强政府收入能力,保证公共支出合理性的金税、金关、金财、金融监管(含金卡)、金审等五个业务系统建设;第三类是保障社会秩序、为国民经济和社会发展打下坚实基础的金盾、社会保障、金农、金水、金质等五个业务系统建设。

一、金桥工程

系列金字工程中,金桥工程属于信息化的基础设施建设,以光纤、微波、程控、卫星和无线移动等多种方式构建国家公用信息平台,它是政府信息化的网络基础。

1998年10月,被列为"九·五"期间国家重大续建工程项目的金桥一期工程全面开工,金桥工程进入新的发展阶段。一期工程完成后,金桥网络由初期以卫星传输为主的窄带数据网,发展成为以地面光纤宽带传输系统为主、面向用户的、可支持多业务的全国性新型电信业务网,在此网上实现了数据和话音的融合,使国内的长途通信能力得以极大的改造和完善。

经过前期工程的建设,金桥网络目前已初步形成了全国骨干网、省网和城域网三层网络结构,其中骨干网和城域网已初具规模。网络采用了DWDM、SDH、ATM、IP等多种先进的技术,全程全网统一管理,具有开放式网络构架,调度灵活,可以承载包括语音、数据和图像等多种综合业务,能面向社会提供多种高可靠、高质量的国际国内通信服务。

1. 骨干网建设

"九五"期间,金桥工程建设的地面传输网络的传输层包括全国 100 多个城市的骨干节点、区域汇节点和接入节点。这些骨干网、区域汇节点和接入节点通过各种形式的数据传输相连接,由北京网络控制中心统一管理控制,并由上海网络控制中心提供部分备份。在北京、上海、武汉、广州、深圳五城市之间已建设了一个全连接的 ATM 骨干网络,传输带宽达到 155Mbps,近期将扩容至 622Mbps。金桥网的各种业务(包括 Internet 接入、IP 电话、ATM 接入、帧中继接入等)都可以在这个 ATM 骨干网上得以提供。

2. 国际出口建设与互联互通

目前,金桥网络在北京、上海、广州和深圳分别设立了国际出口,同美国 AT&T、MCI、SPRINT 和香港电信等互联,国际出口总带宽达到 159M。在国内,金桥网通过北京互联网交换中心,以 155M 的带宽实现了与国内九大网络的互联互通。

3. 综合接入网建设

经过综合接入网的建设,现在金桥网络可以为用户提供多种的接入方式,如拨号、专线等,其中专线方式包括市内 DDN、光纤、微波和卫星接入等,同时还将进行宽带无线接入系统(LMDS)的试点工作,以期能早日为用户提供这种便捷的、高质量的宽带接入手段。北京、上海等 10 城市的城域网规划业已完成,其中北京、哈尔滨等市城域网已在建设中。

4. IP 电话业务网建设

1999 年 5 月,吉通公司率先在国内开通了 12 城市的 IP 电话业务,这标志着吉通公司已经涉足电信领域,到目前为止开通达城市已超过 100 个,吉通公司也由此转变成为国际国内长途电信运营商之一。

5. 数据网络的建设

在建设金桥基础网络的同时,业务网络也得到了同步的发展,已经建成了覆盖 100 个城市的 Internet 业务网和 16 城市的帧中继业务网,可以为跨国企业的关键商业数据传输提供更安全、更有保障的网络服务。

经过"九五"期间的建设,吉通公司现已经开展的主要业务有 Internet 拨号及专线业务、IPPhone 拨号及专线业务、卫星通信、VPN、VPDN、ATM 及 Frame Relay、IDC 及电子商务等,同时一批新业务也正在调研和试点中(如 LMDS)。金桥网拨号用户数已近 80 万,专线用户已逾1000,其中包括政府部门、媒体系统及一大批国内知名的企业用户,如上海大众集团、中国石化总公司、中央电视台、IBM 中国公司等。

随着国民经济信息化进程的深入发展,整个社会对现代化通信需求进一步增加,新一代宽带通信网络将成为新一代电信的明显特征。金桥网络下一部的目标将是:在全国建成高速宽带综合业务通信网,覆盖全国 200 个经济发达城市,以数据通信作为基础承载的通信网络。该网络以客户为中心,以应用为先导,采用先进的 IP/ATM/FR/DWDM 等技术,提供数据、话音、图像及多媒体与信息服务;是统一先进、性能优良、安全可靠、服务完善的网络;可全方位、多层次的满足基本通信业务和各种宽带多媒体业务需求;形成金桥工程 21 世纪发展的主要支柱,成为国家信息化建设的重要组成部分。

二、金关工程

1993 年,国务院提出实施金关工程,由当时的电子工业部全面负责。按照当时提出的要求,工程的主要目的是通过实现外经贸和相关领域的计算机联网,提高政府工作效率、降低成本,减少官僚主义,防止舞弊造假。金关工程分为网络技术和业务规划两大部分,外经贸部仅参与业务协调组的部分工作。由于工程大量涉及到相关部委的业务,组织协调很困难。1995 年金关工程转由国家经贸委负责,局面仍未见改观。

1996 年 5 月,国务院信息化工作领导小组第一次全体会议决定:金关工程由外经贸部统一组织和负责,经贸委等有关部门协同配合,并于 1997 年 2 月正式下发文件,重新调整了金关工程领导小组和办公室领导成员,以加强金关工程统筹规划、集中领导,加快组织实施和应用。至此,金关工程主干网建设和业务协调工作全部由外经贸部负责。

金关工程领导机构由领导小组和办公室组成,领导小组组长和副组长分别由外经贸部副部长、原邮电部副部长、海关总署副署长和外经贸部副部长担任,成员由国家计委、国家经贸委、电子部、国家税务总局、国家外汇管理局、中国银行、国家机电办的部级领导担任。

领导小组办公室(简称金关办)设在外经贸部,外经贸部一位副部长担任办公室主任,相关部委的司局级领导任办公室成员。办公室下设综合组、业务协调组和专家组(主要依靠国务院信息办专家组)。综合事务组主要承担重要会议的组织和部委间联系工作;业务协调组由配额许可证、进出口统计、出口退税、出口收汇和进口付汇核销四个业务工作小组组成,分别由外经贸部、海关总署、税务总局、外汇管理局的司局领导任组长,相关部委同志参加,主要任务是理顺和规范业务流程。

五年来,在国务院领导同志的关心支持和有关部委的共同努力下,金关工程的协调工作大为改观,工程进展大为加快。1998 年 2 月,金关工程领导小组召开第四次全体会议,审议通过了金关工程定义,作为指导金关工程的总目标。即:金关工程是国家利用计算机网络技术实现对外经济贸易和相关领域的标准化、规范化、科学化、网络化管理的国家信息化重点系统工程。其近期目标是建设好配额许可证管理、进出口统计、出口退税、出口收汇和进口付汇核销四个应用系统工程,实现外经贸相关领域的网络互联和信息共享。中长期目标是逐步推行各类对外经贸业务单证的计算机网络传输,提高对外经济贸易的现代化管理水平,实现国际电子商务,增强国家宏观调控能力。同年 3 月,国务院信息办召开专家组评审会,经过论证通过了四个应用系统的业务流程和实施方案。

1996 年初,外经贸部按照国务院信息化工作领导小组要求,正式向国家计委申请工程立项。近年来,在中编办、国家计委、财政部、信息产业部的支持下,外经贸部先后通过了网络规划论证、立项和运营许可等,完成了主干网通讯平台、数据交换平台、信息平台和网络备份工程建设,并在全国 97 个省市设立了网络节点,实现了与各地外经贸管理机关、部分企业和我国驻外经商机构的联网,实现了与相关部委的联网。1999 年底,国家信息化领导小组正式批准外经贸部作为国家第八个独立的互联网接入单位,构架中国经济贸易互联网,为 21 世纪我国对外经济贸易的现代化奠定了重要基础。到 2000 年底,金关工程骨干网已经建成,四个应用系统加快推广应用,外经贸部、海关总署、国家外汇管理局、国家税务总局等相关部委开始实现信息共享和网络化管理,金关工程的近期目标已经初步实现。下面介绍金关工程的四个应用系统。

1. 配额许可证管理系统

目前,外经贸部在与美国、欧盟、加拿大、土耳其等国海关实现纺织品配额联网核查的基础上,完成了与全国 62 个许可证签证机关的计算机联网管理和电子数据网上核查。截至 2000 年底,累计通过该系统申领和发放进出口许可证超过 106.8 万份,涉及金额超过 535 亿美元。2000 年,外经贸部与海关总署联合发文,从 2000 年 10 月 1 日起,在全国许可证发证机关和海关口岸全面试行进出口许可证联网核销。

1998 年 10 月,外经贸部通过金关工程主干网首次实现了纺织品被动配额电子招标。截至 2000 年底,外经贸部共进行电子招标 115 次,其中涉及纺织品配额 21 大类,主动配额 17 大类,仅 2000 年就涉及企业 9 549 家次,大幅度降低了招标成本。目前,外经贸部所有招标商品已全部实现了电子招标。

同时,外经贸部还先后开发和投入使用了全国进出口商品配额执行情况反馈系统、进出口许可证发证查询系统、对韩国大蒜联网审批管理系统等一批电子贸易管理系统,有效提高了科学化、规范化、网络管理服务水平。

2. 进出口统计系统

原始数据由海关产生,外经贸部利用海关联网传输的清关数据开发生成了 80 多种业务统计报表,为部机关和有关单位提供服务。海关总署还依托此系统积极推动口岸电子执法系统的开发与应用,实现电子报关与监管核销,加快通关的网络化和自动化步伐。

3. 出口退税系统

目前,税务总局利用金税工程加快实现与全国税务系统的专线联网,并通过拨号方式实现了与外经贸部的联网(正在实施专线联网),通过互联网实现了与海关总署、外汇管理局的计算机联网;税务总局已开发完成出口退税网络版,正调试运行,并希望与外经贸部开展联网退税试点。同时,提出与外经贸部联网举办电子退税培训班。

4. 出口收汇和进口付汇核销系统

目前,外汇管理局正通过银行专用网络加快实现与全国主要外汇管理机关的联网,已实现与外经贸部的拨号联网(正实施与外经贸部的专线联网),并将与外经贸部实现对外承包工程投议标联网审批、技术引进和设备进口联网审批等。通过互联网实现了与海关口岸电子执法系统的连通,传输外汇核销单,初步实现了报关单电子底账的计算机核查等。

在金关工程的标准体系的建立方面,外经贸部按国家标准制定了《中华人民共和国进出口企业代码管理办法》和配套措施,建立了全国进出口企业代码数据库。已有 34 650 家外贸企业、204 523 家外商投资企业申领了代码,并在配额许可证管理、电子招标、加工贸易等一批重要外经贸联网管理业务中使用。此外,外经贸部还组织完成了一批电子报文格式标准和外贸单证格式标准。海关总署牵头编制的进出口商品代码也已完成,并开始推广应用。

此外,金关工程也很注重安全体系的建立。由外经贸部承担的国家“九五”科技攻关项目——“商业电子信息安全认证系统”已经完成。1999 年 2 月,顺利通过了国家科技部和公安部、安全部、国家密码管理委员会的技术鉴定。这是我国第一个自主开发、具有自主版权的电子安全认证系统。按照国务院统一部署,外经贸部、海关、税务、外汇、银行等部委顺利解决了计算机 2000 年问题(俗称"千年虫问题"),保证了金关工程网络平台和数据交换业务正常进行。同时,各部委网络抗病毒和防攻击能力也将得到加强。

金关工程是一项与外经贸业务关系密切的国家信息化重点工程,近年来已经取得了很大的进展,对促进我国外经贸事业的发展正发挥着越来越大的作用,伴随着我国加入世界贸易组织目标的即将实现,我国的外经贸事业必将迎来一个飞速发展的新时代,以金关工程为代表的我国外经贸信息化建设也必将加快步伐,金关工程的中长期目标也必将会顺利实现。

三、金税工程

1994 年,我国进行了核心内容为建立以增值税为主体的流转税制度的税制改革。增值税易于公平税负,便于征收管理。1994 年 3 月底,金税工程试点工作正式启动。

1995 年 5 月,根据朱镕基同志金税工程要积极稳妥地向前推进的指示精神,进一步明确了金税工程包括的内容,即增值税计算机稽核系统、增值税专用发票防伪税控系统和税控收款机系统,同时抓好这三个系统的紧密衔接。1998 年初,财政部同意拨资金15.75亿元(包括一期试点工程的1.25亿元)用于金税工程的建设,其中,13.5 亿元用于增值税稽核系统的建设,1 亿元用于防伪税控系统和税控收款机的推广。1998 年 6 月 8 日,金税工程项目建议书经国务院批准,国家计委同意立项。

2000 年 5 月,国家税务总局调整了金税工程建设方案和实施计划。确定了金税工程的建设目标:在全国国税系统,建立从区县国税局、地市国税局、省国税局到总局的四级广域网络;在区县设立数据采集中心,在地市以上设立三级稽核中心;建立覆盖全国区县以上稽查局的四级协查网络;在区县或以下配备防伪税控税发票发行和发售子系统,在区县以下税务征收机关配备防伪税控报税子系统和认证子系统;将防伪税控开票子系统推广到全部增值税一般纳税人。金税工程的主要任务是:通过采用防伪税控系统技术,对增值税专用发票进行防伪、并进一步监控税源;同时利用防伪税控系统统一进行增值税的数据采集,将采集的增值税发票使用明细等有关信息送到上级稽核中心进行计算机交叉稽核,将稽核结果交由协查系统进行协查,各级税务稽查部门根据协查系统提供的信息进行重点稽查,以堵塞和防止增值税纳税中的偷、漏、骗税行为,使增值税管理工作逐步纳入科学化、规范化的轨道,达到对规模庞大的增值税专用发票的有效管理,最大限度地减少税款流失。

2000 年 8 月 31 日,国务院批准了金税工程二期的建设方案。2001 年 7 月 1 日,增值税防伪税控发票开票、防伪税控认证、增值税交叉稽核、发票协查信息管理四个子系统,在全国全面开通,总体运行情况良好,对加强增值税专用发票管理,打击偷、骗税犯罪行为,增加税收收入等方面起到积极有效的作用。

第一,金税工程建成了全国增值税发票监控网,对全国百万元、十万元和部分万元版专用发票进行监管,这些增值税发票占全部增值税发票数量的46%。全国目前已有 40 万户增值税一般纳税人配备防伪税控开票子系统,这些企业缴纳的增值税约占全国增值税总量的60%以上。百万元版、十万元版专用发票已取消手工开具改用该系统开具。通过网络,税务机关可以有效监控企业和税务机关内部增值税发票的使用和管理,企业已不能够利用假票骗抵税款,不能够隐瞒销售收入(指开具增值税发票部分),基本上杜绝假票和大头小尾票等骗取抵扣问题,确保了增值税链条的完整。同时,也促使企业销售额如实申报。全国范围内专用发票的交叉稽核和协查,提高了稽查质量,极大地打击和威慑了利用专用发票偷逃骗税的不法行为。

第二,认证子系统已部分发挥作用。全国区县级国税局已配备低档认证子系统,对百万元和十万元版专用发票全部进行认证。据统计,目前各地通过该系统发现的假票或不能通过认证的专用发票税款为两亿多元。虚开增值税专用发票的犯罪案件数量和涉案金额近期已呈现明显下降趋势。犯罪分子已很难用一张专用发票骗取1.7万元以上的税款。可以说,系统的运用已初见成效。

第三,计算机稽核系统软件和发票协查软件在北京等九省市已投入运行,经过四个月的运行,数据采集率已经达到99.6%。

第四,国税系统的网络建设已经覆盖了全国区县(含)以上国税机关,形成了总局、省局、地市局、区县局的四级广域网,成为国税系统的网络通信支撑平台。在进行网络建设的同时,税务系统在各种硬件配备上也有了一定规模:拥有小型机1000多台,其中国税约800台,地税约200台;PC服务器15000多台,其中国税约10000台,地税约5000台;PC机25万台,其中国税16万台,地税9万台;已经实现计算机化管理的基层征收单位2.2万多个,其中国税约1.2万个,地税约1万个;通过计算机管理的纳税户超过1000万,80%以上的税款通过计算机征收。另外,在税务系统信息化建设过程中形成了3万人左右的信息技术队伍,成为整个税务系统信息化建设的中坚力量。

金税工程现存主要问题是采集的信息局限于发票,无法真正实现"税控"的目的,需要将系统功能拓展到一般纳税人认定、发票发售、纳税评估等业务环节。因此,在现有金税工程二期四个子系统的基础上,建立一个业务覆盖全面、功能强大、监控有效、全国联网运行的税收信息管理系统势在必行。同时,为了提高执法力度和执法效率,必须加强税务部门与其他部门,如工商、银行、外贸、海关、质监、公安、统计等系统的信息共享,实现跨部门的网络互联,加快电子政务工程的进程。

四、金盾工程

2001年4月25日,国务院原则通过"金盾工程"立项。这标志着全国公安工作信息化工程——"金盾工程"建设在全国进入全面推进的新阶段。公安部部长贾春旺就金盾工程建设工作曾做过多次批示,指出:"金盾工程很重要,如果我们不搞这样一个工程,那么,可以说今后有许多任务就不能完成。不是可搞可不搞,可快可慢,或什么时候搞成都行,而是一定要搞,要尽快搞成。"

金盾工程是全国公安信息化的基础工程,是实现警务信息化或电子化警务的基础。金盾工程主要包括公安基础通信设施和网络平台建设、公安计算机应用系统建设、公安工作信息化标准和规范体系建设、公安网络和信息安全保障系统建设、公安工作信息化运行管理体系建设和全国公共信息网络安全监控中心建设等。

1. 建设工期

总体工程五年内完成。分两期建设,一期工程要重点建设好一、二、三级信息通信网络以及大部分应用数据库和共享平台等工程,周期暂定为三年。二期工程主要任务是完善三级网及延伸终端建设,以及各项公安业务应用系统,逐步实现多媒体通信,全面实现公安工作信息化,周期暂定为两年。

2. 公安基础通信设施和网络平台建设

公安基础通信设施和网络平台建设将在一期工程内完成:

- 基础通信设施:包括有线通信、移动/无线通信、卫星通信;
- 网络平台建设:包括电话专网、计算机专网、电视会议系统。

3. 公安计算机应用系统建设

一期工程建设目标:初步建设成应用系统公共支持平台,并建成或完善以下公安业务应用系统:

(1) 全国公安快速查询综合信息系统(CCIC)和城市公安综合信息系统建设。CCIC主要包括:在逃人员信息系统、失踪及不明身份人员(尸体)信息系统、通缉通报信息系统、被盗抢、丢失机动车(船)信息系统等。城市公安综合信息系统建设是以城市公安信息中心为核心,以城市三级综合通信网为基础,建立与公安业务紧密结合的网络化综合信息系统和相互关联的业务信息数据库,实现信息的综合采集、管理和利用,实现对实战部门全面、快速、准确的信息支持,提高公安机关的工作效率、管理水平和科学决策能力。

(2) 公安业务系统。

- 治安管理信息系统,主要包括:常住人口和流动人口管理信息系统;
- 刑事案件信息系统,主要包括:违法犯罪人员信息系统、涉案物品管理系统、指纹自动识别系统;
- 出入境管理信息系统,主要包括:证件签发管理信息、出入境人员管理信息系统;
- 监管人员信息系统,主要包括:看守所在押人员信息系统、拘役所服刑人员信息系统、行政(治安)拘留人员信息系统、收容教育人员信息系统、强制戒毒人员信息系统;
- 交通管理信息系统,主要包括:进口机动车辆信息系统、机动车辆管理信息系统、驾驶员管理信息系统、道路交通违章信息系统、道路交通事故信息系统;
- 禁毒信息系统;
- 办公管理信息系统;
- 建设全国公安电视会议系统;提高完善现有的移动通信指挥系统;逐步普及移动终端。

二期工程计划全面完成基础研究部门所需要的应用系统,并实现全国公安机关业务信息共享。

4. 其他建设

- 信息的技术标准与规范体系建设是实现信息共享的基本依据;
- 安全保障体系建设包括计算机网络安全设计和公安综合信息系统安全设计等;
- 运行管理体系建设包括运行机制、管理模式、技术系统、设备组成、人才培养和规章制度等,以确保发挥公安信息系统的效益。

5. 信息系统的服务方式(用户对信息系统的访问方法)

(1) 种类信息开放程度可分为四种开放级别:

- 面向社会；
- 面向公安系统；
- 面向本业务系统；
- 面向特定对象。

（2）用户访问方法主要有：

- 计算机联网实时访问；
- 计算机联网非实时查询；
- 无线移动终端查询；
- 人工查询。

五、金保工程

1. 金保工程概况

（1）金保工程的涵义。金保工程是政府电子政务工程建设的重要组成部分，是全国劳动保障信息系统的总称，可以用"一二三四"来加以概括，即一个工程，二大系统，三层结构，四大功能。即在全国范围内建立一个统一、高效、简便、实用的劳动和社会保障信息系统，包括社会保险和劳动力市场两大主要系统，由市、省、中央三层数据分布和网络管理结构组成，具备业务经办、公共服务、基金监管、决策支持四大功能。

（2）金保工程实施背景。随着社会保险个人账户的建立、养老金的社会化发放以及离退休人员管理服务社会化进程的推进，社会保险业务管理的信息量正以前所未有的速度急剧膨胀，社会保险基金量也相应急剧增长，传统手工方式乃至小规模的计算机管理系统已不能满足日常管理工作的需要。同时，市场导向就业机制的逐步建立，劳动者的流动日益频繁，实施建设全国统一的劳动和社会保障信息系统工程就成为必然。

2002 年中共中央办公厅、国务院办公厅转发的《国家信息化领导小组关于我国电子政务建设指导意见》，明确了 12 个重点建设和完善的业务系统，社会保障是其中之一。劳动和社会保障部，明确提出将金保工程作为"一号工程"，为 2002 年 10 金保工程全面启动。

（3）金保工程的建设目标。金保工程的总体目标是：在政务统一网络平台上，构建中央-省-市三级劳动保障系统网络；在此基础上建立网络互联、信息共享、安全可靠的全国统一的劳动信息服务网络；以网络为依托，优化业务处理模式，建立规范的业务管理体系、完善的社会服务体系和科学的宏观管理体系。

金保工程建设将分步实施。"十五"期间，金保工程建设的主要目标是：地级以上城市全部建立统一的覆盖各项业务的集中式资源数据库，实现城区内广域网实时连接，在街道一级普遍建立劳动保障信息发布站或查询终端；实现劳动保障主要业务的全过程计算机管理，大部分业务应用系统能够使用统一软件；初步建立硬件设备配置标准、网络接口标准和数据传输方式统一的全国劳动保障信息系统。

其中，社会保险系统建设面临的主要任务：一是在各中心城市建立覆盖全部参保人员和参保单位的集中式资源数据库，网络终端延伸到各个经办窗口和相关服务机构，实现养老、医疗等各项社会保险业务的全程信息化，并以所有中心城市的数据库作为全国联网的基础平台。二是在各省、自治区建立覆盖全省区的养老保险资源数据库、各类社会保险监测数据库,对跨统筹地区领取社会保险待遇的人员要建立社会保障省内异地交换数据库,实现省内联网。三是在劳动和社会保障部建立全国社会保险数据中心,包括全国的社会保险监测数据库、社会保险跨省异地交换数据库,实现全国联网。

劳动力市场信息系统建设面临的主要任务:一是在各中心城市要力争将公共职业介绍机构和失业保险经办机构前台服务全部纳入信息系统管理,建立集中式就业服务和失业保险资源数据库,与辖区内主要区、县、街道联网,做到信息共享和就近服务,积极建立就业服务专门网部,开展网上招聘求职服务,并公布供求分析报告。二是加强省级劳动力市场信息网监测中心建设,加强对各城市系统建设的指导。三是加强全国劳动力市场信息网监测中心建设,发布全国劳动力市场信息。

同时,要有效整合社会保险和劳动力市场信息网络,原则上统一建设各级劳动保障部门社会保险数据中心和劳动力市场监测中心,形成统一的劳动保障数据平台。

2. 金保工程进展状况

(1)积极推进立项工作。劳动和社会保障部积极推进金保工程的立项工作,完成了《电子政务社会保障工程社会保险信息系统分工程(金保工程)一期建设项目建议书》的起草工作,并经国务院信息化工作办公室审核后上报国家发改委审批。

(2)着手进行养老保险信息系统全国联网的实施准备。劳动和社会保障部下发了《关于进一步加快劳动保障信息系统建设的通知》(劳社部发[2002]22号),对金保工程建设目标、任务、进度安排以及保障措施提出了明确要求,并着手进行养老保险信息系统全国联网的实施准备工作。各地劳动保障部门积极配合取得了较好进展。

(3)重点业务系统建设进程。作为金保工程社会保险信息系统的主体软件,社会保险管理信息系统核心平台软件在全国社会保险信息系统一体化建设中起到了积极的促进作用。自2000年推出首版软件以来,已在全国110多个城市社会保险经办机构得到推广应用,用户满意率和基本满意率达到92%。根据社会保险业务发展和管理的需要,核心平台二版开发工作于2002年年初开始启动,采用了更先进的技术路线。核心平台在各地的推广实施,为社会保险信息系统规范化管理、执行统一标准起到了积极的推动作用,也为金保工程建设打下了良好的基础。

劳动力市场信息系统的建设也得到了稳步推进。修订完成了劳动力市场地区代码标准和职业分类标准,在推进劳动力市场综合月报数据库上报制度的同时,在"中国劳动力市场"网站上发布了城市职业供求对比分析。对劳动力市场网站进行了全面改版,建立了以数据库为基础的信息发布平台,扩大了信息源和信息量,完善了网站的设备和通信环境。2002年9月14日,劳动和社会保障部已正式开通"中国劳动力市场"信息网站。[①]

六、金卡工程

金卡工程广义是金融电子化工程,狭义上是电子货币工程。它是我国的一项跨系统、跨地

---

① 王长胜主编. 电子政务蓝皮书:中国电子政务发展报告[M]. 北京:社会科学文献出版社.

区、跨世纪的社会系统工程。它以计算机、通信等现代科技为基础,以银行卡等为介质,通过计算机网络系统,以电子信息转账形式实现货币流通。它的实现必将加速我国金融现代化步伐,从而提高社会运作效率,方便人民工作生活。

我国 IC 卡的开发生产和应用如雨后春笋般迅猛发展起来。目前已广泛应用于金融、电信、交通、商贸、旅游、社会保险、计划生育、企业管理、税收征管、组织机构代码、医疗保险、银行账户管理以及公共事业收费管理(如电表卡、煤气卡、加油卡等)。

金卡工程的实施,推动了我国一些商业银行的电子化进程,为电子商务的开展打下了基础。从某种意义上来说,金卡工程本身就是电子商务在我国的应用试点,并取得了显著的成效。截止到 1997 年底,首批 12 个试点省市全部实现了自动柜员机 ATM 与销售点终端机 POS 的同城跨行(工、农、中、建、交等各商业银行)联网运行和信用卡业务的联营,这中间包括了电子数据交换 EDI、电子转账 EFT 的实际应用,金卡工程的建设为实现网上支付与资金清算提供了很好的条件。

金卡工程作为信息化建设的首批启动工程,9 年来,取得了重要进展和显著成绩,有力地推动了我国国民经济和社会信息化进程。2002 年是我国银行卡事业取得突破性发展的一年。2002 年 1 月,统一标识的"银联卡"开始在北京、上海等城市发行,并逐步扩展到全国 40 个城市。2002 年 3 月国内银行卡联合发展组织——中国银联股份有限公司在上海挂牌成立。中国银联将负责建立和运营全国统一的银行卡跨行信息交换网络,制定统一的业务规范和技术标准,改善用卡环境,保障银行卡跨行通用以及业务的联合发展;为各商业银行提供共享的网络基础设施和信息交换平台,并开展技术和业务创新,提供先进的电子支付手段和相关的专业化服务。成立中国银联,推行统一"银联"标识卡,解决了多年来困扰我国银行卡联合发展的运营机制问题,已经初步建立并将不断完善银行卡"市场资源共享、业务联合发展、公平有序竞争、服务质量提高"的良性发展环境。目前 300 个城市银行卡同行异地联网工作已经基本完成;98 个城市已初步实现银行卡同城跨行通用。

七、金宏工程

1. 项目背景

宏观经济管理信息系统(即金宏工程)是我国电子政务一期重点工程中的十二大业务系统之一,由国家发展和改革委员会牵头,财政部、商务部、中国人民银行、国有资产监督管理委员会、海关总署、国家统计局和国家外汇管理局共同承担。上述部门领导组成项目协调领导小组,下设办公室,日常工作由项目协调领导小组办公室负责。

宏观经济管理信息系统的建设有利于宏观管理部门实现信息资源共享,提高工作效率和质量,增强管理与决策的协调性;有利于党中央、国务院获取及时、准确、全面的宏观经济信息;有利于推进公共服务,增加政府工作的透明度。

(1) 转变政府宏观经济管理职能的需要。当前,我国经济体制改革已进入攻坚阶段,"以信息化带动工业化"的新型工业化道路正在探索形成,融入世界经济的进程进一步加快,经济社会发生了全面而深刻的变化。新的形势对宏观经济管理活动的规范性、科学性、时效性、透明性均提出了更高的要求。只有在推进机构改革和职能转变的同时,加快宏观经济管理信息系统的建设,尽快创造形成职能调整与信息化建设的良性互动局面,宏观经济管理部门才能适应新情况、驾驭新形势、抓住机遇、防范风险、迎接挑战、在全面建设小康社会的进程中发挥更为积极和重要的作用。

(2) 加强宏观经济监测与调控的需要。加快建设宏观经济管理信息系统,将有助于宏观经济管理部门及时、全面、准确地掌握宏观经济信息,并为党中央、国务院提供优质、高效的信息服务。

(3) 提高政府工作效率的需要。加快建设宏观经济管理信息系统,将大大加快部门内部、部门之间和上下级机构之间的信息传递速度,提高工作效率。利用先进技术手段,对信息进行深度加工和分析,提高管理和决策水平。

(4) 充分利用现有资源、节约投资的需要。加快建设宏观经济管理信息系统,尽快制订统一规划、统一标准,实现互联互通、资源共享,有助于消除信息孤岛,增强业务协同,避免重复建设,节约投资,盘活现有资源,降低建设和运行费用。

(5) 执政为民的需要。随着市场化、信息化进程的加快,企业和居民对宏观经济信息的需求日益增加,对信息准确性、公开性、及时性的要求日益提高。加快建设宏观经济管理信息系统,将为企业和居民提供更为直接、更为全面的宏观经济信息,更好地体现"执政为民"的执政要求和"三个代表"重要思想。

2. 建设目标与原则

宏观经济管理信息系统建设的总体目标是:依托国家电子政务网络平台,实现宏观经济管理部门的互联互通和信息共享,提高业务管理信息化和科学决策水平,促进宏观经济管理部门间的业务协同与互动。为党中央、国务院及时、准确、全面地掌握宏观经济运行态势提供信息服务,增强政府调控宏观经济、驾驭市场变化、应对突发事件、总揽经济全局的能力。

为实现上述目标,宏观经济管理信息系统的建设将遵循以下原则:需求导向驱动、分期实施建设;保护既往投资、整合现有资源;逻辑集中管理、适度分布部署;部门联合共建、实现优势互补;统一标准规范、保障信息安全。

3. 主要建设内容

通过系统建设,力争实现业务处理规范、业务协同环境良好、信息收集及时准确、决策支持服务到位。为此,主要将建设:

(1) 系统平台。以国家统一建设的电子政务网络平台为依托,以共建部门现有资源为基础,形成宏观经济管理部门互联互通、信息共享和业务协同的基本环境。

(2) 信息共享平台和应用集成环境。一是建立信息资源交换体系,制定信息交换规则,形成信息共享机制。二是建立信息资源共享平台,形成宏观经济领域的信息共享环境。三是建设应用支撑与集成环境。

(3) 共享信息数据库。共建部门在本部门业务数据库的基础上,依据统一的信息资源目录体系和信息资源开发标准,统一规划、建设和管理共享信息数据库。

(4) 宏观经济管理业务应用系统。根据宏观经济管理的需要,一是充实和完善共建部门现有相关业务应用系统;二是建设一批宏观经济管理急需的重点业务应用系统;三是构建宏观经济管理辅助决策支持系统。

（5）跨部门业务协同机制和网络化流程。依据政府职能转变与政务信息化的需要,逐步构建符合宏观经济管理需要的电子政务协同基础架构。

（6）统一的系统保障环境。

一是建立统一的信息标准、软件开发标准、应用标准等。

二是依据信息内容,划分不同的安全域,实施等级保护,构建信息安全保障体系。

三是重视体制创新,规范管理制度,加强队伍建设,提高保障水平。

八、金财工程

"金财工程"即政府财政管理信息系统,简称 GFMIS。是利用先进的信息技术,支撑以预算编制、国库集中收付和宏观经济预测为核心应用的政府财政管理综合信息系统。政府财政管理信息系统覆盖各级政府财政管理部门和财政资金使用部门,全面支撑部门预算管理、国库单一账户集中收付、政府采购、宏观经济预测和办公自动化等方面的应用需求。

"金财工程"不仅是公共财政改革的基础,而且本身还是公共财政改革的重要内容。"金财工程"的实施,从根本上改变财政系统多年来"粗放"的管理模式,促进财政分配行为的科学化和规范化,提高财政工作效率和财政资金的使用效益,更好地为人民理财。

金财建设目标由两大部分组成:一是财政业务应用系统;二是覆盖全国各级财政管理部门和财政资金使用部门的信息网络系统。

"金财工程"在实施过程中,将严格遵循以下四个原则:

（1）坚持为财政业务服务。

（2）坚持统一领导、统一规划、统一技术标准、统一系统平台和统一组织实施。

（3）坚持先进性与实用性相结合。

（4）坚持建设与应用并举。

"金财工程"以覆盖各级政府财政管理部门和财政资金使用部门的大型信息网络为支撑,以细化的部门预算为基础,以所有财政收支全部进入国库单一账户为基本模式,以预算指标、用款计划、采购定单以及财政政策实施效果评价和宏观经济运行态势跟踪分析为预算执行主要控制机制,以出纳环节高度集中并实现国库现金有效调度为特征,体现了公共财政改革的要求。其涵盖预算编制审核系统、国库集中收付系统、工资统一发放系统、政府采购管理系统、基本建设项目管理系统等方面。

GFMIS 系统不是传统意义上只能做"事后"记账处理的一般财务系统,它是带有"事前"控制机制的政府财政"资源型"的管理系统,也是自动化程度较高,依"法"理财的系统。它的综合性、复杂性、可控性和覆盖范围都将超过"金关工程"和"金税工程"。GFMIS 系统的建立将覆盖GDP 20%的资金流动,对国家经济的运转也将产生重大影响。"金财工程"由财政部牵头,有关部门配合,预计在 2008 年全面完成。

九、金农工程

1. 金农工程建设背景

在国家信息化进程中,如果忽视了农村信息化,势必加剧工农差别和城乡差别,因此,农业和农村信息化必须与国民经济和社会信息化同步。为了在总体上加速推进农业和农村信息化，国务院要求国家农业主管部门和各级政府把信息化纳入农业发展规划，逐步建立农业综合管理和服务系统，向各级农业管理部门、生产单位及农民提供有关信息。

2. 金农工程建设情况

"金农工程"由农业部牵头，国家计委、国家粮食局、中农办等部门配合。一期建设从2003年开始，2005年结束。具体建设任务：开发四个系统、整合三类资源、建设两支队伍、完善一个服务网络。

开发四个系统初步建成农产品市场预警系统：选择部分关系国计民生的重要和敏感农产品，通过建设数据采集、分析、会商、发布等四个工作平台，完成数据集成、警情确认和信息发布工作。这四个工作平台指：数据平台、分析平台、会商平台、发布平台。依托部属"五个一"信息发布窗口和社会媒体，建立固定发布窗口和稳定传播渠道，传播、发布农产品市场预警信息，为农产品生产经营者提供服务。

（1）完善农村市场服务系统。在中国农业信息网开发供求信息公共服务平台，通过各地农业部门网站联网运行，集成全国供求信息，实现用户发布、查询信息"一站通"。

农产品批发市场价格信息服务系统是一个通过网络进行市场价格采集发布的系统。目标是要改进农产品批发市场价格行情采集分析平台，扩大联网范围，实现400家全国性和区域性农产品批发市场联网。

（2）启动农业科技信息联合服务系统。部、省两级数据中心根据统一的目录体系，分别整合农业科技信息资源，建立存储文字、多媒体等多种形式的数据库群。

（3）推进农业管理服务系统。在网上公布农业部门主要业务工作规范，建立开放的政务管理数据库，开发网络办公系统，逐步实现行政审批和市场监督管理事项的网络化处理。重点使农药、兽药、种子等农业投入品的生产、经营许可和登记管理、无公害食品等农产品的审定和验证登记、质检机构等有关市场主体的认证管理等事项达到网络化。

（4）开发与整合三类信息资源。整合部内信息资源，建立稳定的涉农信息收集、沟通渠道。建立起与海关总署、粮食局、供销总社、国家计委、外经贸部等涉农部门的信息支持协作机制，开发国际农产品生产贸易信息资源。

（5）建立两支信息服务队伍。一支是高素质的农业信息管理服务队伍。计划用3年时间，完成3万人的培训任务。另一支是农村信息员队伍，依靠村组干部、农村经纪人、产业化龙头企业、中介组织和经营大户等，通过培训考核和资格认证，建立农村信息员队伍。计划用3年时间，在全国建立起至少15万人的农村信息员队伍。

3. 金农工程的成效

经过前10年的全国上下的顽强探索，农业信息体系建设已经取得了明显的阶段性成效，主要表现在：

一是组织体系逐步完善。截至2004年底全国所有的省份、97％的地(市)、80％的县级农业部门都设有信息管理和服务机构，67％的农业乡镇设有信息服务站；发展可向农民直接传递信息的农村信息员17万人。

二是网络平台初具规模。农业部建立的中国农业信息网具有较强支持服务功能，是著名的中国农业信息"批发市场",构建了办公网络平台,开通了指挥调度卫星通信系统,初步建成了以中国农业信息网为核心,集20多个专业网为一体的国家农业门户网站,访问量在全球农业网站中排名第二(仅次于美国)。2004年底,各省级农业部门、80％左右的地级和40％的县级农业部门都建立了局域网和农业信息服务网站。全国乡镇信息服务站中,有计算机并可以上网的约占80％。农业信息服务网络正快速向中介组织、龙头企业、批发市场、乡村以及经纪人、种养大户延伸。

三是信息采集与资源开发渠道日趋完善。通过抽样调查、典型调查等方式,建立了基本覆盖农业、市场、资源等重要内容的信息采集系统36条,省级农业部门大多建立了定期农业农村经济形势会商会制度,信息资源整合开发工作取得了较好的进展。特别是农业部在2002年6月,为适应农业发展新阶段和加入世贸组织的需要,在全国率先启动了农产品市场监测预警系统,对小麦、玉米、稻谷、大豆、棉花、糖料、油料等主要农产品的生产、进出口、价格、供求形势及世界农产品市场态势跟踪监测分析,每月发布监测预警报告,在调控农产品市场中发挥着积极的作用。

四是信息发布覆盖面逐步扩大。农业部建立了以"信息发布日历"为主要形式的信息发布工作制度,形成了部属中国农业信息网、农民日报、中央电视台农业节目、农村杂志社和中央农业广播学校等媒体为主,各相关媒体参与的信息发布窗口;各地农业部门也都与有关媒体联合,开辟信息发布渠道,努力扩大信息服务范围。

五是电子政务凸显成效。在信息工作的推进过程中,伴随着计算机网络的普遍推广应用,农业部门的调控引导、监管服务等政务工作发生了前所未有的变化。农业部行政审批综合办公信息系统为申报单位提供了"一站式"服务;一些地方农业部门通过网络系统,实现了监管事项的办事程序、过程和结果的三公开。电子政务工作的开展,使农业部门行政效率得到了明显提高。

4. 我国农业信息化建设面临新的机遇与挑战

我国农业信息化的建设虽然具备了一定基础,但与统筹城乡经济社会发展的总体要求相比,与农业增效、农民增收、农产品竞争力增强的"三增"目标需要相比,还存在较大差距,突出表现在我国政府在农业信息的获取和服务方面,远落后于发达国家,宏观决策和市场监管仍然缺乏有力的信息支撑,企业和农户的生产经营仍然缺乏有效的信息引导。目前,加强农业信息化建设面临以下主要困难:

一是农业信息化基础设施薄弱。从总体看,国家和省级农业信息化设施建设已有了一定基础,但县、乡、村信息化基础设施仍比较薄弱。目前,中西部地区大多数县级和全国绝大多数乡镇农业部门尚未配置计算机。很多农业部门虽然建立了局域网,但不少地区存在着设备陈旧和应用软件缺乏的问题,同时运行经费等问题也制约着信息资源的深度开发、信息服务的广泛开展和技术设备的充分利用。

二是信息资源缺乏有效的整合开发。目前农业部门和涉农部门都拥有各自的信息资源。由于目前还没有建立起有效的统筹协调管理机制,信息共享程度低。同时,在信息分类分级、收集渠道和信息应用环境等方面还没有形成统一的标准体系,信息结构不尽合理。信息资源缺乏有效整合,各级政府部门难以及时集散全面、系统、准确的信息,也使农户和企业的信息查询使用带来很大困难。农业部在进行农产品市场监测预警系统建设中,亟待解决的也是信息资源的整合问题。

三是信息发布渠道不畅。突出表现在:一是部分地市县互联网的信息平台没有建立起来,绝大多数乡村缺乏网络沟通手段,中西部地区尤为严重。二是基层农业部门信息发布渠道少,媒体间在农业信息传播和发布方面缺乏必要的配合和沟通,信息利用不充分。同时,农业行政部门的管理服务工作电子化水平相对较低,政府和用户双向互动网上事务处理还没有起步,难以为监管主体和公众提供高效的网络化服务,尤其表现在农产品和生产资料的市场监管方面,很难满足建立和完善市场经济秩序的迫切需要。

四是农业信息人员整体素质不高。一是部分管理人员信息化知识更新缓慢,跟不上信息化发展步伐;二是信息分析人员严重不足,使大量信息资源仅停留在低水平开发状态;三是基层信息服务人员整体素质不高,能利用计算机网络等现代信息技术的人员比例很低。

综上所述,我国农业信息化建设可以说是成效显著,问题突出,与形势发展要求相比,与发达国家相比差距仍然很大。国家需要加快步伐,大力推进。

十、金水工程

1. 金水工程建设背景

水利是国民经济的基础设施。21世纪的中国,随着经济和社会的发展,洪涝灾害、干旱缺水、水污染严重等水资源三大问题日益突出,已经严重制约着国民经济和社会发展。

为了解决好新世纪水的问题,《全国水利发展"十五"计划和到2010年规划》中要实现从工程水利向资源水利的转变,从传统水利向现代化水利、可持续发展水利转变。在这个历史性转变过程中,水利信息化作为水利现代化的重要内容,是实现水资源科学管理、高效利用和有效保护的基础和前提。

金水工程水利信息化,指的是充分利用现代信息技术,深入开发和广泛利用水利信息资源,包括水利信息的采集、传输、存储和处理,全面提升水利事业活动的效率和效能。

2. 建设内容

(1) 水利公用信息平台建设。水利公用信息平台为各个应用系统的开发和运行提供统一的软、硬件环境,以避免重复建设,实现互联互通、资源共享,包括:

水利信息标准化建设。在广泛采用国际和国家标准的同时,重点是建立起水利系统适用的信息化标准体系。制定和完善水利信息采集标准与规范。在水利信息源中,大多数种类的信息缺乏统一的标准、规范,要开展不同层次的信息需求调研,分类整合现有水利信息指标体系,合理规范信息采集渠道,对于一些不适合信息化要求的已有标准、规范,必须进行修订和完善,在此基础上,研究建立适应信息化的水利信息采集标准和规范。

加快研制水利信息化关键技术标准与规范。对信息的存储、传输、共享及应用软件的开发与网络建设相关的关键信息技术进行研究,结合水利信息化建设的实际需要,建立水利信息化关键技术标准与规范。该技术标准与规范适用于各级水利部门的信息化建设,保证信息资源的共享及应用软件的相互兼容,实现各级各类水利信息处理平台的互联互通。

基础数据库建设。基础数据库是可供多个应用系统共享的数据库,主要包括国家水文数据库、水利空间数据库和基础工情库等。

①国家水文数据库建设。国家水文数据库存储经过整编的历年水文观测数据,是各种水利专业应用系统的基础。在现有基础上要重点解决测站编码、库结构,水位基准、水量单位的统一,与整编程序的接口等问题,尽快建成中央节点库,完善流域和省级节点,依托水利信息网络,实现上网运行,提供信息服务。②水利空间数据库建设。水利空间数据库是描述所有水利要素空间分布特征的数据库。在国家空间数据库基础上建立1∶25万、1∶5万比例尺覆盖全国的水利空间数据库,在防洪重点地区建立1∶1万或1∶5000比例尺的水利空间数据库。逐步实现"数字流域"或"数字水利"。③基础工情库建设。基础工情库是描述所有水利工程基础属性的数据库,包括设计指标、工程现状及历史运用信息。建成省、流域和中央三级基础工情库,形成涵盖全国水利工程、分布存储的数据库群。

水利信息网络建设。水利信息网络是为防汛抗旱、政务、水资源管理、水质监测、水土保持等各种水利应用提供的统一传输平台,是最重要的水利信息化基础设施之一,其建设按三级网络构架进行。

①建设全国水利信息骨干网。依托公用电信网,充分利用现有设施,建成覆盖水利部机关、七个流域机构、31个省(直辖市、自治区)水利(水电、水务)厅(局)、部直属单位的宽带多媒体网络,并通过链路加密等技术,将骨干网分割为涉密骨干网和普通骨干网。争取前两年骨干网初步建成,实现互联互通,并实现与国际网互联,后三年,骨干网达到兆位(Mbps)级,国际出入口达到10Mbps。②建设地区水利信息网络。依托公用电信网,充分利用现有设施,建成联结各流域机构和省(直辖市、自治区)水利(水电、水务)厅(局)所在地与所属单位的广域网络。③建设完善各单位部门网。按照各级网络中心的要求,采用现代组网技术因地制宜地完善全国地区以上各级水利部门的部门网,流域机构和省级以上的部门网必须分建涉密网和普通网,普通网与涉密网实现物理隔离。

建设各级接入网,扩大网络的应用范围。中国水利信息网络从国家防汛指挥系统项目的实施中开始建设,并不断扩充完善,为各个应用系统提供网络服务。其他应用系统不再重复进行网络建设。④完善和建设各级水利信息网络中心。在水利部机关建设中国水利信息网络中心,提供对整个网络的运行管理和技术支持,负责网络安全和Internet网出入口管理,负责中国水利信息网节点IP地址的规划、分配和域名的管理工作。

在各流域和地区建设流域、地区水利信息网络中心,负责本流域、本地区的网络运行管理和技术支持。网络中心的建设要打破部门分割,为本流域、本地区的各种应用系统提供网络管理和服务,要充分重视网络中心的配置,理顺关系,充实专职人员,使其成为本流域、本地区水利信息网络的枢纽。

(2)重点应用系统的建设。

建成国家防汛指挥系统。完成3002个中央报汛站测验和报汛设施的更新改造;完成927个工情采集点、5个移动工情采集站、1265个旱情采集点和1800个旱情监测站的建设;完成224个水情分中心、228个工情分中心和267个旱情分中心的建设。在我国建成一个覆盖七大江河重点防洪地区,辐射全国重点易旱地区,信息源布局基本合理的高效、可靠、先进、实用的防汛抗旱信息采集系统,争取在半小时内把各类防汛水情信息传递到各级防汛部门。

建立和完善气象产品应用系统、洪水预报系统、防洪调度系统、灾情评估系统、信息服务系统、汛情监视系统、防汛会商系统、防汛抗旱管理系统、抗旱信息处理系统,建成统一的防汛抗旱决策支持系统,使从中央到地方各级防汛和抗旱部门的工作效率、质量、效益和水平有了明显提高。

完善并建成全国水利政务信息系统。依托中国水利信息网络,建设连接水利部机关与各流域机构、各省(市、区)水利厅(局)以及部直属各单位,具有统一技术标准和统一服务界面的水利政务信息系统。水利政务信息系统由办公、计划、财务、人事、科技、外事等子系统组成。各子系统按其政府职能,通过水利信息骨干网,与上、下级对口部门实现互联互通;同时,通过水利部机关部门网向部领导提供决策支持信息。其主要工作是根据水利政务的特点和上级部门的要求制定信息传输交换的标准,建立政务数据库,开发相应的管理软件,从而提高水利政务服务的能力和水平,逐步实现水利政务信息交换的电子化,最终形成全国水利行政事务处理、部门业务管理和具有科学决策服务功能的综合性的政务信息系统。

水利政务信息系统的建设中,要特别重视运行安全和信息保密。

建设国家水资源管理决策支持系统。依托水利公用信息平台,建立包括七大流域和31个省(市、区)分布式的水资源数据库系统及相应的地理信息系统,主要包括有关的地理、社会、经济信息;地表水资源、地下水资源;已建和在建的供水工程;用水户和用水定额;供水、用水、耗水、污废水排放量及水价等信息。并在此基础上开发水资源需求分配的预测、分析、模拟仿真、优化等应用模型,逐步形成国家水资源管理决策支持系统,直接为国家编制水资源中长期供求计划、水资源合理配置方案、流域或区域水资源综合开发利用规划以及水资源宏观管理决策服务。同时向社会提供公共信息服务。

基本建成国家水质监测和评价信息系统。在全国173条主要水系及其省际断面上,建设5 218个水质监测站;30个供水水源地水质自动监测站。在全国7大流域、31个省(市、区)重点建设250个水质分析实验室和水利部水环境监测评价中心实验室。

制定满足全国水质监测和评价需要的水质信息采集、传输和管理的标准,建立全国水质监测和评价信息系统,以能定时、快速收集水质信息,灵活地提供水质历史资料和水质趋势预测;及时进行水质监测和预警预报,确定主要污染源,提供应对措施预案并进行评估,发布水质信息和评价结果。

建成全国水土保持监测与管理信息系统。以中国水利信息网络为依托,以"3S"(GIS、GPS、RS)技术为手段,建设水土保持监测与管理信息系统,对流域及不同层面的行政区域的水土流失现状进行多时相动态监测,对不同分级的水土保持信息进行管理,对水土流失和水土保持进行评价。建立相应的数学模型,为水土保持区域治理和小流域治理的工程设计、经济评价和效益分析服务,提高水土保持监测、设计、管理和决策的水平。

基本建成全国水利工程管理信息系统。建设全国水利工程数据库,并在此基础上建设全国水利工程建设与管理信息系统。其中包括各类水利工程设施的历史资料、现状信息的收集、整理、入库,检索与查询。存储和管理在建水利工程的设计方案、管理现场、技术规范以及进度控制、质量管理、招标活动、技术专家库,建设与管理的政策法规,建设、施工、监理、咨询等水利工程建设市场主体的资质资格等动态信息,提供信息链,提高水利基本建设的管理水平和规范化程度。

围绕农村水利建设与管理所需的各类信息,建立全国农村水利决策支持系统及相关数据库,包括灌溉、排水、节水、农村饮水、乡镇供水、农田水利基本建设等。

建成全国水利信息公众服务系统。加强水利系统各级网站建设,利用因特网技术,建设全国水利信息公众服务系统,向社会宣传水利,提高水利部门办公的透明度、树立水利部门的良好形象、促进水利部门的廉政建设。通过该系统的建立,提高水利为社会公众服务的意识和水平,自觉接受社会的监督,争取社会对水利的支持,更好地为社会服务。

建设全国水利规划设计信息系统。根据综合分区和标准体系,在充分利用其他信息系统资源的基础上,建立勘测、规划、设计等前期工作所需的水文、地质、工程和社会经济等基础资料的信息管理系统,为滚动规划服务。

建设水利数字化图书馆。水利文献信息资源是水利信息资源的重要组成部分。应用现代信息技术,对水利系统所需的图书、期刊等文献进行联合编目、统一采购,按统一标准进行数字化加工,逐步形成能够在网络上实现远程查询、异地阅览的水利系统文献保障体系,最终建成能够进行网上浏览、网上下载的"水利数字化图书馆"。

(3) 完善和建设水利信息安全体系。随着数字化、网络化的发展,要切实解决好水利信息化的安全问题。高度重视网络的运行安全和信息安全。严格执行关于信息网络安全的各项指令和法规,加强信息化安全教育和岗位培训,普及信息化安全知识。

十一、金审工程

"金审工程"是审计信息化系统建设项目的简称,是《国家信息化领导小组关于我国电子政务建设指导意见》中确定的 12 个重点业务系统之一。

金审工程是审计信息化建设项目的简称,属于国家确定加快建设的六个业务系统工程建设项目之一,是国家电子政务一期工程的重要组成部分。

1. 金审工程建设背景

审计的基本职能是通过对账簿的检查,监督财政、财务收支的真实、合法、效益。但是到了20 世纪 80 年代,以查账为主要手段的审计职业遇到了来自计算机技术的挑战。金融、财政、海关、税务等部门,民航、铁道、电力、石化等关系国计民生的重要行业开始广泛运用计算机、数据库、网络等现代信息技术进行管理,国家机关、企事业单位会计电算化趋向普及。会计信息电子化发展的同时出现了会计领域计算机做假和犯罪,具有"舞弊功能"的财会软件时有出现。

审计对象的信息化,客观上要求审计机关的作业方式必须及时作出相应的调整,要运用计算机技术,全面检查被审计单位经济活动,发挥审计监督的应有作用。1998 年,审计署提出审计信息化建设的意见,并开始筹备金审工程。

2. 金审工程建设的意义

审计信息化是审计领域的一场革命。审计信息化的进一步发展,必将促使审计手段发生一些重大变革。

第一,审计信息化象征着审计工作将发生三个转变:从单一的事后审计变为事后审计与事中审计相结合;从单一的静态审计变为静态审计与动态审计相结合;从单一的现场审计变为现场审计与远程审计相结合。这三个变化将逐步实现。动态审计、远程审计还需要大环境的配合才能全面铺开。

第二,审计信息化必将推动审计方法的改变,对被审计单位的账目逐笔审计在过去是不可想象的,但在审计信息化情况下将轻而易举。

第三,审计信息化必将推动广大审计人员思维方式的转变,增强审计人员的全局意识和宏观意识。

第四,审计信息化必将提高审计质量,降低审计风险。

3. 金审工程建设的目标和任务

金审工程的目标轮廓可以用"一个模式、三个转变、五个一工程"来描述。

所谓"一个模式"就是用 5 年左右的时间,建成对财政、银行、税务、海关等部门和重点国有企业事业单位的财务信息系统及相关电子数据进行密切跟踪,对财政收支或者财务收支的真实、合法和效益实施有效监督的信息化系统,建立起一个适应信息化的崭新审计模式——"预算跟踪+联网核查"。

"三个转变"即逐步实现:从单一的事后审计转变为事中审计和事后审计相结合,从单一的静态审计转变为动态审计和静态审计相结合,从单一现场审计转变为现场审计与远程审计相结合。增强审计机关在计算机环境下查错纠弊、规范管理、揭露腐败、打击犯罪的能力,维护经济秩序,促进廉洁高效政府的建设,更好地履行审计法定监督职责。

"五个一"工程是指:建设一个信托政府公共网络,连通全国审计机关和重点被审计单位的高效实用的审计专用网;开发一批满足审计业务需求并在应用中不断完善的应用软件;建立一个为审计业务和决策、为政府和社会公众提供有效信息的数据库群;配置一批经济实用的计算机设备;培养一支胜任审计信息化的新型队伍。

4. 金审工程建设情况

金审工程分期建设。一期建设工期为两年左右。一期建设的任务是:

(1) 应用系统建设。整合审计业务和原有的应用系统,初步建成基于应用平台、实现数据共享的办公和业务应用系统,开展联网审计试点,探索"预算跟踪+联网核查"审计模式的实现途径与方法。

(2) 局域网建设。改建、扩建和提升审计机关和驻地方的 18 个特派员办事处的原有网络基础设施,使之适应应用系统运行的需要;实施审计机关之间、审计机关与政府部门和重点被审计单位之间、审计机关与审计现场之间的广域连接试点。

金审工程建成之后,审计署与省级审计机关、驻地方的 18 个特派员办事处之间的城际广域连接,将依托国家统一电子政务网络平台。不搞重复建设。

(3) 安全系统建设。以国家关于电子政务安全体系框架为指导,以确保审计信息的安全为核心,在局域网系统设计、数据传输、审计业务应用、安全管理机构和制度等方面,采取符合国家有关安全规定的建设措施。重点解决电子政务网络统一平台环境下的数据交换、共享的安全。

(4) 标准规范建设。以国家关于电子政务标准体系框架为指导,以确保网络互联互通、信息资源共享为目标,按照"有国标用国标,无国标定署标"的原则,制定金审工程需要的审计准则、审计操作指南、审计机关、审计事项、被审计单位、违纪违规行为等标准代码。

(5) 人员培训。继续抓好审计人员信息技术知识培训,依照工作岗位和人员比例,分别开展计算机基础知识和操作技能培训、计算机审计中级培训。

十二、金质工程

1. 背景

"金质工程"是国家电子政务建设的重要组成部分,是我国电子政务建设的 12 个重点应用系统之一。通过电子政务系统的建设,促进各级质检机关向管理服务型转变,提高质量监督检验检疫执法的透明度,形成全国统一的质检大网络,促进质检系统执法电子化、信息化,为生产企业和外经贸企业带来更大的方便与效益,加大打击假冒伪劣的力度,更有效地规范市场经济秩序,促进社会主义市场经济的发展。

2. 建设目标

依托国家电子政务平台,建设标准统一、功能完善、安全可靠的质检信息化网络平台,全面建设质检业务计算机管理系统,建立质检业务数据库群,提高信息资源共享程度,建设质检信息化标准体系,开展全方位的信息化培训。

通过"金质工程"建设,打造质量监督检验检疫信息化平台,进而达到提高质量监督检验检疫的行政执法水平,提高市场监管能力和质量安全监控的快速反应能力,改进政府行政管理模式,提高质检工作效率,促进对外经济贸易的发展,保护民族产业的发展,推动政务公开,为公众提供广泛的信息咨询服务的目的。

3. 主要任务

"金质工程"的建设内容可以用"一网一库三系统"的建设来概括,即建设质检业务监督管理系统、质检业务申报审批系统、质检信息服务系统,建设质检业务数据库群,建设软硬件及网络平台。

(1) 质检业务监督管理系统。监督管理系统由一系列质量监督、检验检疫核心业务系统组成,主要侧重质检内部业务管理,这些系统的实现将大大地提高工作效率,加强行政执法力度,实现严格有效的监督管理,从而达到规范和建立市场秩序的目的。典型的子系统包括:执法打假快速反应系统,检验检疫风险预警系统,产品质量监督管理系统,认证认可系统,标准化管理系统,WTO/TBT-SPS 通报管理系统和检验检疫综合业务管理系统等。

(2) 质检业务申报审批系统。作为国家行政执法部门,质检系统在许多方面实行许可、审核、核准、注册和备案管理。对于此类业务,实行网上申报、电子审批是必要的。申报审批是电子政务建设的一个重要组成部分,藉此将有助于提高政府工作的透明度,提高工作效率,为企业提供方便。典型子系统包括进境动植物检疫审批系统,食品化妆品标签审核系统等。

(3) 质检信息服务系统。信息服务系统以网站为界面,以数据库为依托,以应用系统产生的信息和多重渠道采集的信息为源泉,发布产品质量信息、产品抽检结果信息、防伪打假信息、企业资格认证信息、疫情通告、WTO TBT/SPS 相关信息、国内外检验检疫动态和进出口管制措施、办事指南、质检公告、认证认可信息、标准和计量信息、法律法规等信息,受理质量投诉,接受网上申报。

(4) 质检数据库群。建设数据库系统的作用一是为监督管理系统、申报审批系统和信息服务系统提供数据支持,二是为领导决策提供支持,三是为企业和公众提供服务。因此,不同的数据库系统具有不同的特征,有些具有基础和标准的特征,如企业编码数据库,商品编码数据库,人力资源数据库等;有些是核心业务的主体,如特种设备数据库等,有些本身就是一个独立的应用系统,如法律法规库、质检标准库。

(5) 质检软硬件及网络平台。依托国家电子政务网络平台,分期建设连接国家质检总局、全国各地检验检疫机构和质量技术监督机构的质检广域网,建设各节点的局域网系统,配置相应的软硬件平台,为应用系统提供公共的运行环境和技术支撑。

4. 工程进展情况

"金质工程"的立项工作。根据国家电子政务的建设的部署,按照国家发展与改革委员会的要求,按项目审批程序,编写的"金质工程"项目建议书,报国家主管部门审批。目前开展了可行性研究的准备工作。

对质检业务进行了需求调研,提出了"金质工程"的目标、任务、主要内容、建设周期、主要技术路线、预算,进行了多次征求意见、研讨和论证。对于资金来源进行了研究,制定了落实地方配套资金的有关工作方案。

提前启动了"可行性研究"工作,确定了工作模式,开展了一些基础工作。和"金质工程"相关的、业务急需的项目也在不断进展当中,如广域网建设、核心业务系统建设和大通关系统的建设等也取得了阶段性的进展,但由于资金问题,限定了总体进展。

5. 效果评价

"金质工程"的建设对于进一步推动质检信息化的建设具有重要意义。"金质工程"已经在全国质检系统产生了较大的反响,许多地区质检机构正在积极制定信息化建设的发展规划,落实资金,并且开展了很多前期准备工作。有些急用的项目正在逐步启动。

6. 存在问题

"金质工程"建设的资金问题是需要解决的一个重要问题。在各地质检机构中,检验检疫机构由总局垂直管理,质量技术监督机构实行省以下垂直管理,因此,"金质工程"的建设资金由中央、地方分别解决,由于各地经济社会发展的不平衡,资金落实,特别是地方配套资金的落实存在一定的困难。

附录 2 两网四库

一、"三网一库"

"三网一库"即机关内部办公网络(内网)、办公业务资源网络(专网)、公共管理与服务网络(外网)、电子政务信息资源库(一库)。

机关内部办公网(简称"内网"):指各个行政机关内部的行政办公局域网。运行的内容有:决策指挥、宏观调控、行政执行、应急指挥、监督检查、信息查询等各类相对独立的电子政务系统。内网通过与办公业务资源网的连接,实现上下级之间的信息共享和各类施政业务的开展。内网与办公业务资源网(专网)之间采用逻辑隔离。

办公业务资源网络(简称"专网"):通过联结各部门、各地方的内网,形成覆盖从国务院到各部门、各地方的政务资源网络,为政府运转提供最主要的信息服务和业务协同工作环境。专网按照国家的安全保密要求,与公共管理与服务网络之间采用物理隔离,以确保内部政务办公、决策指挥等系统的运行安全性。

公共管理与服务网络(简称"外网"):面向企业和社会服务的公共管理与服务网。它通过应用支撑平台与公共互联网络为接口,与其他政府部门的外网实现安全的互联和信息交换。公共管理与服务网可以提供公众政务服务的访问功能,并通过后面的应用网关实现 Web 服务系统与公共互联网之间的逻辑隔离,以确保内部业务系统的运行安全性。公共管理与服务网与宏观调控系统、行政执行系统、监督检查系统等部门的网络进行联结,并为有关部门之间的业务协作提供了网络支持和数据来源。

电子政务信息资源库(简称"一库"):政府各部门共建共享的包括党务、政务和行业部门业务数据的电子政务信息资源库,如国家的政策法规,工商、税务和海关等部门的业务管理信息或数据等等。

信息资源库的建立可以使政府部门共享业务信息资源,政府行政管理、应急指挥和快速反应的能力进一步提高,高效率、高质量地进行宏观管理和科学决策。在政府信息资源开发利用方面,信息资源数据库通过建立政府信息资源管理体制,建立政府信息公开和面向社会服务制度,制定政府信息资源管理、信息采集、交换、公告、信息网络建设的实施标准、信息库建设规范。保证信息资源数据库工程建设质量和数据标准的统一,制定统一的信息资源交换体系和目录体系。建设一批能对主要政府业务工作和决策提供支持的数据库群,从而保证政府信息在政府机构内部实现畅通流转、充分共享。

信息资源库的规划是对政务信息的采集、处理、传输、利用进行全面的规划,它是电子政务的顶层设计。信息资源数据库是整个电子政务的源头,是各个部门电子政务系统实现信息共享、资源优化的前提。只有构建好、维护好信息资源数据库,才能使整个电子政务网络平台成为有源之水、有本之木,才能将电子政务巨大的社会效益和经济效益充分发挥出来。目前国家正在积极制定政务信息资源的目录体系和交换体系,以期实现统一的数据标准建设。

三网一库的体系结构如图附-1所示。

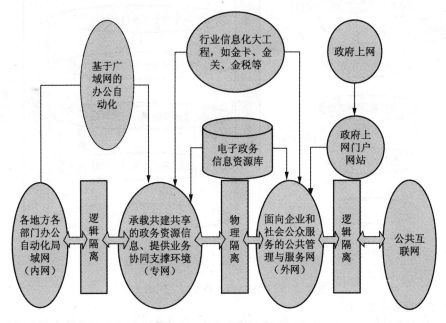

图附-1　三网一库的相互关系

二、"三网一库"到"两网四库"

对"三网一库"结构进行改进与优化的基础上,我国提出以政务内网和政府外网结构为特征的电子政务基本体系。

从"三网一库"结构转变到政务内外网结构,可以基本解决因为业务性质决定的在"三网一库"结构中存在的网络物理隔离与数据交换之间的矛盾问题。另外,由于"三网一库"中的专网相对而言现在已经成熟,因此将其纳入政务内网中而不再单独列出来也是合理可行的,但实际中还存在。

政务内网主要是连接办公厅内部、国务院各部门、副省级以上政务部门,并与党组、人大、政协等系统建立连接的办公网,与省级以下的办公网络物理隔离。政务内网是典型的层次结构,实行逐级、分层管理。

政务外网是政府的业务专网,主要运行政务部门面向社会的专业性服务业务和不宜在内网上运行的业务。

政务内网与政务外网之间的关系如图附-2所示。

图中电子政务内网的网络中心节点,主要功能是实现办公厅内部、国务院各部门、各地方政府的连接,并与党委、人大、政协等系统建立连接。在政务内网(办公厅政务网络中心)需要配套

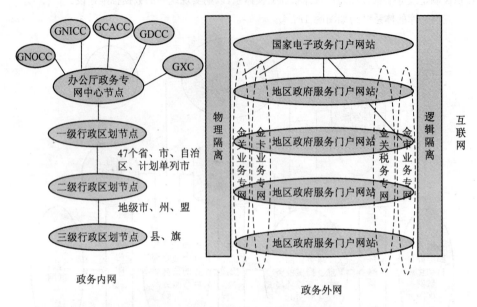

图附-2　政务内网与政务外网之间的关系

建立五个服务功能中心：

（1）政务信息交换中心（GXC）：主要负责连接各个相关单位，实现各类跨部门、跨区域信息上传下达和交换枢纽。

（2）政务数据中心（GDC）：主要负责保存、更新、分发、备份等全局性政务信息服务的基础环境。

（3）政务认证授权中心（GCAC）：主要是保障电子政务安全的网络地址分配服务、网络域名注册和解析服务、网络目录服务、网络信息资源导航服务的全局性基本设施；

（4）政务网络信息中心（GNIC）：负责保障试点示范工程各个应用成为一个有机的整体，支持试点示范工程的运行。核心包括：用户管理（含用户信息管理、用户认证、用户授权）、信息资源管理、业务统计、系统测试、性能管理、路由管理、配置管理和系统安全管理。

（5）政务网络管理中心（GNOC）：负责网络的规划、建设、日常维护、运行。

2002年，国务院信息化领导小组确定了《关于我国电子政务建设的指导意见》，提出了建设四大基础数据库，明确了政务资源信息库（"一库"）建设的重点内容。四大基础数据库指的是建设"人口基础信息库"、"法人单位基础信息库"、"自然资源和地理空间基础信息库"和"宏观经济数据库"四大战略性、基础性信息库。

附录 3 门户网站

系列"金字"工程的建设,推进了我国一些行业及其管理部门的信息化,为我国电子政务建设打下了基础。但这远远不能满足我国政府信息化建设的现实需求,也和我国面临信息时代、知识经济的挑战不相适应,而我国政府部门职能也正由管理型转向管理服务型,因此,抓住时机对信息网上的信息资源的建设进行有序的组织和规范管理,建设政府站点推进政府上网就显得极为紧迫和重要。

政府上网是指各级各地政府部门利用 INTERNET/INTRANET 等计算机通信技术,在因特网上建立正式站点,推动我国政府办公自动化与政府网上便民服务,在网络上实现政府在政治、经济、社会、生活等诸多领域中的管理和服务职能。1999 年 1 月 22 日,由中国电信总局和国家经贸委经济信息中心主办,联合 40 多家部委(办、局)信息主管部门共同倡议发起的"政府上网工程启动大会"在北京举行,由此拉开了"政府上网工程"的序幕。我国的电子政务也由此进入了以全面的政府上网工程为特征的第三阶段。

一、"政府上网工程"实施的背景

20 世纪 90 年代后期,伴随着信息技术的发展和计算机的普及,互联网在人们生活中扮演着越来越重要的角色,网络成为了信息时代一个重要产物,它延伸到了社会的每一个角落,上网成为一种不可抗拒的历史潮流。各种公司、组织、团体甚至个人都纷纷上网,建立起各自的主页,通过互联网和全世界进行信息交流和业务往来。另一方面,我国政府部门的职能也正在从管理型转向管理服务型,推动我国政府有序、规范、全线上网,实现政府信息化,被提上了议事日程。

通过 Internet 这种快捷、廉价、生动形象的通信手段,政府可以让大众迅速了解政府机构的组成、职能和办事章程,各项政策法规,增加办事执法的透明度,并自觉接受公众的监督。同时,政府也可以在网上与民众进行信息交流,听取人们的意见与心声,从而使政府更好地为公众服务。Internet 是没有国界的,我国政府上网以后,可以使世界各国更好地了解中国,加强中国与世界的交流,向世界传播中国政府的和平外交政策和主张,树立中国政府在世界上的良好形象。

二、"政府上网工程"实施步骤及规划

实施"政府上网工程"只是我国信息化建设的前奏,通过启动"政府上网工程"及相关的一系列工程,从而实现我国迈入"网络社会"的"三步曲":

第一步:实施"政府上网工程",在公众信息网上建立各级政府部门正式站点,提供政府信息资源共享和应用项目。

第二步:政府站点与政府的办公自动化网联通,与政府各部门的职能紧密结合。政府站点

演变为便民服务的窗口,实现人们足不出户完成与政府部门的办事程序,构建"电子政务"。

第三步:利用政府职能启动行业用户上网工程,如"企业上网工程"、"家庭上网工程"等,实现各行各业、千家万户联入网络,通过网络既实现信息共享,又实现多种社会功能,形成"网络社会"。

可见,"政府上网工程"不仅为我国电子政务的构建打下了基础,也成为了我国国民经济信息化实现的前提,推进"政府上网工程"具有重要意义。

1. "政府上网工程"实施意义

实施"政府上网工程"旨在推动各级政府部门为社会服务的公众信息资源汇集和应用上网,实现信息资源共享,这对于全面推进国民经济信息化具有重要意义:

(1)便于树立中国各级政府的网上形象,组织和规范各级政府的网站建设,提高政府工作的透明度,降低办公费用,提高办事效率,有利于勤政、廉政建设,同时大幅提高政府工作人员的信息化水平。

(2)将各级政府站点建设成为便民服务的"窗口",帮助人们实现足不出户完成与政府各部门的交流与沟通,为实现政府部门之间、政府与社会各界之间的资讯互通及政府内部办公自动化,最终构建"电子政务"打下坚实基础。

(3)信息网络正在成长为"第四媒体",将成为人们获得信息实现社会多种功能的主要载体,因而抓住时机实施"政府上网工程",可以改变我国信息化建设领域长期以来的硬件、软件和信息服务业投资上的严重比例失调状况,极大地丰富网上的中文信息资源。

(4)"政府上网工程"通过政府对信息产业界主要力量的引导和组织,促使政府在短时期内上网,实现政府信息资源的市场价值,引导和形成新的消费热点和经济增长点,从而带动相关产业群的发展,营造有利于我国信息产业发展的"生态环境",加速我国信息产业和国民经济信息化的发展。

2. "政府上网工程"建设规划

(1)站点规划。我国政府主站点最好以"中华人民共和国国务院"(www.china.gov.vn)作为中国政府导航站点,下设 29 个部委行署,再次为各部委的二级机构连接到各省市的政府主机上。各部委主页应以"中华人民共和国××部(行、署)"的形式出现,各省市政府的站点应以"××省(市)人民政府"或"××省(市)××局"的形式出现。各政府站点均设机构设置、政府职能、政策法规等基本栏目。

(2)域名规划。各部委和各省市政府的域名统一规划为 www.××.gov.cn,并对应一个多媒体网的域名 www.××.cninfo.net,以便于 169/163 用户均可访问。

(3)信箱规划。各政府部门的站点考虑设虚拟信箱,如江苏省政府办公电子信箱名为 name@jiangsu.gov.cn,以示正式和权威。

(4)网页规划。政府站点的网页设计应简洁、美观,界面应与政府形象相符,网页大小有所限制,网页需响应及时,可以采用多种浏览器浏览,便于检索,同时具有纯文本版本甚至外文版以满足不同用户的需要。

(5)主机规划。在电信港湾设置"政府主机",作为政府站点的专用服务器,每个政府主机由电信部门提供 1G 的硬盘空间,并实现数据库管理和提供交互式功能。

(6)标准规划。对政府站点、域名、主机和网页等制订相应的标准和规范。

(7)信息规划。区分和筛选政府信息资源中安全信息和不安全信息,加大力度研究政府部门的信息资源开发利用潜力,妥善处理好公益信息和增值信息的关系及两者在网络建设中所占比例。

三、"政府上网工程"实施概况

1. "政府上网工程"实施方案

"政府上网工程"一经启动,就得到了社会各界热烈响应和广泛宣传,政府上网成为了社会关注的一大热点。中国电信为了将政府上网工程的相关工作落到实处,提出了"政府上网工程"的实施方案。

(1)政府上网工程的总体设想。政府上网工程启动之时,中国电信作为我国最大的信息网络服务商和经营者,为支持中国信息产业的发展,除建成覆盖全国的电话网,还建成了覆盖全国的先进统一的公用数据及多媒体通信网络平台,连接全国省会城市的 ATM 宽带骨干网平台也很快建成开通。

(2)政府上网工程的实施范围。国务院办公厅,国务院 29 个部、委、行、署和国务院直属机构;上述单位的省级机构和各省、自治区、直辖市政府、地市政府。根据有关单位的要求和社会的需求,随着时间的推移,政府上网工程的实施范围进一步扩大。

(3)政府上网工程的配套服务措施。中国电信和中国互联网络信息中心合作,为简化和方便各级政府部门办理政府域名申请手续,可由中国电信所属各级电信部门帮助当地政府部门申请办理后缀为 gov.cn 的政府规范域名。

(4)政府上网工程的技术方案。政府部门设立网站可以有以下四种方式:在电信机房托管服务器、租用电信机房的服务器磁盘空间、服务器设在政府部门的机房、电信机房主机与政府内部服务器镜像设置等。

2. "政府上网工程"实施成果

"政府上网工程"经过一年的快速发展,到 1999 年底已在中央、国务院有关部门建立站点52 个,各级政府部门已申请网站域名2 400个。我国上网主机数达到 350 万台,网上主页超过1.5万个,注册域名4.8万余个,提供网络服务的网络服务提供商 ISP 达 520 个,这表明中国数据通信网络已步入了快速发展时期。"政府上网工程"的快速发展,为我国电子政务的下一步发展打下了坚实的基础。

到 2001 年,全国绝大多数乡级以下政府都设有站点,并通过网站,向社会发布信息,有的还开始提供在线服务。据统计,到 2002 年 6 月,已有接近50%的政府机构建立了自己的网站。国务院的 29 个部委中有 26 个建立了自己的网站,其中 9 个有英文版本的网页,12 个提供了在线服务,90%以上的部委设有信息公告或资料数据库查询等。根据 CNNIC 中国互联网络发展状况统计报告,截止到 2003 年 7 月底,注册以 gov.cn 结尾的英文域名总数为9 328个,占.cn 下注册域名数的比率为3.7%。截止到 2003 年 7 月底,已经建成的 WWW 下的政府网站达7 876个,占国内 WWW 网站总数的1.7%。各政府网站上发布了大量信息用于社会共享,各地政府网站已成为承载当地政府信息资源的主流网站。

四、"政府上网工程"建设中存在的问题

"政府上网工程"从开始至今,已经整整三年了。然而,在现实生活里,人们并未感受到"政府上网工程"的意义。首先,政府网站"三多"特点非常明显:一是"空站"多,很多政府网站进不去,网页打不开。二是"老站"多,许多网站还是建立时的老样子,政策还是老政策,讲话还是老讲话,任凭时代发展,我自岿然不动。三是"死站"多,邮件地址没有,电话没有,互联网的互动特征根本没有得到体现。制约"网上政府"主要有以下几个因素。

一是"电子"与"政务"脱节。目前许多政府网站建站模式,通常都是通过招标的方式委托给电信部门或社会专业的 ICP,通过他们来进行网站的建设和日常维护,而政府部门则负责对信息的管理。这种模式虽然解决了政府部门由于缺乏专业技术人员而难于独立建设和维护网站的问题,但却同时带来政府网站与政府日常业务脱节的后果。政府是为了建网站而建网站,政府网站与政府部门的本职工作联系不紧,脱离实际,既没有让公务人员参加,也没有缓解公务人员繁重的公务负担,对于政府部门的信息自然无法动态地反映。

二是人员素质低。对一个稍微懂一点操作系统的人来说,实现网络办公再简单不过了。但公务人员却大多不具备这种素质。虽然每台电脑都能上网,但领导不会用,就得跟以前一样,打印出来送给领导看。而且,在许多单位,懂电脑的只是少数,孤掌难鸣,最终也得随大流。

三是简单应付多。建立网站不是从实际出发,而是因为上面的号召,为了应付上级的检查而不得不建。网站建好了,请领导点击开通一下,再宣传一下,就万事大吉,再也没有下文,典型的形象工程。

反思政府上网工程可以发现,相对来说建设一个网站和办公网并不困难,困难的是如何把信息资源开发利用起来,使网络保持永久的活力,这也是政府上网工程步入良性发展轨道的根本问题。

首先,要清除认识的误区。第一,要清除认为把网络架起来就等于上网了的误区,在网络硬件设施初具规模的基础上,着力营造软件和应用环境,真正让网络成为与群众沟通的手段,成为现代办公的工具。第二,要清楚把政府上网等同于在网上做宣传的误区。如果只重视宣传,不重视互动功能,政府的形象也会大打折扣。

其次,要提高公务员素质。进行政府上网的应用性培训,普及计算机和网络知识,提高政府工作人员的操作能力,使政府工作人员适应网络时代"电子政务"的要求。政府官员不仅要学习网络和电脑,还要对信息化有更深的认识和理解,变成内行,做推进整个社会信息化的先行者。

再次,加强软件和服务的投入。政府上网是为了更好地工作,应多在服务和管理上下功夫。要改变只重视硬件和网络建设,不重视软环境和应用服务建设的思想,努力使"网上政府"的功能落到实处。

虽然"政府上网工程"开展过程中存在着许多的问题,但它确实对我国政府信息化建设具有重要的意义,是推进我国电子政务发展的一项重要的基础工程。

附录4 北京市电子政务目标与技术总体框架

一、电子政务建设目标

电子政务建设的理念是要转变政府职能,减少政府层级,重组政务流程,提高政府透明度,提高政府的服务和管理质量,加强政府内部协调性和为民服务互动性,建设廉洁、勤政、务实、高效的政府。

从2003年起到2008年,北京市电子政务建设的总目标是:2004年全面实现以网络为基础的政务公开;2005年使网上办公成为公众和企业办事的重要手段,全面开展网上互动办公;2008年初步实现政府全天候为公众和企业提供服务。为实现上述目标,需要落实如下具体工作目标:

1. 全面提高政府公共服务能力

从公众需求出发,以"政府功能"为主线,加大政府内部资源整合、重组,加快政务公开和为民服务相关电子政务系统建设。

2. 全面提高城市管理、应急指挥和维护社会稳定能力

按照"平战结合"原则,统一规划,统一标准,统一资源调度,加大信息资源整合力度,优化政府管理流程,建设面向城市管理和应急指挥的统一信息平台和电子政务应用系统。

3. 全面提高政府经济调控、市场监管能力

改革获取经济数据的方式,优化现有信息系统,加强信息资源整合,加强政府收入支出管理和资产管理等信息系统建设,提高政府对经济运行的监管能力,优化发展环境。

4. 加快信息资源共享整合

加大全市信息资源共享、整合力度,按照统一规划、统一预算、统一标准、统一目录体系的原则,加快人口、法人单位、自然资源、地理空间等基础性、战略性、全局性信息资源库建设。

5. 加强信息化基础设施建设

规范和完善全市电子政务基础网络规划、建设和技术体制,加快有线政务专网、无线政务专网建设,满足政府各部门应用的需求,建立全市政务网络监控管理系统,实现全程全网的安全连接、技术保障和管理。

二、电子政务技术总体框架

北京市电子政务技术总体框架参考模型如图附-3所示,主要包括网络层、信息资源层、统一支撑平台层、应用层、门户层、访问渠道、信息安全体系和标准规范与管理体系。服务对象主要包括企业、公众、政府和公务员。

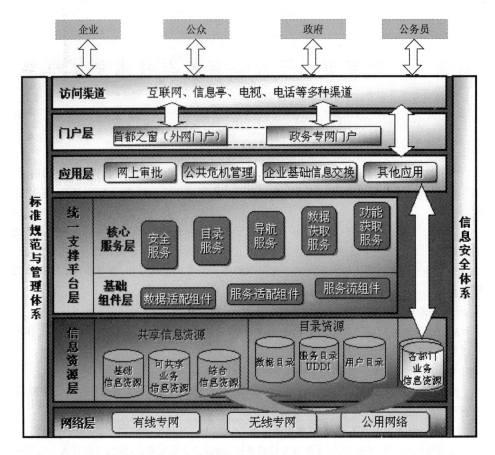

图附-3 北京市电子政务技术总体框架参考模型

1. 电子政务服务访问渠道

访问渠道是指用户访问电子政务门户的方式与途径。用户可以使用多种终端设备,通过多种访问渠道,实现任何人在任意时间、任意地点均可享受权限许可的电子政务个性化服务。

用户可以使用的终端设备包括:PC机、笔记本、手机、固定电话机、PDA和电视机等。

主要访问渠道包括:因特网、政务专网、信息亭、电话、电视、数字电视、邮件和移动通讯等。

2. 电子政务门户

门户是整个电子政务系统面向最终用户的统一入口,是各类用户获取所需服务的主要入口和交互界面,由首都之窗和政务专网门户组成。

"首都之窗"(www. beijing. gov. cn)是北京市政府面向公众与企业的门户,是由北京市各级政府机构和部分事业单位的门户网站组成的网站群。"首都之窗"是企业、市民和非本地网民访问北京市政府资源和获取北京市政府信息化服务的重要渠道和统一入口。

政务专网门户是面向全市政府工作人员的政务门户网站,是各职能部门业务人员和领导访问各类应用的主要入口,支持单点登录,能够为用户提供个性化的服务。对于各职能部门内部的应用系统或密级较高的应用系统,有关人员可以通过其他方式访问。

3. 电子政务应用

各职能部门建设的电子政务应用系统主要包括职能部门的行业应用系统、跨部门的综合性应用系统和面向领导决策的综合性决策支持系统等三大类。

除了仅运行于职能部门内部的应用系统之外,其他的应用系统均需利用到统一支撑平台的各项基础支撑功能。例如,在应用中集成该平台提供的安全服务等基础性服务,通过该平台访问各类可共享信息资源,通过该平台实现部门之间的信息交换和转换等。

4. 统一支撑平台

统一支撑平台在电子政务总体技术框架中承担着承上启下的关键作用,处于应用层和资源层之间,是与网络无关、与应用无关,能够实现政务资源交换、共享与整合,支撑电子政务应用的开放性基础设施。这个电子政务统一支撑平台由基础组件层与核心服务层构成。

基础组件层由数据目录访问组件、服务目录访问组件、数据适配组件、服务适配组件、服务流组件和消息中间件等面向信息导航、交换与共享、应用整合、业务流程整合的基础性功能模块组成。这些功能模块屏蔽了底层资源的异构性,使得统一支撑平台能够在异构环境中以统一的标准为各类电子政务应用提供基础支撑服务。

核心服务层则主要包括以下基础性服务:

(1) 安全服务:基于统一的目录体系,面向不同的应用提供各种不同安全级别的身份认证服务、授权服务、数据加密服务和数字签名服务等。

(2) 目录服务:基于统一的目录体系,提供信息资源和服务资源的注册、更新和管理服务。

(3) 导航服务:基于统一目录体系,提供对结构化数据与文本、图像、声音等非结构化数据,以及功能服务的检索服务和智能搜索引擎服务,为用户获取数据或者服务提供合理的获取方案。

(4) 数据获取服务:基于统一的目录体系和导航服务,获得所需数据资源的目录信息,并通过数据访问组件和数据适配组件等实现用户对数据的访问获取,实现跨部门的数据交换与共享。

(5) 功能获取服务:基于统一目录体系和导航服务,获得所需服务资源的目录信息,通过服务适配组件和服务流组件等实现用户对服务资源的获取与调用,从而实现业务的共享、整合及跨部门的协同。

统一支撑平台是北京市电子政务技术总体框架中的一个关键性基础服务支撑平台,以安全通道模式、信息导航模式、信息代理模式、服务导航模式、服务代理模式等多种模式为各类应用提供上述服务。

5. 政务信息资源

信息资源层依托于网络为上层的统一支撑平台层提供各种政务信息资源。政务信息资源主要由可共享信息资源、目录资源和各部门的内部信息资源组成。其中,可共享信息资源主要由基础信息资源、可共享业务信息资源和综合信息资源组成;目录资源主要由数据目录、服务目录和用户目录组成。

(1) 基础信息资源。主要指各职能部门在业务处理过程中均需使用到的基础性、战略性和公益性的信息资源,主要包括人口信息资源、法人信息资源,以及包括城市基础地理信息、公共基础设施信息等信息在内的自然资源与地理空间信息资源等。

(2)可共享业务信息资源。业务信息资源是指各委办局根据工作职能长期积累的业务信息资源。业务信息资源分为可共享业务信息资源和部门内部应用业务信息资源两类。其中,可共享业务信息资源是指其他部门在业务处理过程中需要用到的信息资源,这类信息资源能够为跨领域、跨系统的电子政务应用系统提供数据支撑;而部门内部应用业务信息资源一般与其他部门无关,主要为部门内部电子政务应用提供数据支撑。

(3)综合信息资源。综合信息资源是指在各部门的业务信息资源基础上,经过分析、整合之后形成的综合性信息资源,如宏观经济信息资源等。

(4)数据目录。数据目录主要包括各部门所拥有的信息资源的元数据信息。通过信息资源的元数据管理,将可以实现信息资源的统一描述、发布、检索和导航,便于实现分散信息资源的定位、交换和共享。

(5)服务目录。服务目录主要包括各部门所拥有的信息服务(应用系统)的元数据信息。通过对服务元数据的管理,将可以实现服务的统一描述、注册和发现,便于实现各部门之间的服务共享和业务协同。

(6)用户目录。用户目录主要包括了北京市电子政务各类用户的基本信息,北京市公务员目录数据库将是其中的一个重要组成部分。通过用户目录的统一管理和身份认证,将可以实现用户的单点登录服务。

6. 政务网络设施

政务网络设施是支撑北京市电子政务和"数字北京"的重要基础设施,包括市级、区县级有线和无线专网,各职能部门根据行业特点和业务需要单独构建的纵向行业专网,以及各种公共网络资源。

(1)有线政务专网与公用网络。有线政务专网包括市级政务专网和区县级政务专网,是连通全市各级政务部门的高速宽带信息网络,实现政务部门间内部网的高速互联,最终建成以市委、市政府两个办公厅为枢纽的北京市党政机关办公业务资源网。主要承载委办局纵向业务系统和跨委办局的横向业务系统。有线政务专网主要包括市政府自建的有线政务专网、政府部门通过独享方式租用的电信网络专线,以及在公用网络的基础上通过虚拟专用网(VPN)方式组建的专网。

公用网络则是指以 Internet 为代表的各种社会公用网络资源,这些资源是机要网和有线政务专网的有益补充,是政府面向公众和企业提供服务的重要途径。

有线政务专网和公用网络之间实现安全隔离。

(2)无线政务专网。无线电子政务专网主要由交换机、基站、调度台和移动台等部分组成。无线电子政务专网可划分为政府虚拟专网和社会用户虚拟网,其中政府虚拟专网以职能部门为单位划分子网。

7. 信息安全体系

信息安全体系是确保电子政务安全运行、确保政务信息和系统的保密性、完整性和可用性的保障体系,贯穿于电子政务的各个层面,主要包括统一的电子政务信息安全策略、信息安全技术防范体系、信息安全管理保障体系、信息安全服务支持体系和信息安全标准规范体系等。

信息安全总体技术框架包括信息安全服务支持体系和信息安全技术防范体系的核心技术。信息安全技术防范按保护范围可分为网络和基础设施保护,系统边界和计算环境保护和应用安全保护三个范围。信息安全与电子政务各个技术层面都有关系,它作为服务嵌入到电子政务技术总体框架各个技术层面中。

8. 标准规范和管理体系

标准规范体系确保电子政务应用设计、建设和运行符合相关标准的保障体系,在电子政务技术总体框架的各层都有相应的标准规范。

管理体系是确保电子政务应用得以顺利建设和正常运行的保障体系,包括电子政务技术总体框架的各层的建设管理和运营管理。

三、主要技术任务

根据电子政务总体技术框架,为实现电子政务建设总体目标,北京市近期重点建设项目及配套工作主要包括:

1. 完善已有应用系统

按照内涵发展、务求实效的思路,继续完善好当前已有应用系统和在建系统,务求取得实效。

(1) 各部门网站和首都之窗(含外文网站)。落实政务公开、行政许可等要求。

(2) 重要的便民服务系统。如:"数字北京信息亭",社区服务系统,网上年检信息系统,网上审批(行政许可)服务系统,投资服务平台等。

(3) 跨部门全市重大应用系统。如:社保(含医保、低保等)信息系统,进出口企业信息共享系统,社会基础单元交换系统,企业信用系统,绿化带信息系统,空间定位综合信息服务系统,有线政务专网,无线政务专网等。

(4) 部门重要信息系统。如:市委办公厅和市政府办公厅市领导决策服务系统、地税信息系统、工商信息系统、"金财"工程系统、人事信息系统、统计信息系统等。

2. 整合已有应用系统

按照资源共享、集约发展的思路,继续完善好当前已有应用系统和在建系统,避免重复建设,实现规模效益。

(1) 整合便民服务渠道和资源,建设统一的公众综合服务平台。各部门所有网上服务整合到统一的一个面向公众的城市门户"首都之窗"。整合全市的呼叫中心、视频监控网络等资源。

(2) 整合公安、卫生、交通、人防、地震、水利、检验检疫、安全生产、市政管理、园林与绿化、土地房屋、广播电视、农业风险预警等现有日常管理系统和应急指挥系统,建设统一的城市应急指挥系统。

(3) 整合企业基础信息、企业信用信息、银行征信信息、宏观经济统计信息,实现经济社会信息资源的共享和整合。

3. 重点建设的新应用系统

(1) 地下管线信息系统。

（2）公众综合信息服务平台。为社会、企业和公众提供一个更方便、快捷的公众信息平台。

（3）建设人口基础数据库、法人单位基础数据库、空间地理与自然资源数据库、宏观经济社会发展数据库四大基础性、战略性、全局性信息资源库和业务应用数据库。

（4）统一建设全市信息资源目录体系，实现政务信息公开和共享，促进信息资源增值利用，带动信息内容服务业的发展。

（5）统一建设全市电子政务支撑平台。在此平台基础上，分别建设市委办公厅子平台和市政府办公厅子平台、网上审批子平台、交通信息子平台、应急指挥子平台、各区县子平台。

（6）建设全市信息化基础设施。完善市委市政府机关大院网络和数字化会议系统。建设电子政务公共密钥基础设施(PKI)，制发全市公务员 CA 证书和政府部门 CA 证书。集中统一建设异地容灾备份中心、政务网络管理与监控系统。

4. 加大项目前期研究，制定一批应用系统建设方案

坚持做好项目前期工作，成熟一个启动一个，按照部门职责和"经济调控、市场监管、社会管理、公众服务"的需要，由相应部门提出项目建议，按照统一标准、统一规划的原则，开展项目前期工作。

参 考 文 献

[1] 杨振山、周斌. 基于客户关系管理思想的电子政务策略[J]. 微型电脑应用,2005(1)2.

[2] 齐佳音、韩新民、李怀祖. 客户关系管理的管理学探讨[J]. 管理工程学报,2002,3.

[3] 沈培. 客户关系管理——提高电子政务效能的有效途径[J]. 成都行政学院学报,2005 (13)2.

[4] 成栋、宋远方. 浅谈客户关系管理在电子政务中的应用[J]. 管理世界,2002,6.

[5] 李宝玲. 全球电子政务发展的现状、特点和未来[J]. 管理现代化,2005,3.

[6] 周斌、杨振山. 以客户关系管理思想为指导的电子政务策略[J]. 情报杂志,2005,2.

[7] 翁烨、岳亮、张蕴博. 用软系统方法分析 CRM 引导下的电子政务[J]. 科学学与科学技术管理,2003,10.

[8] 王立华、覃正、韩刚. 电子政务绩效评估的研究述评[J]. 系统工程,2005(23)2.

[9] 张成福、唐钧. 电子政务绩效评估:模式比较与实质分析[J]. 中国行政管理,2004,5.

[10] 张成福、唐钧. 电子政务绩效评估:模式研究与中国战略[J]. 探索,2004,2.

[11] 张小明. 电子政务绩效评估指标体系标准化研究(一)[J]. 术语标准化与信息技术,2005,2.

[12] 周慧文. 基于应用的电子政务绩效评估理论与实践研究[J]. 生产力研究,2005,2.

[13] 卢新海. 政府信息化与政府绩效[J]. 湖北社会科学,2003,10.

[14] 周义程. 政府绩效评估的勃兴制约因素及其排解措施[J]. 福州党校学报,2004,4.

[15] 张驳. 顾客导向战略与我国服务型政府的建构[J]. 中共成都市委党校学报,2005.

[16] 刘华. 新公共管理综述[J]. 攀枝花学院学报,2005(22)1.

[17] 中国行政管理学会课题组. 服务型政府是我国行政改革的目标选择[J]. 中国行政管理,2005,4.

[18] 刘宇、徐晓康. 公共服务型政府的建设思路[J]. 安徽农业大学学报(社会科学版),2005 (14)2.

[19] 臧乃康. 政府绩效评估与电子政府契合简论[J]. 政治与法律,2005,3.

[20] 王文、李治柱. CSCW 技术的研究与实现[J]. 微型电脑应用,2003(19)10.

[21] 刘寅辉、徐学洲. 工作流技术在电子政务中的应用[J]. 电子科技,2005,3.

[22] 李雄伟、曹智一、赵湘、陈致明. 基于 CSCW 的机关业务协同办公系统协作多用户界面研究[J]. 军械工程学院学报,2003(15)1.

[23] 宋海刚、陈学广. 计算机支持的协同工作(CSCW)发展述评[J]. 计算机工程与应用,2004,1.

[24] 王进、徐洗. 面向计划任务的综合集成协同模型研究[J]. 空军雷达学院学报,2003(17)1.

[25] 李军、秦大同. 敏捷制造:虚拟制造系统与 CSCW 框架体系[J]. 北方工业大学学报,2003

(15)1.

[26] 顾俊、赵正德、股小科、王深. 通用 CSCW 开发平台的研究[J]. 计算机工程,2003(29)4.

[27] 王红军、段国林、周亮、丁银周. 一个基于 CSCW 的企业协同设计模型[J]. 2004(33)6.

[28] 李红臣、孙瑞志、史美林. 一个基于工作流的 CSCW 平台[J]. 小型微型计算机系统,2004 (25)6.

[29] 李一凡. 电子政务的组织保障——政府流程再造[J]. 经济与管理,2004(18)5.

[30] 曹凌、耿鹏. 电子政务管理模式探析[J]. 西安电子科技大学学报(社会科学版),2001 (11)3.

[31] 张繁、蔡家楣. 电子政务系统中动态工作流技术的应用[J]. 计算机工程,2003(29)12.

[32] 薛福任、辛华. 工作流技术在电子政务领域中的应用[J]. 北京理工大学学报,2004(24)8.

[33] 黄晓梅、蒋严冰、麻志、聂承启. 工作流技术在电子政务领域中的应用[J]. 计算机工程, 2003(29)11.

[34] 黄钢、林子禹、韩剑、房丽娜. 电子政务网格层次体系结构研究[J]. 计算机应用研究, 2005,2.

[35] 张英朝、张维明、肖卫东、沙基昌、徐磊. 基于网格技术的电子政务平台体系结构[J]. 计算机应用,2002(22)12.

[36] 龚强. 网格技术的服务功能及目前重点应用方向研究[J]. 信息技术,2005,6.

[37] 张震. 网格技术及其在电子政务平台中的应用[J]. 电子技术,2003,7.

[38] 陈广学、张东、张德、周海燕. 网格技术与空间信息共享和服务[J]. 测绘科学,2005(30)1.

[39] 颜波、黄必清、郑力、肖田元. 网格研究现状及其在制造业中的应用[J]. 计算机集成制造系统,2004(10)9.

[40] 张清浦. 电子政务与 GIS[J]. 测绘科学,2003(28)1.

[41] 栗斌、刘纪平、石丽红. 基于 GIS 的电子政务现状分析和展望[J]. 测绘与空间地理信息, 2005(28)2.

[42] 王喜瑞. 电子政务与地理信息系统[J]. 三晋测绘,2003(10)3.

[43] 王康弘、梁军. 基于 GIS 的电子政务信息资源平台建设[J]. 测绘科学,2005(30)1.

[44] 钟晓、马少平. 数据挖掘综述[J]. 模式识别与人工智能,2001(14)1.

[45] 王光宏、蒋平. 数据挖掘综述[J]. 同济大学学报,2004(32)2.

[46] 徐勇. 知识发现及其相关技术的研究[J]. 安徽教育学院学报,2005(23)3.

[47] 张承伟、刘继山. 浅谈政府资源规划[J]. 软科学,2004(18)2.

[48] 胡海波、李海丽. 政府资源规划——从概念到实施[J]. 中国信息导报,2005,4.

[49] 陈明亮. 中国电子政务建设模式和政府流程再造探讨[J]. 浙江大学学报(人文社会科学版),2003(33)4.

[50] 吴忠、欧阳剑雄、茅蕾. 电子政务的安全审计研究[J]. 上海工程技术大学学报,2003(17)1.

[51] 许长枫、刘爱江、何大可. 基于属性证书的 PMI 及其在电子政务安全建设中的应用. 计算机应用研究,2004,1.

[52] 黄何、王琨. PKI 构建的安全电子政务[J]. 电子科技,2004,9.

[53] 丁惠春、谷建华. 基于 PKI 的电子政务安全支撑系统设计[J]. 微电子学与计算机,2004(21)10.

[54] 李敬、费耀平. 物理隔离技术的研究[J]. 计算机工程,2004(30)4.

[55] 崔瀛、巩建平. PKI 在电子政务中的应用[J]. 山西电子技术,2003,2.

[56] 赵国俊. 电子政务[M]. 北京:电子工业出版社,2003.

[57] 金江军、潘懋. 电子政务高级教程[M]. 北京:中国人民大学出版社,2005.

[58] 濮小金、常朝稳、司志刚[M]. 电子政务. 北京:机械工业出版社,2005.

[59] 姚国章. 电子政务原理[M]. 北京:北京大学出版社,2005.

[60] 孙正兴、戚鲁. 电子政务原理与技术[M]. 北京:人民邮电出版社,2003.

[61] 苏新宁、吴鹏、朱晓峰. 电子政务技术[M]. 北京:国防工业出版社,2003.

[62] 黄梯云、李一军. 管理信息系统[M]. 北京:高等教育出版社,2000.

[63] 吴爱明. 电子政务教程——理论、实务、案例[M]. 北京:首都经济贸易大学出版社,2004.

[64] 王浣尘. 信息技术与电子政务——信息时代的电子政府[M]. 北京:清华大学出版社,2004.

[65] Ake Gronlund. Electronic Government：Design, Applications and Management. Idea Group Publishing，2002.

[66] David Garson ed. Public Information Technology：Policy and Management，IDEA Group Publishing，2003.

[67] Jane Fountain. Building the Virtual State：Information Technology and Institutional Change，The Brookings Institution，2001.

[68] Benchmarking E-government：UN Global E-government Survey（UNDESA），2003. http://unpan1. un. org/intradoc/groups/public/documents/un/unpan012733. pdf.

[69] Layne, Karen and Jungwoo Lee, "Developing Fully Function E-Government：A-Four-stage Model，Government Information Quarterly，Vol. 18，2001.

[70] Central IT Unit（UK）. e-government A strategic frame work for public services in the information age，2000. 4. http://www. iagchampions. gov. uk.

[71] Christine Bellamy and John A. Taylor. Governing in the Information Age，Buckingham Philadelphia：Open University Press，1998.

[72] Performance and Innovation Unit（UK）. Electronic Government Services for the 21st Century，2000. http://www. cabinet-office. gov. uk/innovation/1999/ecommerce/.

[73] Phillip. J. Cooper etc. Public Administration for the Twenty-first Century, Harcourt Brace College Publishers，1998.

[74] 刘邦凡. 电子政务建设与管理[M]. 北京:北京大学出版社,2005.

[75] 陈波. 电子政务建设与政府治理变革[J]. 国家行政学院学报,2002,4.

[76] 张成福. 信息时代政府治理:理解电子化政府的实质意涵[J]. 中国行政管理,2003,1.

[77] 刘文富. 网络政治[M]. 上海:商务印书馆,2002.

[78] 汪玉凯、赵国俊. 电子政务基础[M]. 北京:北京中软电子出版社,2002.

[79] 焦宝文、刘庆龙、孟庆国. 中国电子政府的探索与实践[M]. 北京:中国财政经济出版社,2003.

[80] 徐晓林、杨兰蓉. 电子政务导论[M]. 武汉:科学出版社,2001.

[81] 张锐昕. 电子政府概论[M]. 北京:中国人民大学出版社,2004.

[82] 白井均[日]. 电子政府[M]. 上海:上海人民出版社,2004.

[83] 陈明亮. 中国电子政务建设模式和政府流程再造探讨[J]. 浙江大学学报(人文社会科学版),2003,4.

[84] 海尔·瑞尼著. 薛澜等译. 理解和管理公共组织[M]. 北京:清华大学出版社,2002.

[85] 黄建军、刑光军. 电子政务与基于"服务链"式的政府流程再造[J]. 现代管理科学,2005,5.

[86] 吴玉宗. 服务型政府:缘起和前景[J]. 社会科学研究,2004,3.

[87] 陈振明. 公共管理学(第二版)[M]. 北京:中国人民大学出版社,1999.

[88] 焦宝文、刘庆龙. 电子政府导论[M]. 北京:中国经济出版社,2002.

[89] 汪九虎. 电子政府对公民政治参与的影响[J]. 国家行政学院学报. 2000,6.

[90] 汪传雷. 国外电子政府的发展及其启示[J]. 管理现代化. 2002,1.

[91] 吴爱明、祁光华. 政府上网与公务员上网[J]. 北京:中国社会科学出版社,1999.

[92] 乌家培. 我国政府信息化的过去、现在与未来[J]. 中国信息导报,1999-9-2.

[93] 邢立强、李小林、史立武. 电子政府标准化模型初探[J]. 标准化研究,2001,12.

[94] 张秀霞等. 信息高速公路与行政管理的未来[J]. 中国行政管理,1998,5.

[95] 周宏仁. 信息革命与信息社会的黎明[J]. 网络与信息,2001,4.

[96] 王东昱. 关于我国电子政务绩效评估的研究[D]. 清华大学硕士论文,2004.

[97] 丁惠春. PKI 及其在电子政务中的应用研究[D]. 西北工业大学硕士学位论文,2005.

[98] 戚鲁. 电子政务环境下政府组织管理研究与实践[D]. 南京理工大学博士学位论文,2004.

[99] 李岩波. 电子政务建设问题研究[D]. 郑州大学硕士学位论文,2005.

[100] 秦洁. 电子政务系统的应用研究[D]. 首都经济贸易大学硕士学位论文,2002.

[101] 叶常林. 电子政务与政府再造[D]. 南京师范大学硕士学位论文,2004.

[102] 张福宾. 基于 PKI 的安全电子政务的应用研究[D]. 中国海洋大学硕士学位论文,2003.

[103] 曲楠. 基于客户关系管理的政府治理及绩效研究[D]. 大连理工大学硕士学位论文,2005.

[104] 肖春艳. 我国电子政务发展中的问题与对策探讨[D]. 华中师范大学硕士学位论文,2004.

[105] 陈红捷. 先进管理方式在电子政务优化实施中的应用研究[D]. 西北工业大学硕士学位论文,2004.

[106] 刘光容. 中外电子政务发展的比较研究[D]. 华中师范大学硕士学位论文,2004.

[107] 俞慈声. 2005 年度市政府部门信息化水平考核动员大会关于考核工作的说明,2005.

[108] 孟庆国等. 电子政务理论与实践[M]. 北京:清华大学出版社,2005.

[109] http://www.ntsf.edu.cn/cjp/tutorial/wlyl/.

[110] http://www.china.org.cn/chinese/zhuanti/.

[111] http://www.e521.com/cjbk/kjdsh/200104/0111102445.htm.

［112］http://www. d1588. com/.

［113］http://www. oa789. com/oa/oa. htm.

［114］http://szf. gzlps. gov. cn/art/2005/06/30/art_7313. html.

［115］http://www. cssis. com. cn/.

［116］http://www. jump. net. cn/.

［117］http://www. chinaok. com/.

［118］http://www. chinabyte. com/Enterprise/218709406978670592/20050311/1920622_2. shtml.

［119］http://business. sohu. com/20050329/n224918919. shtml.

［120］http://business. sohu. com/20050329/n224918888. shtml.

［121］林志刚. 地方政府审批流程绩效评估研究［D］. 北京:清华大学硕士学位论文,2005